AutoCAD室内设计

2015 从入门到精通

马志芳 / 编著

U0317893

中国青年出版社
CHINA YOUTH PRESS　中青雄狮

图书在版编目（CIP）数据

AutoCAD 2015 室内设计从入门到精通 / 马志芳编著 . 一 北京：中国青年出版社，2014.11
ISBN 978-7-5153-2871-3
I.①A… II.①马… III.①室内装饰设计 — 计算机辅助设计 — AutoCAD 软件 IV.①TU238-39
中国版本图书馆 CIP 数据核字（2014）第 248181 号

AutoCAD 2015室内设计从入门到精通

马志芳　编著

出版发行： 中国青年出版社
地　　址：北京市东四十二条 21 号
邮政编码：100708
电　　话：（010）59521188 / 59521189
传　　真：（010）59521111
企　　划：北京中青雄狮数码传媒科技有限公司

责任编辑：柳　琪
封面制作：六面体书籍设计　孙素锦

印　　刷：中国农业出版社印刷厂
开　　本：787×1092　1/16
印　　张：25.5
版　　次：2015 年 1 月北京第 1 版
印　　次：2015 年 1 月第 1 次印刷
书　　号：ISBN 978-7-5153-2871-3
定　　价：59.90 元（附赠 1DVD，含语音视频教学＋工程图纸及海量素材）

本书如有印装质量等问题，请与本社联系　电话：（010）59521188 / 59521189
读者来信：reader@cypmedia.com　　　投稿邮箱：author@cypmedia.com
如有其他问题请访问我们的网站：http://www.cypmedia.com

前 言

PREFACE

写作初衷

本书针对当今日益火爆的室内装潢行业，通过作者多年在实际工作中积累的一些经典案例，详细讲解了室内设计行业中的设计要素和特点。

本书将AutoCAD软件操作与室内装潢设计紧密结合，通过本书的学习，可以使读者在学习AutoCAD的操作方法和绘图技巧的同时，还能了解和掌握室内设计的原理、材料、工艺和设计方法，积累丰富的从业经验，以便快速应用到实际工作中。

本书特点

本书内容丰富，讲解简明扼要，同时安排了丰富的制作实例，过程完整，针对性强；全书结构清晰、技术全面，理论讲解部分言简意赅、通俗易懂，实战演练部分步骤分明、图文并茂，具有以下几大特点。

● 结合国内特点，融入设计内容

本书不但详细介绍了室内设计的相关特点，吸收了国外的行业特点，还根据国内实情，加入了厨具、卧室的家具位置摆放说明，以及详细的测绘方法和工程量计算，从而更好地和后期装修工程结合起来，为业主和设计师的沟通搭建了良好的沟通平台。

由浅入深，以典型案例诠释基本功能，简化了教学过程，便于读者接受。同时以实际工作中的设计项目为例，深入浅出地讲解了室内设计基本技法和施工图绘制方法与技巧，既照顾了初学AutoCAD的读者，也让有一定基础的读者能获得所需的内容。

● 丰富实用的案例

所有相关知识均是结合室内设计典型案例进行讲解，重视案例的代表性，尽量避免重复，力求以最少的内容达到最好的教学效果。本书采用了几套完整的室内装潢设计图纸，具有全面系统的特点，以便案例教学。

● 专业务实的教学内容

知识点全面、通俗、实用，全书内容紧扣"室内设计"这一主题，坚持规范作图，同时体现软件的工具效应，也是作者多年的经验总结。

● 多媒体教学光盘

借助案例教学录像直观、生动、交互性好的优点，使读者轻松领会各种知识和技术，达到无师自通的效果。

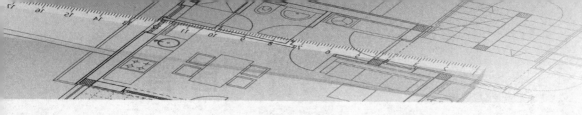

● **超值附赠**

    附赠大量室内装潢设计图库和多套室内设计图纸集，其中包括沙发、桌椅、床、台灯、挂画、坐便器、门窗、灶具、电视、冰箱、空调、音响、绿化配景等，利用这些图块可以大大提高室内设计的工作效率，真正物超所值。

适用群体

本书主要适用于以下用户：

- 准备学习或正在学习AutoCAD（包括AutoCAD 2012~2015）软件的初级读者
- 建筑设计绘图的初中级用户
- 室内装饰设计与施工图绘制的初中级用户
- 相关专业学生及从业者

    另外，书中部分图片来自于网络，仅用于简单佐证相关观点，因未能联系到原作者，在此一并表示衷心的感谢。

    由于作者水平有限，书中难免出现错误和疏漏之处，还请广大读者朋友指正，再次衷心感谢各位读者能够提出宝贵意见！

作 者

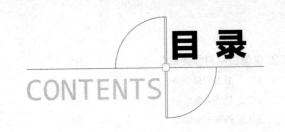

目 录
CONTENTS

PART 01　AutoCAD与室内设计入门

Chapter 01
AutoCAD 2015软件入门

Chapter 02
室内设计中常见的二维绘图命令

Chapter 03
室内设计中常见的编辑命令

Chapter 04

精确绘图设置与图层、图案填充功能

Chapter 05

高级编辑功能

Chapter 06

给室内设计图形添加描述

PART 02   室内装潢设计基础

Chapter 07

室内设计基础

Chapter 08

室内设计中的常用图例和结构

Chapter 09

客厅、卧室装潢设计的配置技巧

Chapter 10

厨卫等室内装潢的配置技巧

PART 03　室内设计时的工程量计算

Chapter 11

现场测量和装修常用材料的工程计算

Chapter 12

室内装潢设计中的工程量计算

Chapter 13

室内装修工程的要点和注意事项

PART 04　装潢设计实战篇

Chapter 14

东南亚风格别墅底层装潢设计平面图

Chapter 15

大学生宿舍给排水系统设计图

Chapter 16

别墅二层照明线路布置图

PART 01

AutoCAD与
室内设计入门

本篇通过大量室内设计案例讲解AutoCAD的基础
应用，可供AutoCAD或室内设计新手熟悉软件使用。

本篇共6章（第1～6章），主要讲解了AutoCAD
的文件操作、室内设计中二维图形的绘制与编辑、设计
视图的查看方式，以及室内设计中常用的多线（墙线绘
制）、多段线（指示箭头等）的高级绘制与编辑功能，
并在最后通过给室内设计添加文字注释和尺寸标注来完
善设计稿，方便设计人员和后期的施工人员进行沟通。

AutoCAD 2015是Autodesk公司推出的最新版本的计算机辅助设计软件，该软件经过不断完善，现已成为国际上广为流行的绘图工具。本章将讲述AutoCAD 2015的基础知识和基本操作。

Chapter

01

软件入门

AutoCAD 2015

1.1 AutoCAD 2015的工作界面

中文版AutoCAD 2015提供了"草图与注释""三维基础""三维建模"3种工作空间，取消了"AutoCAD经典"工作空间。下图是草图与注释界面。

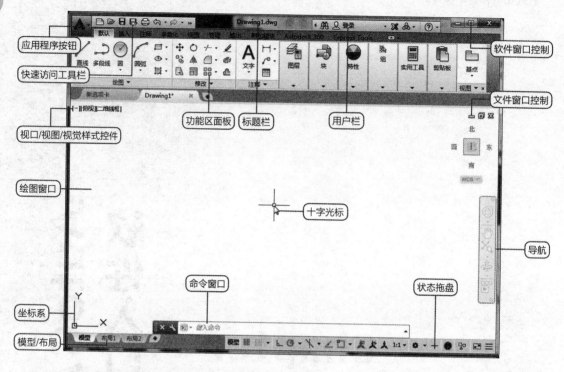

1.1.1 工作空间及工作空间的切换

AutoCAD 2015版本软件包括"草图与注释""三维基础""三维建模"3种工作空间类型，用户可以根据需要更换工作空间，切换工作空间的具体方法如下。

STEP 01 首先启动AutoCAD 2015，然后单击工作界面右下角中的"切换工作空间"按钮，在弹出的菜单中选择"三维建模"命令，如下图所示。

STEP 02 用户也可以在快速访问工具栏中选择相应的工作空间，如下图所示。

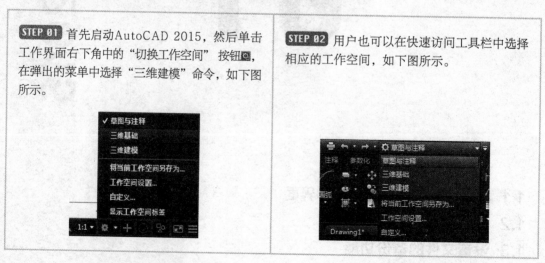

1.1.2 标题栏

中文版AutoCAD 2015工作界面的最上端是标题栏。在标题栏中，显示系统当前正在使用的图形文件。在第一次启动AutoCAD 2015时，在标题栏中将显示AutoCAD 2015在启动时创建并打开的图形文件，名为"Drawing1.dwg"，如下图所示。

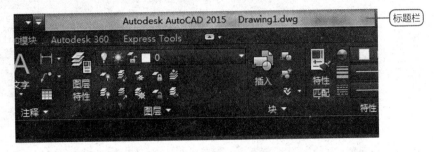

1.1.3 菜单栏与快捷菜单

AutoCAD默认界面中菜单栏被隐藏，界面中包括了很多种样式，包括有菜单栏和快捷菜单选择。

提示 tips 单击快速访问工具栏右侧的下拉按钮，弹出下拉列表，在下拉列表中选择"显示菜单栏"选项即可显示菜单栏。

1. 菜单栏

菜单栏显示在绘图区域的顶部，AutoCAD 2015中默认一共有12个菜单选项（部分选项与用户安装的插件有关，如Express），每个菜单选项下都有各类不同的菜单命令，这是AutoCAD最常用的执行菜单命令的方式之一，如下图所示。

2. 快捷菜单

在绘图窗口中右击时，在十字光标位置附近将会显示快捷菜单。在不同的命令不同选择对象下右击，显示的快捷菜单的内容也不相同。在绘图区域空白处右击，显示的快捷菜单如右图所示。

1.1.4 绘图窗口

在AutoCAD 2015中，绘图窗口是绘图工作区域。所有的绘图结果都反映在这个窗口中。可以根据需要关闭其周围和里面的各个工具栏，以增大绘图空间。如果图纸比较大，需要查看未显示部分时，可以单击窗口右侧与下方滚动条上的箭头，或拖动滚动条上的滑块来移动图纸。

在绘图窗口中除了显示当前的绘图结果外，还显示了当前使用的坐标系类型以及坐标原点，X轴、Y轴的方向等。默认情况下，坐标系为世界坐标系。

绘图窗口的下方有"模型"和"布局"选项卡，单击选项卡标签可以在模型空间或图纸空间（布局空间）之间来回切换，如下图所示（左为模型窗口，右为布局窗口）。

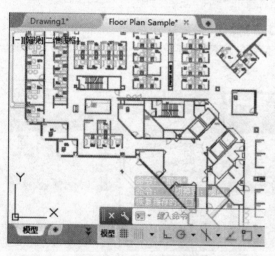
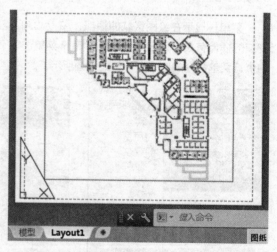

提示 初次使用AutoCAD 2015时绘图窗口中栅格处于打开状态，这时可以在键盘上按F7键关闭栅格或在状态栏下单击■按钮关闭栅格。

1.1.5 命令行与文本窗口

命令行和文本窗口是用户与计算机进行交互的地方，其中命令行是用户输入相应的命令值或系统提示出现的位置，文本窗口是将命令行拖动成浮动状态时的一种命令行状态，可以放大或缩小。

1. 命令行窗口

命令行窗口位于绘图窗口的底部，用于接受输入的命令，并显示AutoCAD的提示信息。在中文版AutoCAD 2015中，命令行窗口默认为浮动窗口，用户可以根据需要修改为固定窗口，如下左图所示。处于浮动状态的"命令行"窗口随拖放位置的不同，其标题显示的方向也不同。

2. 文本行窗口

AutoCAD文本窗口是记录AutoCAD命令的窗口，也是放大的命令行窗口，其中记录了对文档已执行的所有命令操作，也可以用来输入新命令。在中文版AutoCAD 2015中，可以选择"视图>显示>文本窗口"菜单，或输入"Textscr"命令或按F2键来打开AutoCAD文本窗口，如下右图所示。

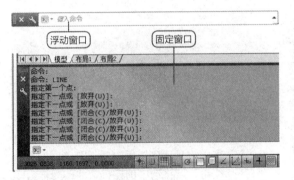

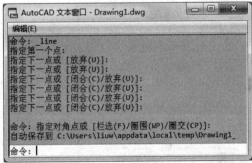

1.1.6 十字光标

在AutoCAD中，光标是以正交十字线形状显示的，所以通常称为"十字光标"。十字光标的中心代表当前点的位置，移动鼠标即可改变十字光标的位置。十字光标的大小及靶框的大小可以自定义。

选择"工具>选项"菜单命令，在"选项"对话框中选择"显示"选项卡，在"十字光标大小"区域中，输入数值或拖动滑块即可控制十字光标的大小，如下左图所示。

选择"绘图"选项卡，在"靶框大小"区域中，可以通过拖动滑块对十字光标中靶框的大小进行控制，通过左侧图标还可以实时预览调整效果，如下右图所示。

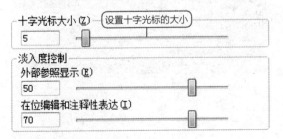

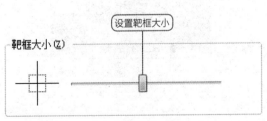

1.2 图形文件管理

正确管理图形文件是绘图的关键，在设计过程中为了避免计算机意外故障，随时都需要对文件进行保存。下面介绍一下AutoCAD的图形文件管理方式。

1.2.1 新建与打开文件

新建和打开文件是所有Windows系统下应用程序最基本的功能，此处来讲解一下AutoCAD 2015中新建和打开文件的方法。新建和打开文件均有以下几种方式。

1. 新建文件

新建文件有以下几种方法，说明如下。

① 选择"文件>新建"菜单命令。

② 在命令行中输入"New"命令。

③ 在快速访问工具栏中单击"新建"按钮 。

案例 新建图形文件

Chapter01\新建图形文件.avi

STEP 01 启动AutoCAD 2015软件，选择"文件>新建"菜单命令，如下图所示。

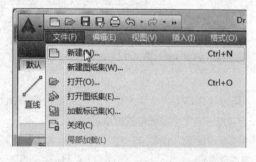

提示 用户也可以单击快速访问工具栏上的"新建"按钮新建文件，如下图所示。

STEP 02 弹出"选择样板"对话框，用户可在样板列表框中选中某个样板文件，在右侧的"预览"框中将显示该样板的预览图像，单击"打开"按钮，可将选中的样板文件作为样板来创建新图形，如下图所示。

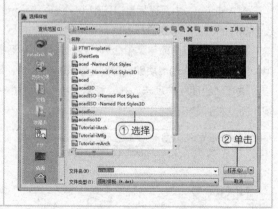

STEP 03 系统自动将文件命名为Drawing2，并显示空白图纸供用户绘图，如右图所示。

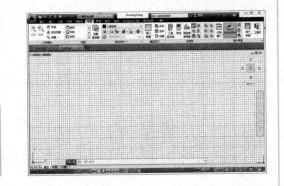

 样板文件中通常包含与绘图相关的一些通用设置，如图层、线型、文字样式等，利用样板创建新图形不仅提高了绘图效率，而且还保证了图形的一致性。

2. 打开文件

打开文件有以下几种方法。
① 选择"文件>打开"菜单命令。
② 在命令行中输入"Open"命令。
③ 在快速访问工具栏中单击"打开"按钮。

案例 打开图形文件

Chapter01\打开图形文件.avi

STEP 01 启动AutoCAD 2015软件，选择"文件>打开"菜单命令，如下图所示。

提示 用户也可以单击快速访问工具栏上的"打开"按钮打开文件，如下图所示。

STEP 02 弹出"选择文件"对话框，用户可以在文件列表框中选中某一图形文件，在右侧的"预览"框中将显示该图形的预览图像，然后单击"打开"按钮即可打开该文件。

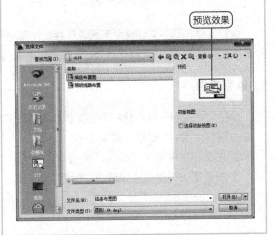

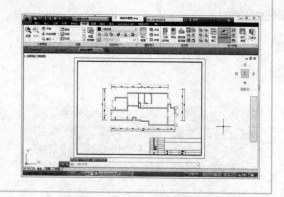

STEP 03 打开后的图形文件，如右图所示。

提示 tips 除了上面所说的打开方式，还可以直接找到已有的CAD图形文件，直接双击打开，这种打开方式更简单。

如果用户想以"局部方式"打开图形文件，则单击"打开"按钮旁边的下三角按钮，如下左图所示。

选择"局部打开"选项，弹出"局部打开"对话框，在该对话框中选择要打开的图层，如下右图所示，然后单击"打开"按钮，程序将自动打开所选图层上的图形。

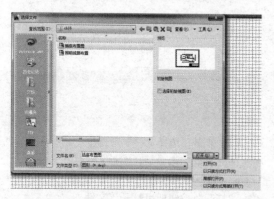 

1.2.2 保存与另存文件

保存文件和另存文件有所不同，保存文件可用于新建文件的保存和已经存在的文件修改后的保存，而另存则是为了将文件保存在另外一个位置或者在相同位置以另外一个名称保存。

1. 保存文件

保存文件主要针对新建的图形文件或者修改打开后的文件，有以下几种方法。

① 选择"文件>保存"菜单命令。
② 在命令行中输入"save"命令。
③ 在快速访问工具栏中单击"保存"按钮█。

案例 保存图形文件

Chapter01\保存图形文件.avi

STEP 01 在新建的文件中编辑完图形后，单击快速访问工具栏上的"保存"按钮，如下图所示。

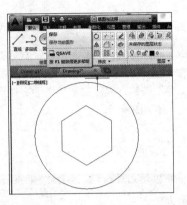

STEP 02 系统弹出"图形另存为"对话框，输入文件名并设置保存位置，然后单击"保存"按钮即可保存，如下图所示。

用户也可以在"文件类型"下拉列表框中选择其他格式。

常见的格式有AutoCAD 2013图形、AutoCAD图形标准、AutoCAD图形样板等。其中AutoCAD 2013~2015版本的通用格式为AutoCAD 2013图形格式，AutoCAD图形标准是指将该文件保存为一个图形标准供其他图形参照，AutoCAD图形样板则是将该图形的格式、线型、图层等设置保存为样板，供同一小组或团队的人调用，方便保持一致的格式等。

2. 另存文件

另存文件和保存文件的主要区别是：另存文件可以将同一个文件保存在不同的位置或者以不同的文件名保存在同一个位置，不覆盖原文件；保存则是以同一文件名，在同一位置覆盖原文件。另存文件有以下几种方法。

① 选择"文件>另存为"菜单命令。

② 在命令行中输入"Saveas"命令。

③ 在快速访问工具栏中单击"另存为"按钮。

选择"文件>另存为"菜单命令，弹出"图形另存为"对话框，在该对话框中可以设置存储路径和文件名，与保存文件的方法相同。

1.2.3 输出图形文件

图形文件的输出是为了将图形文件用其他格式打开，可以将AutoCAD 2015中的图形输出为以下格式：*.dwf、*.dwfx、*.fbx、*.wmf、*.sat和*.igs等。

案例 文件输出

 Chapter01\文件输出.avi

STEP 01 当图形文件需要和其他软件进行交换时，选择"应用程序按钮>输出>PDF"选项，如下图所示。

STEP 02 在弹出的"另存为PDF"对话框中，选择输出文件的保存路径并输入文件名，单击"保存"按钮，程序自动将图形文件进行数据转换，如下图所示。

1.2.4 加密图形文件

在设计过程中为了文件的安全性，可以给图形文件设置密码，具体的操作步骤如下。

案例 加密图形文件

 Chapter01\加密图形文件.avi

STEP 01 选择"文件>另存为"菜单命令，在弹出来的"图形另存为"对话框中单击"工具"按钮，选择"安全选项"，如右图所示。

STEP 02 弹出"安全选项"对话框，在"密码"选项卡中输入密码，然后单击"确定"按钮，如下图所示。

STEP 04 回到"图形另存为"对话框中，单击"保存"按钮，如下图所示。

STEP 03 在弹出的"确认密码"对话框中，再次输入密码，并单击"确定"按钮，如下图所示。

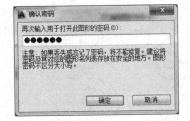

STEP 05 再次打开图形文件时，会弹出"密码"对话框，在该对话框中输入密码，然后单击"确定"按钮才能打开图形，如下图所示。

1.3 设置文件的备份功能

通过上面内容的学习，相信大家对图形文件的管理和图层等知识已经有了一个初步的了解，已经可以应付一些基本的问题。但在实际工作中，除了这些基本操作外，还有些大家经常忽略的问题，比如设置和打开备份文件、如何快速更换图层（这部分见后面的章节）等。

当图形绘制好或者电脑出现故障时，打开原文件有时会遇到错误，这时可以利用备份文件来修复错误的原文件。

那么怎么设置文件的备份呢？

案例 设置文件的备份功能

Chapter01\设置文件的备份功能.avi

STEP 01 选择"工具>选项"菜单命令,弹出"选项"对话框,如下图所示。

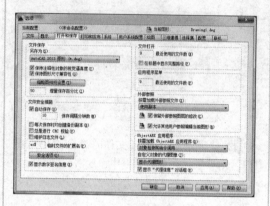

STEP 02 在"选项"对话框中选择"打开和保存"选项卡,在"文件安全措施"区域中勾选"每次保存时均创建备份副本"复选框,如下图所示。

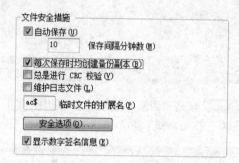

二维绘图命令是AutoCAD的基础，可以说所有图形都是由点、线等最基本的元素构成的，AutoCAD 2015提供了一系列绘图命令，利用这些命令可以绘制常见的图形，如点、圆、射线、矩形、正多边形等。

Chapter

02

室内设计中常见的二维绘图命令

2.1 绘制点对象

在AutoCAD中，点对象可以分为"单点""多点""定数等分点"和"定距等分点"等多种，下面讲解绘制各种点对象的方法。

2.1.1 绘制单点和多点

绘制单点和多点的方法有以下几种。

① 选择"绘图>点>单点/多点"菜单命令。

② 在"默认"选项卡下展开的"绘图"面板中单击"多点"按钮。

③ 在命令行输入"Point"或"Po"命令。

案例 case 点的绘制方法

◎ Chapter02\绘制点.avi

STEP 01 选择"格式>点样式"菜单命令，在弹出来的"点样式"对话框中选择一种点样式，然后进行相应的设置。

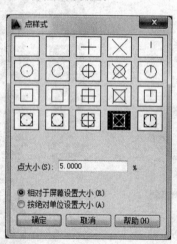

STEP 03 选择"绘图>点>多点"菜单命令，在绘图窗口中连续多次单击以完成多点的绘制。

提示 tips 单点与多点的创建方法的惟一区别在于单点一次只能创建一个点，而多点则可以一次性创建多个点。

STEP 02 选择"绘图>点>单点"菜单命令，在绘图窗口单击以完成单点的绘制，如下图所示。

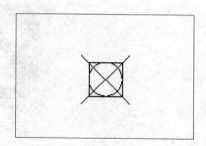

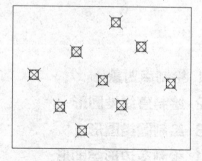

2.1.2 绘制定数等分点

定数等分是指将选定的对象等分为指定数目的相等长度。

调用定数等分命令的方法有以下几种。

① 选择"绘图>点>定数等分"菜单命令。

② 在"默认"选项卡下展开的"绘图"面板中单击"定数等分"按钮 。

③ 在命令行输入"Divide"或"Div"命令。

案例 case 使用定数等分命令分割圆弧

Chapter02\绘制定数等分点.avi

STEP 01 启动AutoCAD应用程序，打开随书光盘中的"使用定数等分命令分割圆弧.dwg"图形文件，如下图所示。

STEP 02 选择"格式>点样式"菜单命令，在弹出的"点样式"对话框中选择一种点样式，然后进行相应的设置，如下图所示。

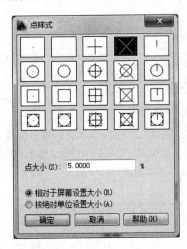

STEP 03 选择"绘图>点>定数等分"菜单命令，然后选择要定数等分的对象，如下图所示。

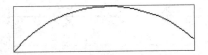

STEP 04 输入要等分的数目4，按Enter键结束命令，效果如下图所示。

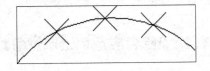

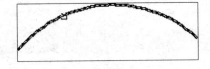

2.1.3 绘制定距等分点

定距等分是指沿对象的长度或周长按指定间距创建点对象或块。

调用定距等分命令的方法有以下几种。

① 选择"绘图>点>定距等分"菜单命令。

② 在"默认"选项卡下展开的"绘图"面板中单击"定距等分"按钮。

③ 在命令行输入"Measure"或"Me"命令。

案例 case 通过定距等分命令分割直线

STEP 01 启动AutoCAD应用程序，打开随书光盘中的"通过定距等分命令来分割直线.dwg"图形文件，如下图所示。

STEP 02 选择"格式>点样式"菜单命令，在弹出的"点样式"对话框中选择一种点样式，然后进行相应的设置，如下图所示。

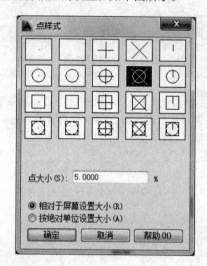

STEP 03 选择"绘图>点>定距等分"菜单命令，然后选择要定距等分的对象，如下图所示。

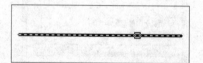

STEP 04 在命令行输入线段长度15，按Enter键结束命令，效果如下图所示。

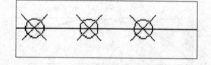

提示 tips

在绘制定距等分点时，等分是从距离选择位置近的一端开始的。若对象总长不能被指定的间距整除，则最后一段小于指定的间距。

2.1.4 点综合应用：绘制燃气灶

上面已经对点的绘制进行了介绍，接下来通过绘制燃气灶的开关和出气孔的实例进一步巩固点的应用。

案例 绘制燃气灶开关和出气孔

Chapter02\绘制燃气灶.avi

图形绘制完成后如右图所示，具体操作步骤如下。

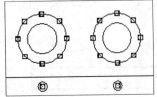

STEP 01 启动AutoCAD应用程序，打开随书光盘中的"绘制燃气灶开关和出气孔.dwg"图形文件，如下图所示。

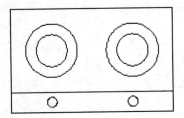

STEP 02 选择"格式>点样式"菜单命令，在弹出的"点样式"对话框中选择一种点样式，然后进行相应的设置，如下图所示。

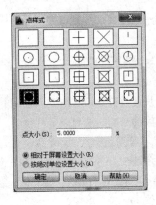

STEP 03 选择"绘图>点>多点"菜单命令，然后以圆心为指定点，如下图所示。

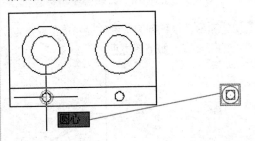

STEP 04 连续两次单击完成多点的绘制，如下图所示。

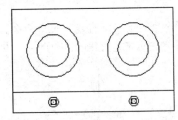

STEP 05 选择"绘图>点>定数等分"菜单命令，然后选择灶盘为定数等分对象，如右图所示。

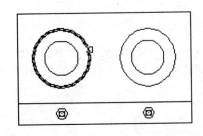

STEP 06 输入定数等分的数目8，结果如下图所示。

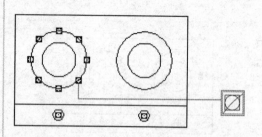

STEP 07 重复步骤5~6，定数等分另一个灶盘对象，结果如下图所示。

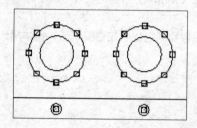

2.2 绘制直线类图形

在绘图中经常会使用到各种线段，线段是构建图形的基础，线段一般由开始点和结束点构成。

2.2.1 绘制直线段

直线的长度是开始点与结束点之间的最短距离。

调用直线命令的方法有以下几种。

① 选择"绘图>直线"菜单命令。

② 单击"默认"选项卡下"绘图"面板中的"直线"按钮／。

③ 在命令行输入"Line"或"L"命令。

案例 直线段的绘制方法

STEP 01 选择"绘图>直线"菜单命令，在绘图窗口中单击以指定直线的第一点。

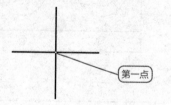

第一点

STEP 02 拖动鼠标到合适的位置并单击以指定直线的下一点，如下图所示。

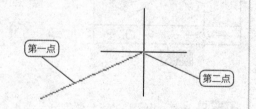

第一点   第二点

STEP 03 按Enter键或Esc键结束直线命令，结果如右图所示。

提示 绘制直线时，通常将"对象捕捉"和"对象捕捉追踪"打开，用以捕捉特殊的点，绘制有长度要求的直线。另外，打开正交模式可帮助绘制水平或竖直直线。

2.2.2 绘制构造线

构造线是一条沿着某一方向无限延伸的直线，它没有起点和终点，可用作创建其他对象的参照。绘制构造线的方法有以下几种。

① 选择"绘图>构造线"菜单命令。

② 在"默认"选项卡下展开的"绘图"面板中单击"构造线"按钮 ⚹。

③ 在命令行输入"Xline"或"Xl"命令。

案例 case 绘制构造线

STEP 01 打开随书光盘中的"绘制构造线.dwg"图形文件，如下图所示。

STEP 02 选择"绘图>构造线"菜单命令，AutoCAD命令行提示及操作如下：

> 命令: _xline 指定点或 [水平(H)/垂直(V)/角度(A)/二等分(B)/偏移(O)]: A↙
> 输入构造线的角度 (0) 或 [参照(R)]: 30↙
> 指定通过点: （以中点为通过点）
> 指定通过点: （按Enter键结束命令）

结果如下图所示。

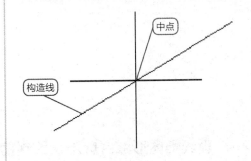

提示 对于创建构造线和参照线以及修剪边界非常有用，多用于建筑、室内绘图时做辅助参考。

STEP 03 重复步骤2，输入角度为-30°绘制另一条构造线，最终效果如右图所示。

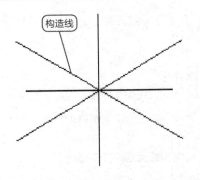

2.2.3 绘制射线

起点和通过点定义了射线延伸的方向，射线在此方向上延伸到显示区域的边界

调用射线命令的方法有以下几种。

① 选择"绘图>射线"菜单命令。

② 单击"默认"选项卡中"绘图"面板下拉箭头 ▾ 中的射线"按钮 ╱。

③ 在命令行输入"Ray"命令。

案例 绘制射线

STEP 01 打开随书光盘中的"绘制射线.dwg"图形文件，如下图所示。

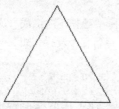

STEP 02 选择"绘图>射线"菜单命令，以端点为起点，如下图所示。

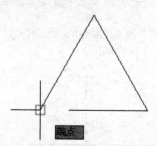

STEP 03 以中点为通过点，结果如右图所示。

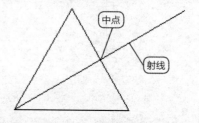

2.2.4 直线类图形综合应用：绘制简单图形

在上面已经对直线、射线、构造线进行了介绍，接下来通过综合实例来加深对直线和射线的了解。

案例 绘制简单图形

 Chapter02\绘制简单图形.avi

绘制完成后结果如下图所示。

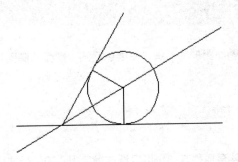

STEP 01 打开随书光盘中的"绘制简单图形.dwg"图形文件，如下图所示。

STEP 03 选择"绘图>构造线"菜单命令，以圆心为指定点，"@20<30"为通过点，绘制出如下图所示的构造线。

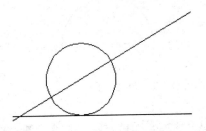

STEP 05 选择"绘图>直线"菜单命令，以圆心为第一点，垂足为第二点，绘制一条直线，结果如下图所示。

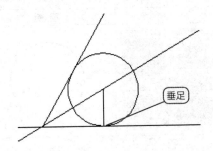

STEP 02 选择"绘图>构造线"菜单命令，以圆的切点为第一点，拖动鼠标在水平方向上选择一点作为构造线的通过点，如下图所示。

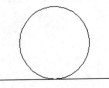

STEP 04 选择"绘图>射线"菜单命令，捕捉两条构造线的交点为起点，捕捉圆的切点为经过点，绘制出如下图所示的射线。

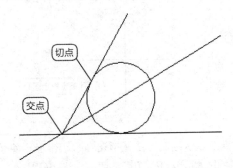

STEP 06 选择"绘图>直线"菜单命令，以圆心为第一点，垂足为第二点，绘制一条直线，如下图所示。

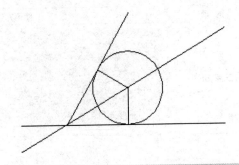

2.3 绘制圆类图形

AutoCAD提供了几种圆类图形的画法，主要包括圆、圆弧、椭圆和椭圆弧等，下面对圆类图形的画法进行介绍。

2.3.1 绘制圆形

在AutoCAD中圆的创建有多种方法，可以通过指定圆心和半径或直径来创建圆，通过两点或三点来创建圆，通过相切来创建圆，程序默认的创建圆的方式是通过圆心和半径来创建。

调用圆命令的方法有以下几种。

① 选择"绘图>圆>圆心、半径"菜单命令。

② 单击"默认"选项卡下"绘图"面板中"圆"按钮⊙下方的下拉按钮，从中选择一种绘制方法。

③ 在命令行输入"Circle"或"C"命令。

案例 case 绘制圆形

STEP 01 选择"绘图>圆>圆心、半径"菜单命令，然后在绘图窗口中单击指定圆心的位置，如下图所示。

STEP 02 在命令行提示下输入圆的半径为30，按Enter键确定，结果如下图所示。

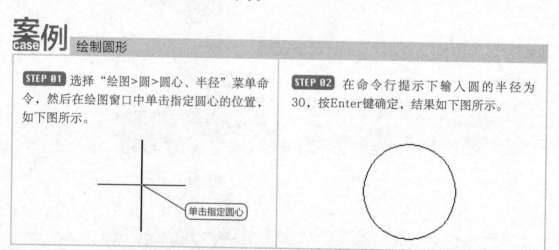

单击指定圆心

系统默认绘制方法是指定圆心和半径，除了采用默认方式来绘制圆以外，在"指定圆的圆心或 [三点(3P)/两点(2P)/切点、切点、半径(T)]："提示下，通过选择各种选项命令，也可以用其他方式绘制图形，具体如下表所示。

表 绘制圆的其他方法

选 项	使用方法	图 例
三点(3P)	命令：c↙ CIRCLE 指定圆的圆心或 [三点(3P)/两点(2P)/切点、切点、半径(T)]: 3p↙ 指定圆上的第一个点: （单击任意一点） 指定圆上的第二个点: （单击任意一点） 指定圆上的第三个点: （单击任意一点）	

选 项	使用方法	图 例
两点(2P)	命令: c↙ CIRCLE 指定圆的圆心或 [三点(3P)/两点(2P)/切点、切点、半径(T)]: 2p↙ 　指定圆直径的第一个端点:　　　　(单击任意一点) 　指定圆直径的第二个端点:　　　　(单击任意一点)	
切点、切点、半径(T)	命令: c↙ CIRCLE 指定圆的圆心或 [三点(3P)/两点(2P)/切点、切点、半径(T)]: t↙ 　指定对象与圆的第一个切点: 　(单击圆1上的切点) 　指定对象与圆的第二个切点: 　(单击圆2上的切点) 　指定圆的半径 <0.0000>: 30↙	圆1　圆2

 提示 tips 使用"相切、相切、相切"方式绘制圆时，在命令行无法进行选择，需要通过执行菜单栏中的"绘图>圆>相切、相切、相切"命令实现。

2.3.2 绘制圆弧

圆弧可以看成是圆的一部分，它不仅有圆心和半径，而且还有起点和端点。在AutoCAD中绘制圆弧的方式有"三点""起点、圆心、端点""起点、圆心、长度"和"起点、圆心、角度"等多种。

绘制圆弧的方法有以下几种。

① 选择"绘图>圆弧>三点"菜单命令。

② 单击"默认"选项卡下"绘图"面板中"圆弧"按钮下方的下拉按钮，从中选择一种绘制方法。

③ 在命令行输入"Arc"或"A"命令。

案例 case 绘制圆弧

⊙ Chapter02\绘制圆弧.avi

STEP 01 选择"绘图>圆弧>三点"菜单命令，然后在绘图窗口中单击以指定圆弧的起点，如下图所示。 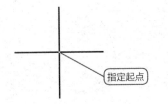 指定起点	**STEP 02** 在绘图窗口中拖动鼠标并单击以指定圆弧的第二个点，如下图所示。 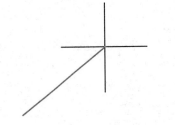

STEP 03 在绘图窗口中拖动鼠标并单击以指定圆弧的端点，结果如下图所示。

提示 绘制圆弧时，输入的半径值和圆心角有正负之分。对于半径，当输入的半径值为正时，生成的圆弧是劣弧；反之，生成的是优弧。对于圆心角，当角度为正值时系统沿逆时针方向绘制圆弧，反之，沿顺时针方向绘制圆弧。

2.3.3 绘制椭圆和椭圆弧

椭圆和椭圆弧类似，都是由到两点之间的距离之和为定值的点集合而成。

1. 绘制椭圆

椭圆是一种在建筑制图中常见的平面图形，它是由距离两个定点（焦点）的长度之和为定值的点组成的。

调用椭圆命令的方法有以下几种。

① 选择"绘图>椭圆>圆心/轴、端点"菜单命令。

② 单击"默认"选项卡下"绘图"面板中的 ⊙· 或 ⬭ 按钮。

③ 在命令行输入"Ellipse"或"EL"命令。

案例 绘制椭圆

STEP 01 选择"绘图>椭圆>圆心"菜单命令，然后在绘图窗口中单击以指定椭圆的中心点，如下图所示。

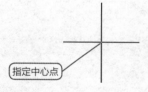
指定中心点

STEP 02 在绘图窗口中拖动鼠标单击以指定轴的端点，如下图所示。

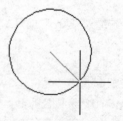

STEP 03 在绘图窗口中拖动鼠标并单击以指定另一条半轴长度，如下图所示。

STEP 04 松开鼠标，结果如下图所示。

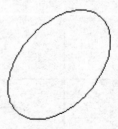

2. 绘制椭圆弧

椭圆弧为椭圆上某一角度到另一角度的一段，在绘制椭圆弧前必须先绘制一个椭圆。

绘制椭圆弧的方法有以下几种。

① 选择"绘图>椭圆>圆弧"菜单命令。

② 单击"默认"选项卡下"绘图"面板中的 按钮。

③ 在命令行输入"Ellipse"或"EL"命令。

案例 绘制椭圆弧

STEP 01 选择"绘图>椭圆>圆弧"菜单命令，然后在绘图窗口中单击以指定椭圆弧的轴端点，如下图所示。

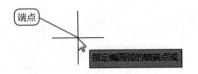

STEP 02 在绘图窗口中拖动鼠标并单击以指定轴的另一个端点，如下图所示。

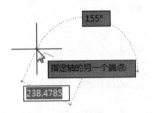

STEP 03 在绘图窗口中拖动鼠标并单击以指定另一条半轴长度，如下图所示。

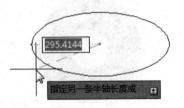

STEP 04 在绘图窗口中拖动鼠标并单击以指定椭圆弧的起点角度，如下图所示。

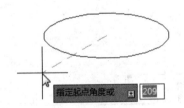

STEP 05 继续单击指定椭圆弧的端点角度，如下图所示。

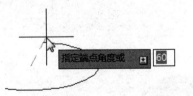

STEP 06 此时椭圆弧即绘制完成，如下图所示。

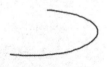

2.3.4 绘制圆环

在AutoCAD 2015中提供了圆环的绘制命令，只须指定它的内外直径和圆心，即可完成多个相同性质的圆环图形对象的绘制。

调用圆环命令的方法有以下几种。

① 选择"绘图>圆环"菜单命令。

② 在"默认"选项卡下展开的"绘图"面板中单击"圆环"按钮◎。

③ 在命令行输入"Donut"或"DO"命令。

案例 case 绘制圆环

STEP 01 单击"默认"选项卡下"绘图"面板中的"圆环"按钮◎，如下图所示。

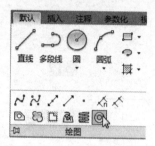

STEP 02 系统提示输入圆环的内径，设置内径为30，如下图所示。

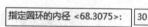

指定圆环的内径 <68.3075>: 30

STEP 03 设置圆环内径为30、外径为80，如下图所示。

指定圆环的外径 <70.3730>: 80

STEP 04 然后单击指定圆环的中心点位置，如下图所示。

提示 tips

若指定圆环内径为0，则可绘制实心填充圆；用命令FILL可以控制圆环是否填充，说明如下。

命令: FILL↙
输入模式 [开(ON)/关(OFF)] <开>: ON   (选择开表示填充，选择关表示不填充)

下左图为绘制的圆环，下中图为填充的圆环，下右图为没有填充的圆环。

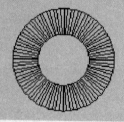

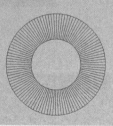

2.3.5 圆综合应用：绘制单盆洗手池

前面对"圆""圆弧""椭圆"和"椭圆弧"命令进行了介绍，接下来通过绘制洗手池实例来讲解"圆""椭圆"和"椭圆弧"命令的操作。

案例 绘制单盆洗手池

Chapter02\绘制单盆洗手池.avi

STEP 01 选择"绘图>圆>圆心、直径"菜单命令，以坐标原点为圆心，绘制一个直径为30的圆，如下图所示。

STEP 02 继续使用圆命令，绘制一个直径为40的同心圆，如下图所示。

STEP 03 选择"绘图>椭圆>圆心"菜单命令，命令行提示及操作如下：

> 命令：_ellipse
> 指定椭圆的轴端点或 [圆弧(A)/中心点(C)]: _c
> 指定椭圆的中心点：(以坐标原点为中心点)
> 指定轴的端点：210,0✓
> 指定另一条半轴长度或 [旋转(R)]: 145✓

结果如下图所示。

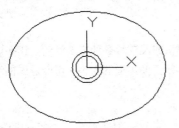

STEP 04 选择"绘图>椭圆>轴、端点"菜单命令，命令行提示及操作如下：

> 命令：_ellipse
> 指定椭圆的轴端点或 [圆弧(A)/中心点(C)]:
> 265,0✓
> 指定轴的另一个端点：−265,0✓
> 指定另一条半轴长度或 [旋转(R)]: 200✓

结果如下图所示。

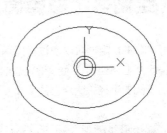

STEP 05 选择"绘图>直线"菜单命令，Auto CAD 命令行提示及操作如下：

> 命令：_line
> 指定第一点：−360,−100✓
> 指定下一点或 [放弃(U)]: −360,250✓
> 指定下一点或 [放弃(U)]: 360,250✓
> 指定下一点或 [闭合(C)/放弃(U)]: 360,−100✓
> 指定下一点或 [闭合(C)/放弃(U)]:

STEP 06 选择"绘图>圆弧>起点、端点、半径"命令，AutoCAD命令行提示及操作如下：

> 命令：_arc
> 指定圆弧的起点或 [圆心(C)]: (捕捉A点)
> 指定圆弧的第二个点或 [圆心(C)/端点(E)]: _e
> 指定圆弧的端点：(捕捉B点)
> 指定圆弧的中心点（按住Ctrl键以切换方向）或 [角度(A)/方向(D)/半径(R)]: _r
> 指定圆弧的半径(按住Ctrl键以切换方向): 500✓

结果如下图所示。

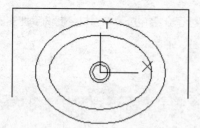

结果如下图所示。

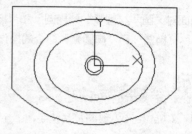

STEP 07 选择"格式>点样式"菜单命令，在弹出的"点样式"对话框中进行相应的设置，如下图所示。

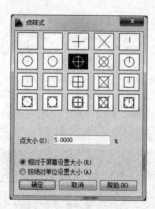

STEP 08 选择"绘图>点>多点"菜单命令，输入"-60,100""0,170"和"60,160"为第一点、第二点和第三点，结果如下图所示。

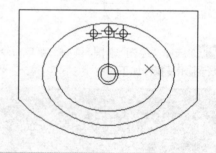

2.4 绘制多边形类图形

AutoCAD中，矩形可以通过指定两个对角点、指定面积或尺寸等多种方法绘制。正多边形则既可以通过指定中心点也可以通过指定边的方法来绘制，在确定正多边形的大小时可以通过指定内接于圆还是外切于圆的半径来确定它的大小。

2.4.1 绘制矩形

矩形是由4条相互垂直且封闭的直线组成，矩形的特点是相邻两条边相互垂直，非相邻两条边相互平行且长度一致。绘制矩形时只需要指定两个点，程序便会自动将这两个点作为矩形的对角点生成一个矩形。

绘制矩形的方法有以下几种。

① 选择"绘图>矩形"菜单命令。

② 单击"默认"选项卡下"绘图"面板中的"矩形"按钮回。

③ 在命令行输入"Rectang"或"Rec"命令。

案例 case 绘制矩形图案

Chapter02\绘制矩形.avi

STEP 01 选择"绘图>矩形"菜单命令，然后在绘图窗口中单击以指定矩形的第一个角点，如下图所示。

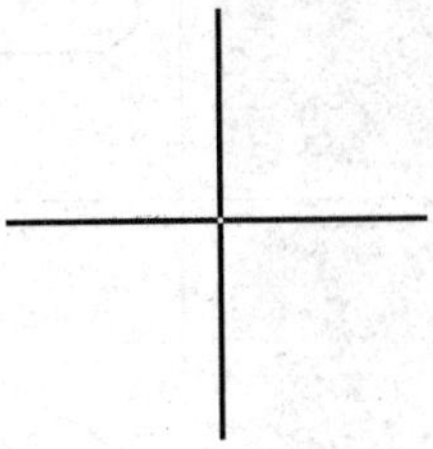

STEP 02 拖动鼠标并单击以指定矩形的另一个角点，如下图所示。

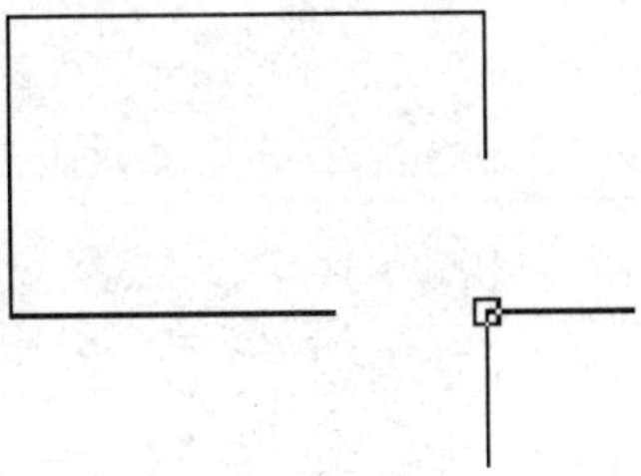

STEP 03 结果如右图所示。

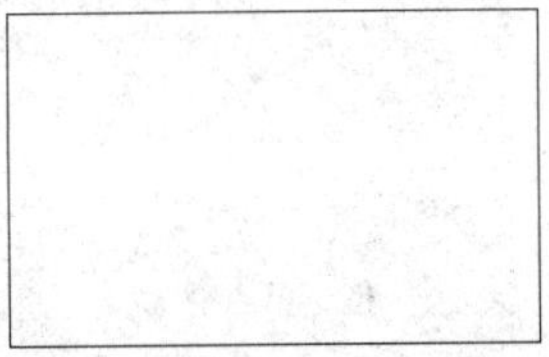

系统默认绘制方法是指定两个对角点，除了采用默认方式来绘制矩形以外，当AutoCAD提示"指定第一个角点或 [倒角(C)/标高(E)/圆角(F)/厚度(T)/宽度(W)]:"时，通过选择各种选项命令，也可以用其他方式绘制矩形，如下表所示。

表 绘制矩形的几种方法

选 项	使用方法	图 例
倒角（C）	命令: _rectang 指定第一个角点或 [倒角(C)/……/宽度(W)]: C ↙ 指定矩形的第一个倒角距离 <20.0000>:20 ↙ 指定矩形的第二个倒角距离 <20.0000>:20 ↙ 指定第一个角点或 [倒角(C)/……/宽度(W)]: 　　　　　　(任意单击一点) 指定另一个角点或 [面积(A)/……/旋转(R)]: 　　　　　　(在合适的位置单击另一点)	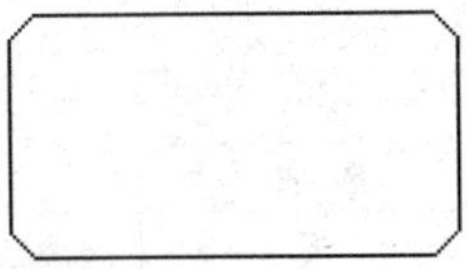
标高（E）	命令: _rectang 指定第一个角点或 [倒角(C)/标高(E)/圆角(F)/厚度(T)/宽度(W)]: E ↙ 指定矩形的标高 <0.0000>: 5 ↙ 指定第一个角点或 [倒角(C)/……/宽度(W)]: 　　　　　　(任意单击一点) 指定另一个角点或 [面积(A)/……/旋转(R)]: 　　　　　　(在合适的位置单击另一点)	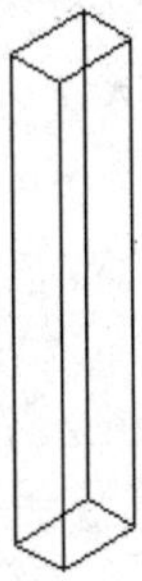

选 项	使用方法	图 例
圆角（F）	命令：_rectang 指定第一个角点或 [倒角(C)/标高(E)/圆角(F)/厚度(T)/宽度(W)]: F↵ 指定矩形的圆角半径 <20.0000>: 30↵ 指定第一个角点或 [倒角(C)/……/宽度(W)]: （任意单击一点） 指定另一个角点或 [面积(A)/……/旋转(R)]: （在合适的位置单击另一点）	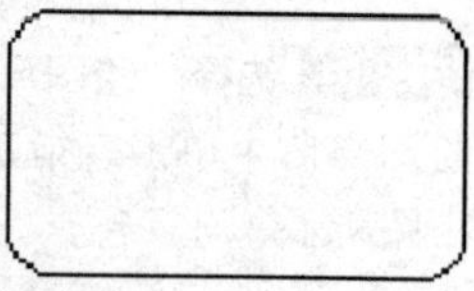
厚度（T）	命令：_rectang 指定第一个角点或 [倒角(C)/标高(E)/圆角(F)/厚度(T)/宽度(W)]: T↵ 指定矩形的厚度 <0.0000>: 5↵ 指定第一个角点或 [倒角(C)/……/宽度(W)]: （任意单击一点） 指定另一个角点或 [面积(A)/……/旋转(R)]: （在合适的位置单击另一点）	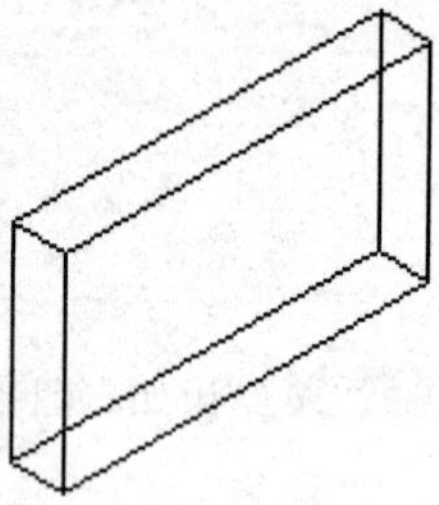
宽度（W）	命令：_rectang 指定第一个角点或 [倒角(C)/标高(E)/圆角(F)/厚度(T)/宽度(W)]: w↵ 指定矩形的线宽 <0.0000>: 20↵ 指定第一个角点或 [倒角(C)/……/宽度(W)]: （任意单击一点） 指定另一个角点或 [面积(A)/……/旋转(R)]: （在合适的位置单击另一点）	

提示 tips 当用户设定标高和厚度来绘制矩形时，在三维视图中能显示出设置的标高和矩形的厚度。

另外还可以使用尺寸、面积、旋转等方式来绘制矩形，使用方法如下表所示。

表 绘制矩形的其他方式

选 项	使用方法	图 例
面积（A）	命令：_rectang 指定第一个角点或 [倒角(C)/……/宽度(W)]: （任意单击一点） 指定另一个角点或 [面积(A)/……/旋转(R)]: A↵ 输入当前单位计算的矩形面积 <60.0000>:60↵ 计算矩形标注时依据 [长度(L)/宽度(W)] <长度>: （按Enter键确定） 输入矩形长度 <3.0000>: 10↵	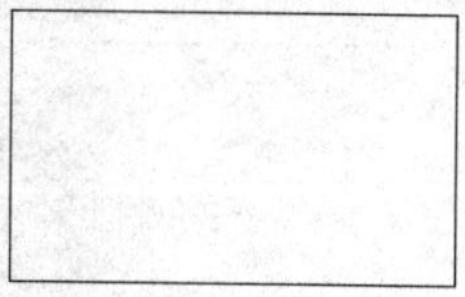

选 项	使用方法	图 例
尺寸（D）	命令: _rectang 指定第一个角点或 [倒角(C)/……宽度(W)]: 　　　　　　　　(任意单击一点) 指定另一个角点或 [面积(A)/尺寸(D)/旋转(R)]: D↵ 指定矩形的长度 <0.0000>: 30↵ 指定矩形的宽度 <0.0000>: 20↵ 指定另一个角点或 [面积(A)/……/旋转(R)]: 　　　　　　　(在合适的位置单击另一点)	
旋转（R）	命令: _rectang 指定第一个角点或 [倒角(C)/……宽度(W)]: 　　　　　　　　(任意单击一点) 指定另一个角点或 [面积(A)/尺寸(D)/旋转(R)]: R↵ 指定旋转角度或 [拾取点(P)] <0>: 30↵ 指定另一个角点或 [面积(A)/……/旋转(R)]: 　　　　　　　(在合适的位置单击另一点)	

2.4.2 绘制正多边形

正多边形由3条或3条以上的线段构成，每条边的长度都一样长。多边形可分为外切于圆和内接于圆，外切于圆是将多边形的边与圆相切，而内接于圆则是将多边形的顶点与圆相接。

调用正多边形命令的方法有以下几种。

① 选择"绘图>多边形"菜单命令。

② 单击"默认"选项卡下"绘图"面板中的"多边形"按钮 。

③ 在命令行输入"Polygon"或"Pol"命令。

案例 case 绘制正多边形图形

⊙ Chapter02\绘制正多边形.avi

STEP 01 单击"默认"选项卡"绘图"面板中的"多边形"按钮 ，然后在命令行提示下输入侧面数6并按Enter键确定，如下图所示。

STEP 02 在绘图区单击以指定正多边形的中心点，如下图所示。

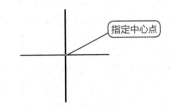

指定中心点

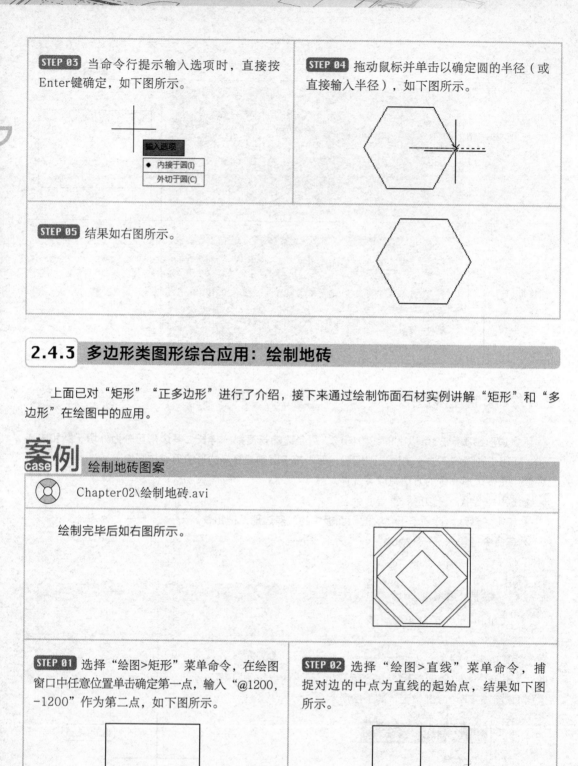

STEP 03 当命令行提示输入选项时，直接按Enter键确定，如下图所示。

输入选项
● 内接于圆(I)
　 外切于圆(C)

STEP 04 拖动鼠标并单击以确定圆的半径（或直接输入半径），如下图所示。

STEP 05 结果如右图所示。

2.4.3 多边形类图形综合应用：绘制地砖

上面已对"矩形""正多边形"进行了介绍，接下来通过绘制饰面石材实例讲解"矩形"和"多边形"在绘图中的应用。

案例 case 绘制地砖图案

Chapter02\绘制地砖.avi

绘制完毕后如右图所示。

STEP 01 选择"绘图>矩形"菜单命令，在绘图窗口中任意位置单击确定第一点，输入"@1200，-1200"作为第二点，如下图所示。

STEP 02 选择"绘图>直线"菜单命令，捕捉对边的中点为直线的起始点，结果如下图所示。

STEP 03 选择"绘图>多边形"菜单命令，AutoCAD命令行提示及操作如下：

```
命令: _polygon
输入侧面数 <4>: 8 ✓
指定正多边形的中心点或 [边(E)]:
       (以两条中心线的交点为中心点)
输入选项 [内接于圆(I)/外切于圆(C)] <I>: C ✓
指定圆的半径: 600 ✓
```

结果如下图所示。

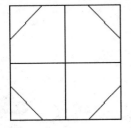

STEP 04 继续使用多边形命令，绘制一个外切于圆，且外切圆半径为560的正八边形，结果如下图所示。

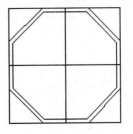

STEP 05 选择"绘图>多边形"菜单命令，AutoCAD命令行提示及操作如下：

```
命令: _polygon
输入侧面数 <4>:4 ✓
指定正多边形的中心点或 [边(E)]:
       (以两条中心线的交点为中心点)
输入选项 [内接于圆(I)/外切于圆(C)] <I>:I
指定圆的半径:(捕捉正八边形的中点并单击)
```

结果如下图所示。

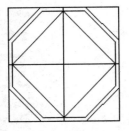

STEP 06 继续使用多边形命令，AutoCAD命令行提示及操作如下：

```
命令: _polygon
输入侧面数 <4>:4 ✓
指定正多边形的中心点或 [边(E)]:
       (以两条中心线的交点为中心点)
输入选项 [内接于圆(I)/外切于圆(C)] <I>:I
指定圆的半径: @0,320 ✓
```

结果如下图所示。

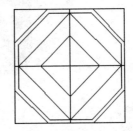

STEP 07 选择"修改>删除"菜单命令，将步骤2绘制的两条直线删除掉，结果见案例头效果图所示。

在绘图时单纯地使用绘图命令，只能创建一些基本的图形对象。如果要绘制复杂图形，在很多情况下必须借助图形编辑命令来完成。AutoCAD提供了强大的图形编辑功能，可以帮助用户合理地构造和组织图形，保障绘图的精确性，简化绘图操作，从而极大地提高绘图效率。

室内设计中常见的编辑命令

Chapter

03

3.1 编辑位置类命令

使用某些编辑命令，用户可将现有图形的位置进行修改，如将图形进行移动、旋转、缩放等，从而创建出更加完整的图形效果。

3.1.1 移动对象命令

移动对象仅仅是指位置上的平移，对象的形状和大小并不会被改变。

调用移动命令的方法有以下几种。

① 选择"修改>移动"菜单命令。

② 单击"默认"选项卡下"修改"面板中的"移动"按钮✥。

③ 在命令行输入"Move"或"M"命令。

 案例 移动对象

⊙ Chapter03\移动对象.avi

STEP 01 打开随书光盘中的"移动对象.dwg"图形文件，如下图所示。

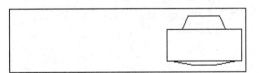

STEP 02 单击"移动"按钮，或者选择"修改>移动"菜单命令，如下图所示。

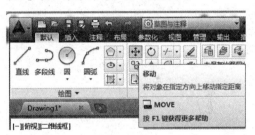

STEP 03 在绘图窗口中选择要进行移动的对象，如下图所示。

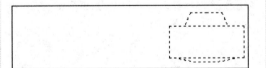

STEP 04 以图形底边的中点为移动对象的基点，如下图所示。

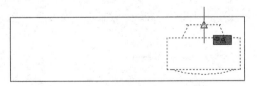

STEP 05 以边框的中点为移动的第二点，如下图所示。

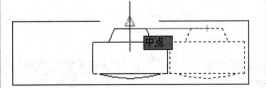

STEP 06 结果如下图所示。

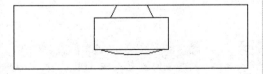

除了捕捉特殊点来移动图形外，还可以使用输入位移或者坐标值的方法来移动图形，如先捕捉对象上的一点，然后输入"@x、y""@R<a"等相对坐标来移动图形。

3.1.2 旋转对象命令

旋转图形是指将图形按照一定的角度进行旋转。输入的角度可以是顺时针方向的角度，也可以是逆时针方向的角度，具体操作步骤如下。

调用旋转命令的方法有以下几种。

① 选择"修改>旋转"菜单命令。

② 单击"默认"选项卡下"修改"面板中的"旋转"按钮○。

③ 在命令行输入"Rotate"或"Ro"命令。

案例 旋转对象
case

 Chapter03\旋转对象.avi

STEP 01 打开随书光盘中的"旋转对象.dwg"图形文件，如下图所示。

STEP 02 单击"修改"面板中的"旋转"按钮，然后在绘图窗口中选择要旋转的对象，如下图所示。

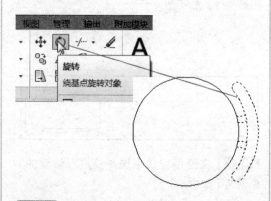

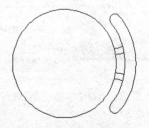

STEP 03 以圆心为旋转对象基点，如下图所示。

STEP 04 然后输入旋转角度为180°，按Enter键后结果如下图所示。

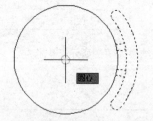

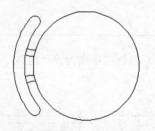

除了使用旋转角度来旋转对象以外，还可以指定一个角度通过"参照"的方法来旋转对象。此外，在选择基点后，输入"C（复制）"，在旋转的同时还可以将对象复制。

3.1.3 缩放对象命令

缩放对象是指将对象按照一定的比例进行放大或缩小，缩放后的对象具有原来图形的形状。缩放比例大于1时将放大对象，小于1时将缩小对象。

调用缩放命令的方法有以下几种。

① 选择"修改>缩放"菜单命令。

② 单击"默认"选项卡下"修改"面板中的"缩放"按钮。

③ 在命令行输入"Scale"或"Sc"命令。

案例 缩放对象

 Chapter03\缩放图形.avi

STEP 01 启动软件，打开光盘中的"缩放对象命令.dwg"图形文件，如下图所示。

STEP 02 选择"修改>缩放"菜单命令，然后在绘图窗口中选择要缩放的对象，如下图所示。

STEP 03 以中点为缩放的基点，如下图所示。

STEP 04 输入缩放比例1.5，按Enter键，结果如下图所示。

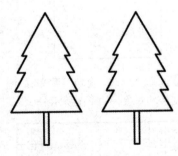

提示 tips 指定基点后，当命令行提示输入"比例因子"时，输入R，然后指定两个长度，软件会参照两个长度的比值来对所选图形进行缩放。如果提示指定"比例因子"时输入的是C，则重新指定比例因子后，图形在缩放的同时进行复制。

3.1.4 案例：修改室内家具布置

上面我们已经对移动、旋转、缩放命令进行了介绍，接下来我们利用移动、旋转等命令来编辑床的位置和大小。

 案例 修改室内家具布置

Chapter03\修改室内家具.avi

STEP 01 打开随书光盘中的"修改室内家具布置.dwg"图形文件，如下图所示。

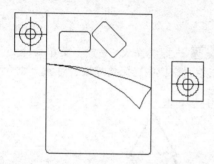

STEP 02 选择"修改>移动"菜单命令，选择要移动的对象，如下图所示。

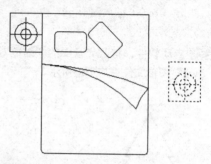

STEP 03 以端点为基点，如下图所示。

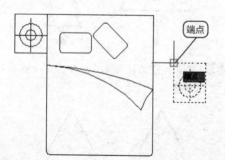

STEP 04 以床的端点为第二点，结果如下图所示。

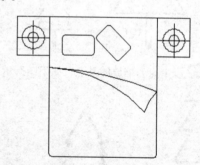

STEP 05 选择"修改>旋转"菜单命令，然后选择要旋转的对象，如下图所示。

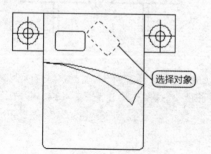

STEP 06 选择中点为基点，如下图所示。

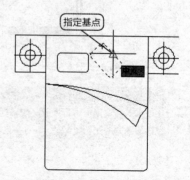

STEP 07 当指定旋转角度时输入R，当命令行提示指定参照角度时，再次单击上步中所选择的中点，如下图所示。

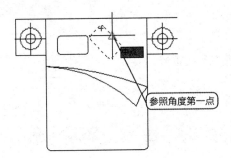

STEP 08 当命令行提示指定第二点时，单击枕头图形的端点，如下图所示。

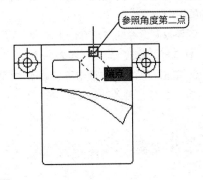

STEP 09 当命令行提示输入新角度时，沿180°方向拖动鼠标，如下图所示。

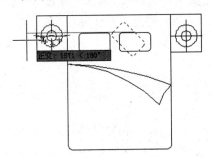

STEP 10 单击鼠标后，结果如下图所示。

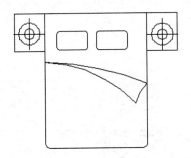

STEP 11 选择"修改>缩放"菜单命令，然后选择要缩放的对象，如下图所示。

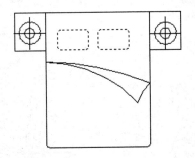

STEP 12 选择两个枕头之间的中点为基点，当提示指定比例因子时输入R，输入参照长度271，新的长度325，结果如下图所示。

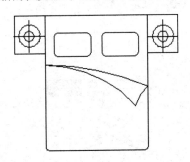

3.2　快速复制对象类命令

在AutoCAD中，复制类命令主要包括"复制""偏移""阵列"和"镜像"，利用复制类命令可以创建与原对象相同或相似的图形。

3.2.1 复制对象命令

在绘图时，不用重复绘制各个相同的图形，只需绘制出其中一个，再通过复制命令即可获得多个相同的图形。

调用复制命令的方法有以下几种。

① 选择"修改>复制"菜单命令。

② 单击"默认"选项卡下"修改"面板中的"复制"按钮 。

③ 在命令行输入"Copy"或"Co/Cp"命令。

案例 复制对象

Chapter03\复制对象.avi

STEP 01 打开随书光盘中的"复制对象.dwg"图形文件，如下图所示。

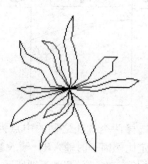

STEP 02 选择"修改>复制"菜单命令，然后在绘图窗口中选择要复制的对象，如下图所示。

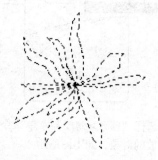

STEP 03 以端点为基点，如下图所示。

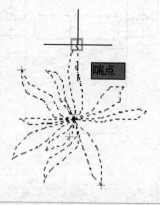

STEP 04 向右拖动鼠标，在合适的地方单击，结果如下图所示。

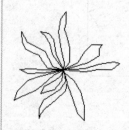

提示 除了捕捉特殊点来复制图形外，还可以使用输入位移或坐标值的方式来复制图形，如先捕捉对象上的一点，然后输入"@x、y""@R<a"等相对坐标来复制图形。如果第一点输入了坐标，当提示指定第二点时直接按Enter键，则以第一点的坐标值为相对距离进行复制。对于AutoCAD，在提示指定第二点时输入A，则复制命令可变成阵列命令使用。

3.2.2 镜像对象命令

使用镜像命令可以绘制出具有对称结构的图形，先选择要镜像的对象，再指定镜像线，即可完成图形的镜像。

调用镜像命令的方法有以下几种。

① 选择"修改>镜像"菜单命令。

② 单击"默认"选项卡下"修改"面板中的"镜像"按钮▲。

③ 在命令行输入"Mirror"或"Mi"命令。

案例 case 镜像对象

STEP 01 打开随书光盘中的"镜像对象.dwg"图形文件，如下图所示。

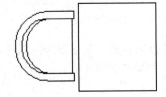

STEP 02 选择"修改>镜像"菜单命令，在绘图窗口中选择要镜像的对象，如下图所示。

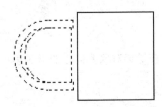

STEP 03 以中点为镜像的第一点，如下图所示。

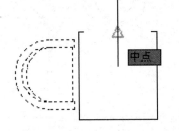

STEP 04 以另一个中点为镜像的第二点，然后选择不删除源对象，结果如下图所示。

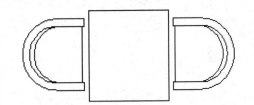

3.2.3 偏移对象命令

"偏移"命令是一个可连续执行的命令，如果偏移距离相同，调用一次"偏移"命令可以连续进行多次偏移，但在偏移时只能以单选方式选择对象。可进行偏移复制的对象有直线、多边形、圆形、弧形、多段线和样条曲线。

调用偏移命令的方法有以下几种。

① 选择"修改>偏移"菜单命令。

② 单击"默认"选项卡下"修改"面板中的"偏移"按钮▲。

③ 在命令行输入"Offset"或"O"命令。

案例 偏移对象

 Chapter03\偏移对象.avi

STEP 01 打开随书光盘中的"偏移对象.dwg"图形文件，如下图所示。

STEP 02 选择"修改>偏移"菜单命令，在命令行中输入偏移距离为3，然后选择要偏移的对象，如下图所示。

STEP 03 在所选对象要偏移的一侧单击，如下图所示。

STEP 04 以同样的方法继续选择其他对象进行偏移，结果如下图所示。

3.2.4 阵列对象命令

　　"阵列"命令是绘制大量具有相同结构对象的有力工具。在阵列过程中，根据生成对象的分布情况，可以分为矩形阵列、环形（极轴）阵列和路径阵列。

1. 矩形阵列对象

　　矩形阵列可以根据指定的行数、列数、行间距和列间距生成矩形分布的阵列对象。

　　调用矩形阵列命令的方法有以下几种。

① 选择"修改>阵列>矩形阵列"菜单命令。

② 单击"默认"选项卡下"修改"面板中的"矩形阵列"按钮▦。

③ 在命令行输入"Ar"，然后输入"r"命令。

案例 矩形阵列对象

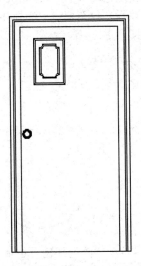 Chapter03\矩形阵列对象.avi

STEP 01 打开随书光盘中的"矩形阵列对象.dwg"图形文件，如下图所示。

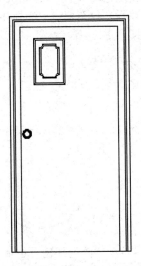

STEP 02 选择"修改>阵列>矩形阵列"菜单命令，然后在绘图窗口中选择要阵列的对象，如下图所示。

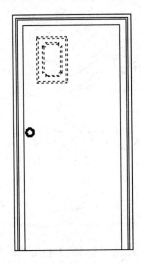

STEP 03 在"阵列创建"选项卡中设置行数为4、列数为2、行间距为-460、列间距为370，如下图所示。

STEP 04 结果如下图所示。

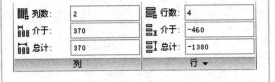

列数:	2	行数:	4
介于:	370	介于:	-460
总计:	370	总计:	-1380
	列		行 ▼

2. 环形（极轴）阵列对象

环形阵列可以根据指定的中心点、对象数目和填充角度生成环形分布的阵列对象。

调用环形阵列的方法有以下几种。

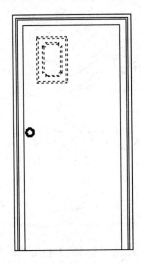

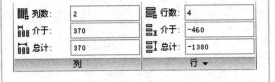

① 选择"修改>阵列>环形阵列"菜单命令。

② 单击"默认"选项卡下"修改"面板中的"环形阵列"按钮⋯。

③ 在命令行中输入"Ar"，然后输入"po"命令。

案例 环形阵列对象

STEP 01 打开随书光盘中的"环形阵列对象.dwg"图形文件，如下图所示。

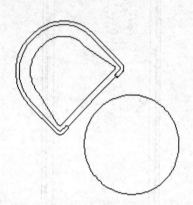

STEP 02 选择"修改>阵列>环形阵列"菜单命令，然后在绘图窗口中选择要阵列的对象，如下图所示。

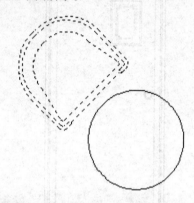

STEP 03 以圆心为阵列的中心点，如下图所示。

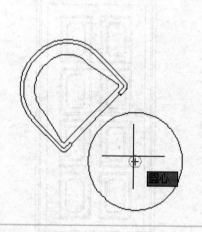

STEP 04 然后在"阵列创建"选项卡内输入阵列的数目为4，阵列的角度为360°，结果如下图所示。

	4
	90
	360
项目	

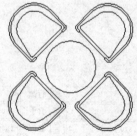

3. 路径阵列对象

路径阵列可以根据路径或部分路径均匀地生成沿路径分布的阵列对象。路径可以是直线、多段线、三维多段线、样条曲线、螺旋、圆弧、圆或椭圆。

调用路径阵列的方法有以下几种。

① 选择"修改>阵列>路径阵列"菜单命令。

② 单击"默认"选项卡下"修改"面板中的"路径阵列"按钮 。

③ 在命令行中输入"Ar",然后输入"pa"命令。

案例 case 路径阵列对象

STEP 01 打开随书光盘中的"路径阵列对象.dwg"图形文件,如下图所示。

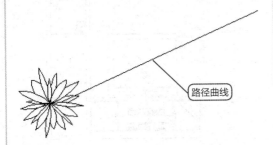

路径曲线

STEP 02 选择"修改>阵列>路径阵列"菜单命令,然后在绘图窗口中选择要阵列的对象,如下图所示。

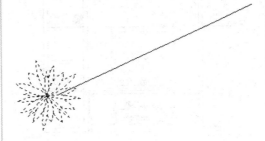

STEP 03 然后选择路径曲线,输入沿路径的项目数为3,各项目间距为500,如下图所示。

3	
500	
1000	
项目	

STEP 04 结果如下图所示。

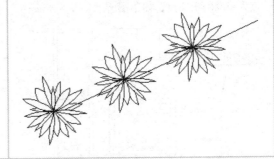

3.2.5 案例:客厅类设计

本案例主要利用"直线""偏移""矩形阵列""矩形""镜像"和"复制"等命令来绘制电视柜,绘制完毕后结果如下图所示。

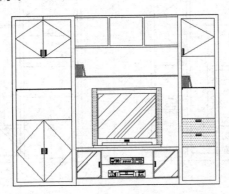

Chapter03\客厅类设计.avi

STEP 01 打开随书光盘中的"客厅类设计.dwg"图形文件,如下图所示。

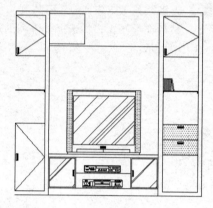

STEP 02 选择"修改>镜像"菜单命令,然后选择要镜像的对象,如下图所示。

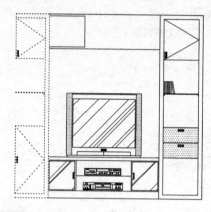

STEP 03 以端点为镜像的第一点,以另一个端点为镜像的第二点,如下图所示。

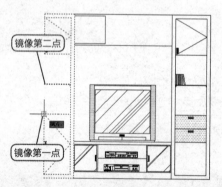

镜像第二点

镜像第一点

STEP 04 然后选择不删除源对象,结果如下图所示。

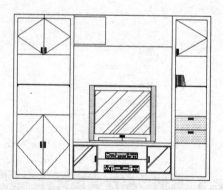

STEP 05 选择"修改>阵列>路径阵列"菜单命令,然后选择要阵列的对象,如下图所示。

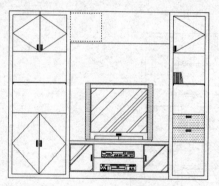

STEP 06 然后选择路径曲线,输入要阵列的项目数为3,阵列距离为380,结果如下图所示。

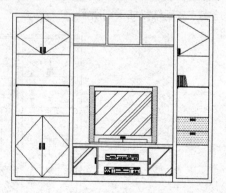

STEP 07 选择"修改>偏移"菜单命令，以直线为偏移对象，向下偏移300，如下图所示。

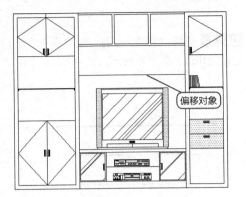

STEP 08 继续使用偏移命令，以偏移后的直线为偏移对象，向下偏移10，如下图所示。

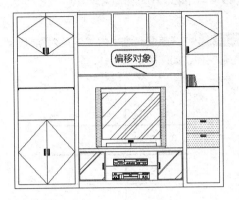

STEP 09 选择"修改>复制"菜单命令，然后选择要复制的对象，如下图所示。

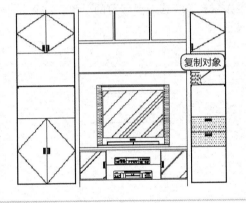

STEP 10 以端点为复制的第一点，另一个端点为复制的第二点，结果如下图所示。

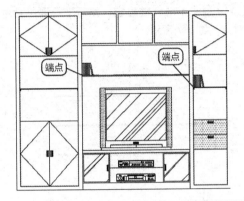

3.3 修改图形对象类命令

在AutoCAD中，可以使用"修剪"和"延伸"命令缩短或拉长对象，以与其他对象的边相接。也可以使用"拉伸""拉长"命令，在一个方向上调整对象的大小或按比例增大或缩小对象。使用"倒角""圆角"命令修改对象可以使其以平角或圆角相接，使用"合并"命令可以将对象进行合并。

3.3.1 修剪对象命令

修剪命令是比较常用的编辑命令，通过确定修剪的边界，可以对两条相交的线段进行修剪，也可以同时对多条线段进行修剪。调用修剪命令的方法有以下几种。

① 选择"修改>修剪"菜单命令。

② 单击"默认"选项卡下"修改"面板中的"修剪"按钮 。

③ 在命令行输入"Trim"或"Tr"命令。

案例 case 修剪对象

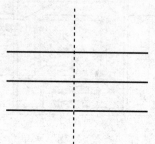

Chapter03\修剪对象.avi

STEP 01 打开随书光盘中的"修剪对象.dwg"图形文件，如下图所示。

STEP 02 选择"修改>修剪"菜单命令，然后选择剪切边，如下图所示。

STEP 03 按Enter键确定，然后选择要修剪的对象，如下图所示。

STEP 04 继续选择要修剪的对象，结果如下图所示。

提示 tips

选择剪切边后，当命令行提示选择修剪对象时按住Shift键，则修剪命令暂时变成延伸命令，松开Shift键后继续执行修剪命令。

3.3.2 延伸对象命令

延伸命令与修剪命令正好相反，延伸命令是将选取的对象延伸到边界与之相交。使用延伸命令时必须选择一条边界，如果不指定边界线段，程序将以最近一条线段作为边界进行延伸。

调用延伸命令的方法有以下几种。

① 选择"修改>延伸"菜单命令。

② 单击"默认"选项卡下"修改"面板中的"延伸"按钮 ┘。

③ 在命令行输入"Extend"或"Ex"命令。

案例 case 延伸对象

STEP 01 打开随书光盘中的"延伸对象.dwg"图形文件，如下图所示。

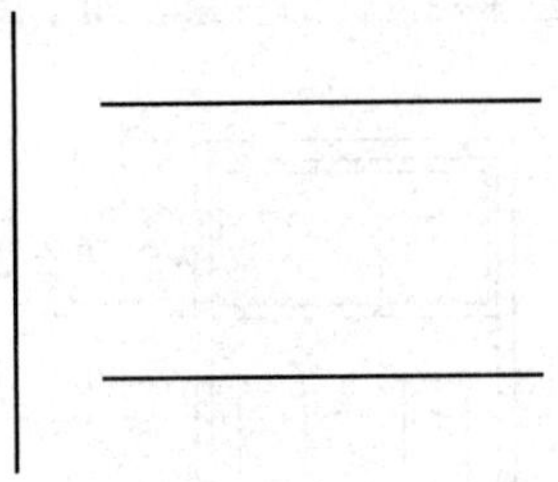

STEP 02 选择"修改>延伸"菜单命令，在绘图窗口中选择要延伸的边界，如下图所示。

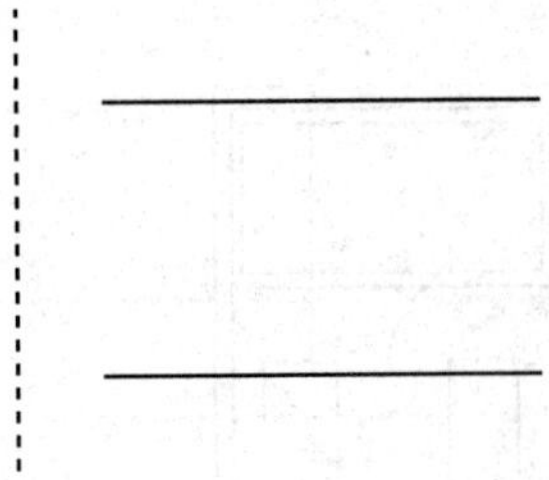

STEP 03 然后选择要延伸的对象，如下图所示。

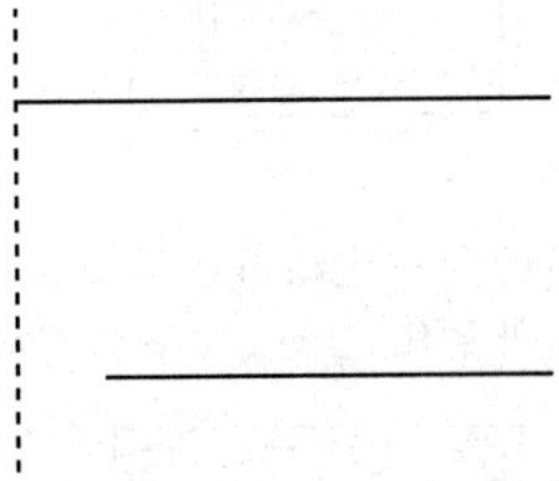

STEP 04 继续选择要延伸的对象，结果如下图所示。

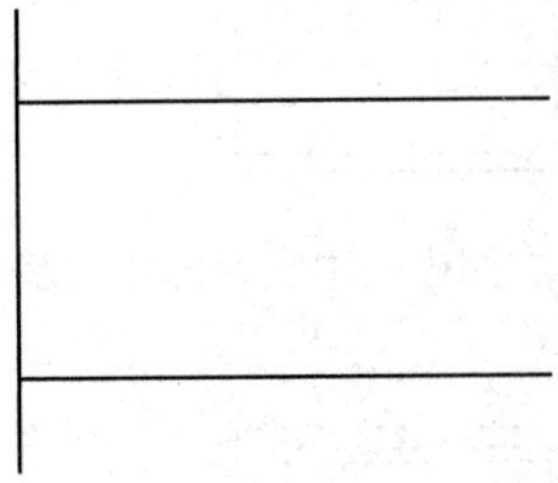

提示 tips 选择延伸边界后，当命令行提示选择延伸对象时按住Shift键，则延伸命令暂时变成修剪命令，松开Shift键后继续执行延伸命令。

3.3.3 拉伸对象命令

拉伸命令可以将图形的某一部分从中间进行延长或缩短，可选择进行拉伸的对象有圆弧、椭圆弧、直线、多段线、二维实体、射线、多线和样条曲线。其中，多段线的每一段都将被当做简单的直线或圆弧，分开处理。

提示 tips 拉伸对象的选择只能使用"交叉窗口"或"交叉多边形"方式进行。与窗口相交的对象将被拉伸，完全在窗口内的对象将被移动。

调用拉伸命令的方法有以下几种。
① 选择"修改>拉伸"菜单命令。
② 单击"默认"选项卡下"修改"面板中的"拉伸"按钮。
③ 在命令行输入"Stretch"或"S"命令。

案例 case例 拉伸对象

STEP 01 打开随书光盘中的"拉伸对象.dwg"图形文件,如下图所示。

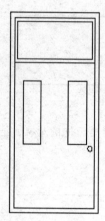

STEP 02 选择"修改>拉伸"菜单命令,然后在绘图窗口以交叉窗口(从右向左拖动鼠标)方式选择要拉伸的对象,如下图所示。

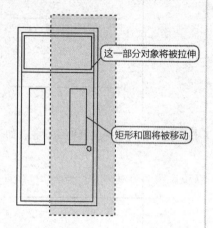

这一部分对象将被拉伸

矩形和圆将被移动

STEP 03 以右侧边的中点为拉伸的基点,如下图所示。

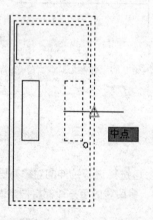

中点

STEP 04 然后向右拖动鼠标,在合适的位置单击作为拉伸的第二点,如下图所示。

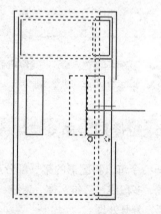

STEP 05 拉伸完成后结果如右图所示。

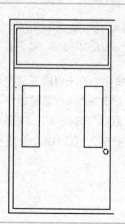

3.3.4 拉长对象命令

拉长是将线段按照指定的距离进行延长，可以输入具体的长度距离或百分比值来进行拉长。

提示 tips
"拉长"命令仅作用于开放图形，如直线、多段线、圆弧或样条曲线等，对闭合图形无效。

调用拉长命令的方法有以下几种。

① 选择"修改>拉长"菜单命令。

② 在"默认"选项卡下展开的"修改"面板中单击"拉长"按钮 。

③ 在命令行输入"Lengthen"或"Len"命令。

案例 case 拉长对象

STEP 01 打开随书光盘中的"拉长对象.dwg"图形文件，如下图所示。

提示 tips
在拉长时输入的增量值为正值则对象被拉长，如果是负值则对象被缩短，而且拉长方向与选择的端点有关，总是沿着离选择端近的方向进行拉长或缩短。

STEP 02 选择"修改>拉长"菜单命令，程序命令行提示及操作如下：

> 命令：_lengthen
> 选择对象或 [增量(DE)/百分数(P)/全部(T)/
> 动态(DY)]: P↙
> 输入长度百分数 <100.0000>: 120 ↙
> 选择要修改的对象或 [放弃(U)]:
> (选择圆弧)
> 选择要修改的对象或 [放弃(U)]:

结果如下图所示。

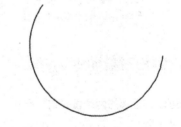

3.3.5 倒圆角对象命令

圆角是通过圆弧连接两个对象，通过设置圆弧的半径可以调整圆角的弧度。

调用圆角命令的方法有以下几种。

① 选择"修改>圆角"菜单命令。

② 单击"默认"选项卡下"修改"面板中的"圆角"按钮 。

③ 在命令行输入"Fillet"或"F"命令。

案例 倒圆角对象

STEP 01 打开随书光盘中的"倒圆角对象.dwg"图形文件，如下图所示。

STEP 02 选择"修改>圆角"菜单命令，当命令行提示选择第一个对象时输入R，输入圆角半径5，接着选取圆角的第一个对象，如下图所示。

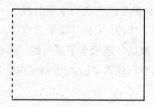

STEP 03 选择圆角的第二个对象，结果如下图所示。

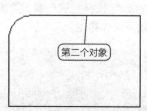

第二个对象

STEP 04 继续使用圆角命令，对其他边进行圆角，结果如下图所示。

提示 tips

利用圆角命令不仅可以对相交线段设置圆角，也可以对平行线设置圆角。在为平行线设置圆角时，圆角的直径与平行线间的距离相同，而与圆角所设置的半径无关。而当距离为0时对于不相交且相互不平行的直线，生成一个尖点。 如果圆角对象是多段线（矩形和正多边形也属于多段线），在设定好圆角半径后，当命令行提示选择第一个圆角对象时，输入P，然后直接选择多段线对象即可完成整个多段线的圆角。例如本例中第2步在设定半径值后，输入P，然后直接选择矩形即可得到最后的结果。

3.3.6 倒角对象命令

倒角可以将相邻的两条直线进行倒角，相邻的两条直线可以是相交的，也可以是不相交的，但一定要有延伸的交点。

调用倒角命令的方法有以下几种。

① 选择"修改>倒角"菜单命令。

② 单击"默认"选项卡下"修改"面板中的"倒角"按钮◢。

③ 在命令行输入"Chamfer"或"Cha"命令。

提示 tips

利用倒角命令可以设置等距倒角、不等距倒角、零距离倒角等。当距离为0时只封闭两条不相交且相互不平行的直线，生成一个尖点。

如果倒角对象是多段线（矩形和正多边形也属于多段线），在设定好倒角距离后，当命令行提示选择第一个倒角对象时，输入P，然后直接选择多段线对象即可完成整个多段线的倒角。例如本例中第2步在设定倒角距离后，输入P，然后直接选择矩形即可得到最后的结果。

案例 倒角对象

 Chapter03\倒角对象.avi

STEP 01 打开随书光盘中的"倒角对象.dwg"图形文件，如下图所示。

STEP 02 选择"修改>倒角"菜单命令，当命令行提示选择第一条直线时输入D，然后输入两个倒角距离都为5，接着选择倒角的第一条直线，如下图所示。

STEP 03 选择倒角的第二条直线，结果如下图所示。

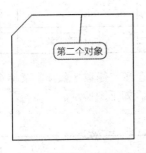

第二个对象

STEP 04 继续使用倒角命令，为其他直线进行倒角，结果如下图所示。

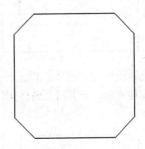

提示tips 在圆角或倒角时，如果有多处需要圆角和倒角，当命令行提示选择对象时输入M，这样圆角和倒角就可以一直进行下去，直到最后按Esc键结束。

3.3.7 案例：绘制座椅类图形

本例将利用"矩形""分解""偏移""修剪""圆角""倒角"和"合并"等命令来绘制沙发床，结果如下图所示。

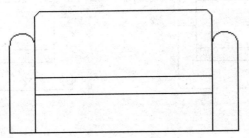

案例 case 绘制座椅类对象

Chapter03\绘制座椅类对象.avi

STEP 01 选择"绘图>矩形"菜单命令，在绘图窗口中绘制一个长1350、宽700的矩形，如下图所示。

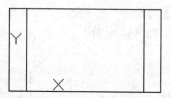

STEP 02 单击"分解"按钮，如下图所示，将矩形作为分解对象。

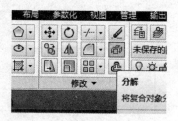

STEP 03 选择"修改>偏移"菜单命令，将两侧的直线分别向内侧偏移150，如下图所示。

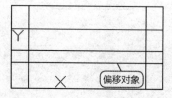

STEP 04 选择"修改>偏移"菜单命令，以矩形的底边为偏移对象，向上偏移220，如下图所示。

STEP 05 继续使用偏移命令，以上一步偏移后的直线为偏移对象，分别向上偏移100和280，如下图所示。

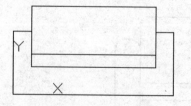

STEP 06 选择"修改>修剪"菜单命令，选择剪切边，如下图所示。

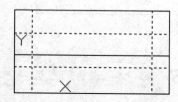

STEP 07 然后选择要修剪的对象，结果如下图所示。

STEP 08 选择"修改>圆角"菜单命令，当命令行提示选择第一个对象时输入T，然后输入N（圆角后不修剪），然后选择圆角的第一个对象，如下图所示。

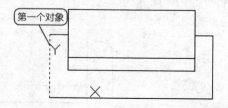

STEP 09 选择第二个圆角对象，结果如下图所示。

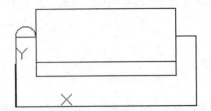

STEP 10 重复步骤8~9，给另一侧扶手倒圆角，结果如下图所示。

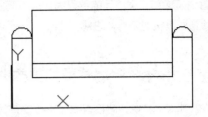

STEP 11 选择"修改>倒角"菜单命令，当命令行提示选择第一个对象时输入D，输入第一个、第二个倒角距离都为30，接着输入T（修剪），然后选择要倒角的第一个对象，如下图所示。

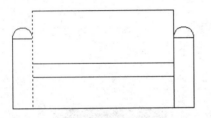

STEP 12 选择第二个要倒角的对象，结果如下图所示。

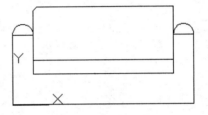

STEP 13 继续使用倒角命令，给沙发的另一侧扶手倒角，结果如下图所示。

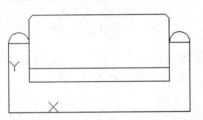

STEP 14 选择"修改>删除"菜单命令，然后选择两条直线，如下图所示。

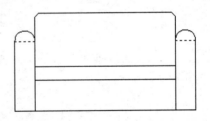

STEP 15 按Enter键，将两条直线删除，结果如右图所示。

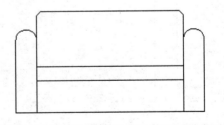

提示 tips 示 绘制座椅类图形对象时，用户一定首先考虑座椅类的摆放位置，这样才能确认其尺寸值是否合理，否则一个设计好看但不合理的座椅类产品会对室内的设施产生影响。

3.4　编辑命令的高级应用

　　直线偏移和圆偏移后的结果为什么不同？打断命令怎样才能实现打断于点的效果？本节将针对这两个问题通过实例来具体讲解。

3.4.1　直线偏移和圆偏移结果的异同分析

　　在AutoCAD中，偏移直线时不改变直线的长度，只是改变直线的位置，相当于复制。而偏移圆时，圆的半径会增大或缩小至偏移量的一半。

 案例　偏移直线和圆的异同

　　Chapter03\偏移直线和圆的异同.avi

STEP 01 打开随书光盘中的"偏移直线和圆的异同.dwg"图形文件，如下图所示。

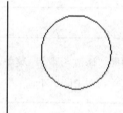

STEP 02 单击"偏移"按钮偏移直线和圆对象，如下图所示。

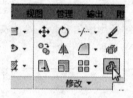

STEP 03 以竖直直线为偏移对象，向左偏移20，结果如下图所示。

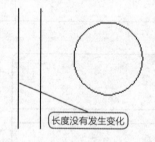

长度没有发生变化

STEP 04 继续使用偏移命令，以圆为偏移对象，向外偏移20，结果如下图所示。

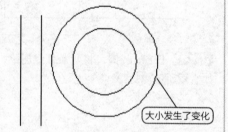

大小发生了变化

3.4.2 打断于点的功能应用

下面通过案例介绍打断于点功能的使用方法。

打断于点的功能应用

STEP 01 打开随书光盘中的"打断于点的功能应用.dwg"图形文件，如下图所示。

STEP 02 在"默认"选项卡下展开的"修改"面板中单击"打断"按钮，如下图所示。

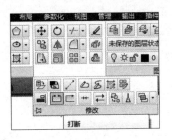

STEP 03 选择要打断的对象，如下图所示。

STEP 04 当命令行提示指定第二个打断点时输入@，然后按Enter键确定，结果圆弧被打断成两段，选择任何一段圆弧，结果显示如下图所示。

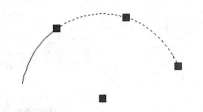

前面几章讲解了利用AutoCAD进行室内设计时的基本功能，包括文件管理、图形的绘制与编辑等，本章将介绍想要精确绘制图形还需要掌握的一些方法，包括使用对象捕捉功能进行精确绘图、利用图层功能快速修改图形对象，以及给图形添加图案填充等。

Chapter 04

精确绘图设置与图层、图案填充功能

4.1 精确绘图设置

通过"对象捕捉""对象捕捉追踪""极轴追踪"和"临时追踪点"功能不仅可以精确、快速地指定对象上的位置，而且还可提高绘制图形的精确度和工作效率。

4.1.1 设置对象捕捉模式

在AutoCAD 2015中，可以通过"草图设置"对话框来设定自动捕捉功能，或直接调用对象捕捉功能。

1. 自动捕捉功能

在绘图过程中，使用对象捕捉的频率非常高。为此AutoCAD又提供了一种自动对象捕捉模式。

要打开对象捕捉模式，选择"工具>绘图设置"菜单命令，在弹出的"草图设置"对话框的"对象捕捉"选项卡中，勾选"启用对象捕捉"复选框，然后在"对象捕捉模式"选项区域中勾选相应复选框即可，如下左图所示。

2. 对象捕捉的快捷菜单（临时对象捕捉）

当需要指定某个点时，可以按住Shift键或者Ctrl键，然后单击鼠标右键，这时将弹出对象捕捉的快捷菜单，如下右图所示。

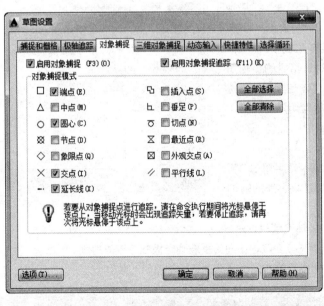

提示 tips 示　"自动捕捉"和"临时对象捕捉"的区别在于，"自动捕捉"功能一经设定后将一直沿用下去，直到下次重新更改设置，而"临时对象捕捉"只在当前有用。

4.1.2 使用对象捕捉追踪

对象捕捉追踪使用户可以沿着基于对象捕捉点的对齐路径进行追踪。将光标移动到需要追踪的对象捕捉点上，将出现一个小加号"＋"，一次最多可以获取七个追踪点。

获取点之后，当在绘图路径上移动光标时，将显示相对于获取点的水平、垂直或极轴对齐路径，可通过单击状态栏中的"对象捕捉追踪"按钮 或在"草图设置"对话框中勾选相应复选框的方式开启对象捕捉追踪，如下图所示。

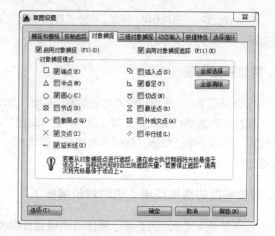

4.1.3 使用极轴追踪

在"草图设置"对话框中的"极轴追踪"选项卡下包括"极轴角设置""对象捕捉追踪设置""极轴角测量"等选项，如右图所示。

在"极轴追踪"选项卡中，主要选项说明如下。

增量角：用于设置极轴追踪对齐路径的极轴角度增量，可以直接输入角度值，也可以在增量角下拉列表框中选择90、45、30或22.5等常用角度。

附加角：对极轴追踪使用列表中的任何一种附加角度。

角度列表：勾选"附加角"复选框，然后单击"新建"按钮可以在左侧列表中设置增量角之外的附加角度。

新建：最多可以添加10个附加极轴追踪对齐角度。

绝对：将以当前用户坐标系（UCS）的X轴正向为基准确定极轴追踪的角度。

相对上一段：将根据上一次绘制线段的方向为基准确定极轴追踪的角度。

 极轴追踪和正交工具不能同时启用，当启用极轴追踪后系统将自动关闭正交工具；同理，当启用正交工具后系统将自动关闭极轴追踪。

4.1.4 综合应用：对象捕捉和对象捕捉追踪

　　上面我们已经对对象捕捉和对象捕捉追踪进行了介绍，接下来我们通过实例来介绍对象捕捉和对象捕捉追踪的综合应用。

 对象捕捉与追踪应用

Chapter04\对象捕捉和追踪应用.avi

STEP 01 启动AutoCAD 2015应用程序，打开随书光盘中的"对象捕捉与追踪应用.dwg"图形文件，如下图所示。

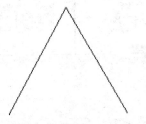

STEP 02 选择"绘图>圆>圆心、半径"菜单命令，以两边中点的交点为圆心，如下图所示。

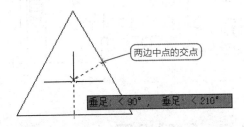

两边中点的交点

垂足：< 90°，　垂足：< 210°

STEP 03 然后捕捉底边的中点，如下图所示。

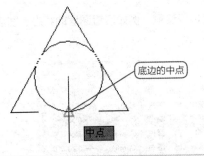

底边的中点

中点

STEP 04 单击底边的中点确定，结果如下图所示。

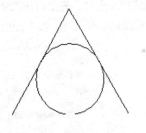

4.2 多视口查看图形

　　AutoCAD提供了强大的图形显示控制功能。显示控制功能用于控制图形在屏幕上的显示方式。

　　对于三键（中键为滚轮）鼠标，滚动滚轮就可以轻松实现缩放，双击中键或者滚轮就可以实现"范围缩放"的功能。

　　为了便于在不同视图中编辑对象，可将绘图区分割成几个视口，同时在每个视口中显示不同的视图。

　　调用多视口查看图形的方法有以下几种。

　　① 选择"视图>视口>……（选择视口个数）"菜单命令。

　　② 在"视图"选项卡下的"模型视口"面板中单击"视口配置"下拉按钮，从中选择视口个数。

案例 case 多视口查看图形

Chapter04\演示录像\多视口查看图形.avi

STEP 01 启动AutoCAD 应用程序，打开随书光盘中的"多视口查看图形.dwg"图形文件，如下图所示。

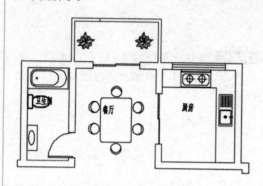

STEP 02 选择"视图>视口>四个视口"菜单命令，在绘图窗口中会看到四个等大的视口，如下图所示。

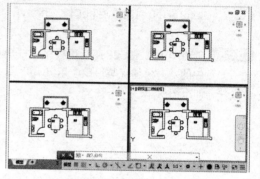

4.3 图层设置

在绘制建筑图形时，先要创建图层，然后对图层进行设置，例如设置图层的状态、图层的名称、图层的开关和图层的颜色等，如下图所示。

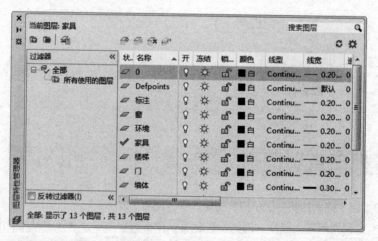

4.3.1 建立新图层

绘制建筑图时，有时需要在一个工程文件中创建多个图层，在每个图层中可以控制不同属性的对象，这样在修改图形时，就可以节省许多时间。

建立新图层的方法有以下几种。

① 选择"格式>图层"菜单，在弹出的"图层特性管理器"选项板中单击"新建图层"按钮
即可。

② 单击"默认"选项卡下"图层"面板中的"图层特性"按钮，在弹出的"图层特性管理器"选项板中单击"新建图层"按钮即可。

③ 在命令行中输入"Layer"或"La"命令，在弹出的"图层特性管理器"选项板中单击"新建图层"按钮即可。

案例 case 建立新图层

Chapter04\建立新图层.avi

STEP 01 选择"格式>图层"菜单命令，如下图所示。

STEP 02 弹出"图层特性管理器"选项板，如下图所示。

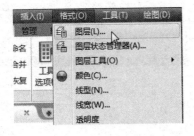

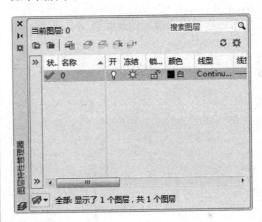

STEP 03 在弹出的"图层特性管理器"选项板中单击"新建图层"按钮，如下图所示。

STEP 04 将图层1重命名为"窗户"，如下图所示。

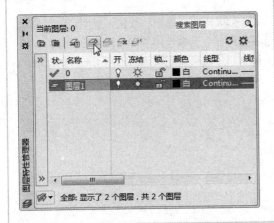

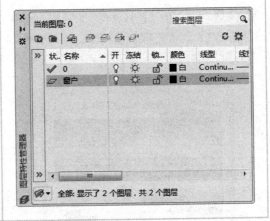

提示 tips 创建新图层除了以上几种方法外，还可以在已经创建的图层上直接按Enter键，系统将默认新建一个"图层1"，且新图层继承原图层的所有特性，包括颜色、线型、线宽等。

4.3.2 设置图层参数

　　根据绘图的需求，经常需要对某一个图形对象的颜色、线型以及线宽进行设置，这时只需修改该图形所在图层的颜色、线型和线宽即可，具体操作步骤如下。

1. 设置图层颜色

　　用户可以根据需要来设置图层的颜色，以方便查看或者修改。方法如下。

案例 设置图层颜色

 Chapter04\设置图层颜色.avi

STEP 01 启动AutoCAD 2015应用程序，打开随书光盘中的"设置图层颜色.dwg"图形文件，如下图所示。

STEP 02 选择"格式>图层"菜单命令，在弹出的"图层特性管理器"选项板中单击"桌子"图层的颜色按钮，如下图所示。

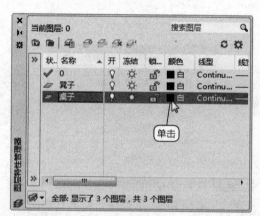

STEP 03 在弹出的"选择颜色"对话框中选择"索引颜色"选项卡下的一种颜色，这里选择红色，如下图所示。

STEP 04 单击"确定"按钮，返回到"图层特性管理器"选项板中单击关闭按钮，然后在绘图窗口中就可看到更改后的桌子图形的颜色，如下图所示。

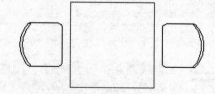

2. 设置图层线宽

用户还可以根据需要更改不同图层的线宽，比如设置图框的线宽为0.3mm。

案例 设置房屋边界宽度

STEP 01 打开随书光盘中的"设置房屋边界宽度.dwg"图形文件，如下图所示。

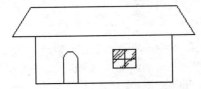

STEP 02 选择"格式>图层"菜单命令，在弹出的"图层特性管理器"选项板中单击"房子"图层的线宽按钮，如下图所示。

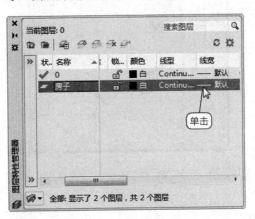

STEP 03 在弹出的"线宽"对话框中选择"0.30mm"选项，如下图所示。

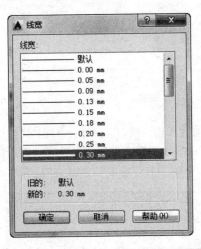

STEP 04 单击"确定"按钮，返回到"图层特性管理器"选项板中单击关闭按钮，在绘图窗口中就可看到更改后的线宽效果，如下图所示。

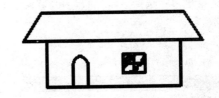

3. 设置图层线型

不同的线型代表的意义不同，通过不同的线型更方便区别对象。设置线型的步骤如下。

案例 case 设置图层线型

Chapter04\设置图层线型.avi

STEP 01 打开随书光盘中的"设置图层线型.dwg"图形文件，如下图所示，这里准备更改墙线的线型。

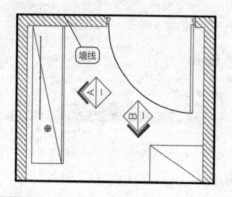

STEP 02 选择"格式>图层"菜单命令，在弹出的"图层特性管理器"选项板中单击"墙线"图层对应的线型按钮，如下图所示。

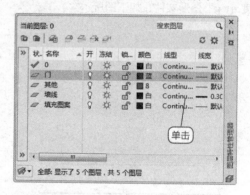

STEP 03 在弹出的"选择线型"对话框中单击"加载"按钮，如下图所示。

STEP 04 在弹出的"加载或重载线型"对话框中选择要加载的线型"ACAD_IS003W100"选项，如下图所示。

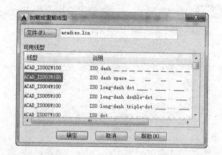

STEP 05 单击"确定"按钮，返回到"选择线型"对话框中，选择步骤4加载的线型，如下图所示。

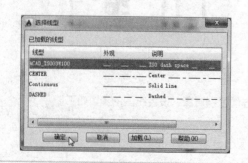

STEP 06 单击"确定"按钮，返回到"图层特性管理器"选项板中单击关闭按钮。此时在绘图窗口中即可看到更改后的线型，如下图所示。

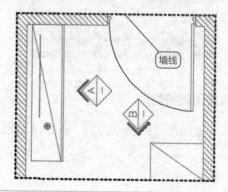

4.3.3 控制图层状态

在AutoCAD 2015中可以通过将图层关闭或冻结来实现对图形的隐藏，这在创建复杂模型时尤为重要。

图层的控制状态主要包括图层打开/关闭、图层冻结/解冻、图层锁定/解锁和打印/不打印等显示。

1. 打开/关闭图层

当图层处于关闭状态时图层中的内容将被隐藏且无法编辑和打印。在"图层特性管理器"选项板中打开的图层以明亮的灯泡图标显示💡，隐藏的图层将以灰色的灯泡图标显示💡。下面通过实例介绍打开/关闭图层的具体操作步骤。

案例 打开/关闭图层

Chapter04\打开关闭图层.avi

STEP 01 打开随书光盘中的"打开关闭图层.dwg"图形文件，如下图所示。

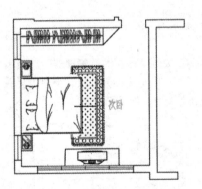

STEP 03 此时灯泡图标将由亮变暗💡，如下图所示。

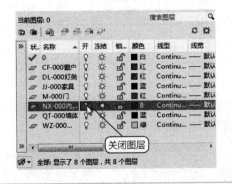

STEP 02 选择"格式>图层"菜单命令，在弹出的"图层特性管理器"选项板中单击"NX-000内引线"后面的灯泡图标，如下图所示。

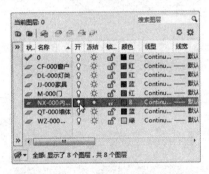

STEP 04 关闭"图层特性管理器"选项板，回到绘图窗口中，可以看到"NX-000内引线"图层上的所有图形对象已经被隐藏了，结果如下图所示。

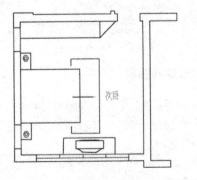

2. 锁定/解锁图层

当图层锁定后图层上的内容依然可见，但是不能被编辑。锁定图层将以封闭的锁图标🔒显示，解锁图层将以打开的锁图标🔓显示。下面通过实例介绍锁定/解锁图层的具体操作步骤。

案例 锁定/解锁图层

STEP 01 打开随书光盘中的"锁定解锁图层.dwg"图形文件，如下图所示。

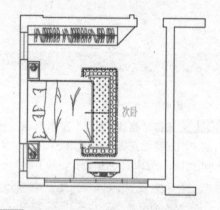

STEP 02 选择"格式>图层"菜单命令，在弹出的"图层特性管理器"选项板中单击"CF-000窗户"后面的锁形图标，如下图所示。

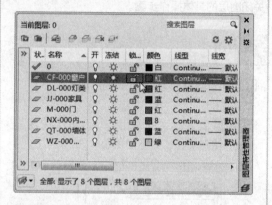

STEP 03 此时"CF-000窗户"的图层由解锁图标🔓变成锁定图标🔒，如下图所示。

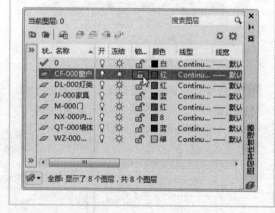

STEP 04 关闭"图层特性管理器"选项板，回到绘图窗口中把鼠标光标放在窗户上会看到一把锁的图标🔒，如下图所示。

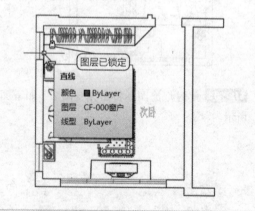

3. 冻结/解冻图层

冻结/解冻图层与打开/关闭图层类似，当图层冻结时将以灰色的雪花图标❋显示，图层解冻时将以明亮的太阳图标☼显示。下面通过实例介绍冻结/解冻图层的具体操作步骤。

提示 tips 当前图层可以被关闭，但是不能被冻结。处于冻结状态的图层上的对象将不能显示、打印、消隐、渲染或重生成。

案例 冻结/解冻图层

Chapter04\冻结解冻图层.avi

STEP 01 打开随书光盘中的"冻结解冻图层.dwg"图形文件，如下图所示。

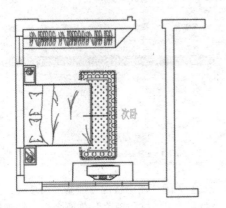

STEP 02 选择"格式>图层"菜单命令，在弹出的"图层特性管理器"选项板中单击"QT-000墙体"后面的太阳图标☼，如下图所示。

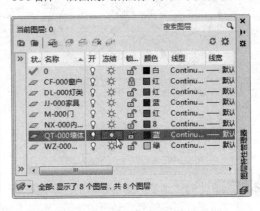

STEP 03 此时墙体图层由太阳图标☼变成雪花图标❋，如下图所示。

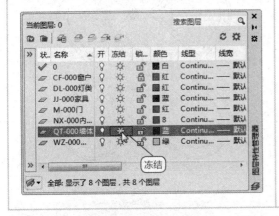

STEP 04 关闭"图层特性管理器"选项板，回到绘图窗口中可以看到冻结的墙体已经被隐藏了，如下图所示。

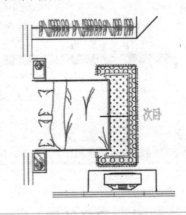

4. 打印/不打印图层

当图层设置为打印/不打印时只对图形中的可见图层有效，而对于冻结或关闭的图层无用，因为不论设置的是否为打印，冻结或关闭图层上的对象都不会被打印。

下面通过实例介绍为图层设置打印/不打印的具体操作步骤。

提示 DEFPOINTS图层上的对象是不能被打印的。

案例 打印/不打印图层

STEP 01 打开随书光盘中的"打印不打印图层.dwg"图形文件，如下图所示。

STEP 03 此时"桌子"图层原本的打印图标变成了不可打印图标，如下图所示。

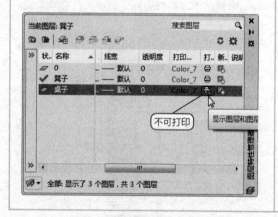

STEP 02 选择"格式>图层"菜单命令，在弹出的"图层特性管理器"选项板中单击"桌子"后面的打印图标。

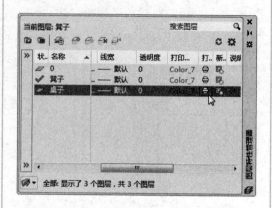

STEP 04 关闭"图层特性管理器"选项板，然后选择"文件>打印预览"菜单命令，结果如下图所示。

4.3.4 如何快速更换图层

　　需要更换图层时，不需要打开"图层特性管理器"选项板进行处理，通过在"默认"选项卡下"图层"面板的"图层"下拉列表中选择相应的选项即可完成图层的更换。

案例 快速更换图层

STEP 01 任意打开一个包含多个图层的图形文件，如下图所示。

STEP 02 在绘图窗口中选择要更改图层的对象，如下图所示。

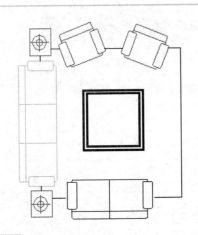

STEP 03 在"默认选项卡下的"图层"面板中，单击当前图层后面的下拉按钮，在下拉列表中选择"茶几"图层，如下图所示。

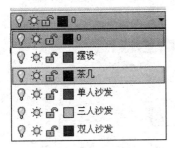

STEP 04 按下Esc键退出，结果如下图所示。

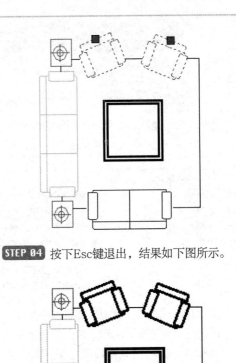

4.4 图案填充

在绘制建筑设计图时，经常要用到填充图案以标识某个区域或建筑部件的意义、结构及用途。AutoCAD 2015中提供了多种标准图案填充样式，此外，也可以根据需要自定义填充图案。不仅如此，还可以通过填充工具来控制图案的疏密及倾角角度。

4.4.1 创建图案填充

调用图案填充命令的方法有以下几种。

① 选择"绘图>图案填充"菜单命令。

② 单击"默认"选项卡下"绘图"面板中的"图案填充"按钮 。

③ 在命令行输入"Hatch"或"H"命令。

调用"图案填充"命令后，会弹出"图案填充创建"选项卡，如下图所示。

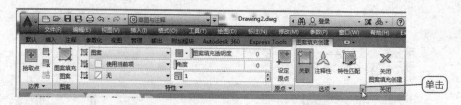

"图案填充创建"选项卡中各参数的含义如下表所示。

表 图案填充创建选项板中各参数的含义

选 项	说 明
"边界"面板	设置拾取点和填充区域的边界
"图案"面板	指定图案填充的各种填充形状
"特性"面板	指定图案的填充类型、背景色、透明度和选定填充图案的角度和比例
"原点"面板	控制填充图案生成的起始位置
"选项"面板	控制几个常用的图案填充或填充选项，并可以通过单击"特性匹配"选项使用选定图案填充对象的特性对指定的边界进行填充
"关闭"面板	单击关闭按钮，将关闭"图案填充创建"选项卡

也可以在"图案填充创建"选项卡中单击"选项"面板中的对话框启动器，弹出"图案填充和渐变色"对话框，如下左图所示。单击"图案"选项右侧的按钮，弹出"填充图案选项板"对话框，可以在对话框中选择类型和图案，如下右图所示。

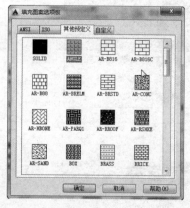

案例 创建填充

Chapter04\创建填充.avi

STEP 01 打开随书光盘中的"创建填充.dwg"图形文件，如下图所示。

STEP 02 选择"绘图>图案填充"菜单命令，选择"图案填充创建"选项卡下"图案"面板中的"ANSI32"选项。

STEP 03 单击"拾取点"按钮，然后在绘图窗口中指定内部点，如下图所示。

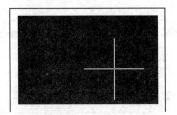

STEP 04 在"特性"面板中设置图案填充的比例为200，结果如下图所示。

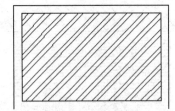

4.4.2　编辑填充图案

"图案填充编辑"面板基本上和"图案填充"面板一致。

调用图案填充编辑命令的方法有以下几种。

① 选择"修改>对象>图案填充"菜单命令。

② 在命令行输入"Hatchedit"或"He"命令。

③ 直接单击填充图案。

提示 tips　第1、2种调用方法出现的都是对话框。第3种调用方法出现的是选项卡，是2011版之后的新增功能。

案例 case　编辑填充图案

　Chapter04\编辑填充图案.avi

STEP 01 打开随书光盘中的"编辑填充图案.dwg"图形文件，如下图所示。

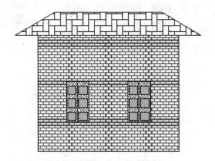

STEP 02 选中要更改角度的填充图案，如下图所示。

STEP 03 在"图案填充编辑器"选项卡下的"特性"面板中设置图案填充角度为0，如右图所示。

STEP 04 按Esc键确定，结果如下图所示。

STEP 06 在"图案填充编辑器"选项卡下的"特性"面板中设置图案填充比例为0.2，如下图所示。

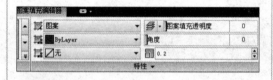

STEP 08 选中要更改图案填充的填充图案，如下图所示。

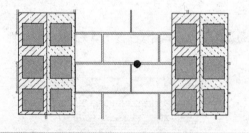

STEP 05 选中要更改填充比例的填充图案，如下图所示。

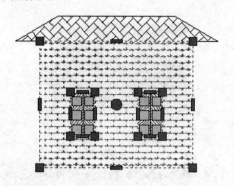

STEP 07 按Esc键确定，结果如下图所示。

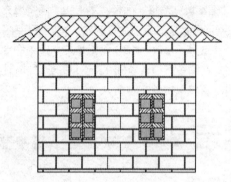

STEP 09 选择"图案填充编辑器"选项卡下"图案"面板中的"DOTS"选项，如下图所示。

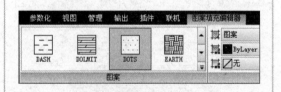

STEP 10 继续选中要更改图案填充的填充图案，同样选择"DOTS"填充图案，如右图所示。

4.5 综合应用：绘制双开门衣柜

下面利用"直线""矩形""样条曲线""圆""圆弧"和"图案填充"等命令来绘制衣柜，绘制完成后的结果如下图所示。

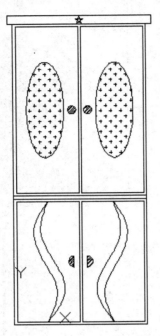

案例 绘制双开门衣柜

 Chapter04\绘制双开门衣柜.avi

STEP 01 启动AutoCAD 2015应用程序，新建一个图形文件，然后选择"绘图>矩形"菜单命令，输入"0,0""@500,1100"为第一个角点、第二个角点，如下图所示。

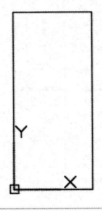

STEP 02 继续使用矩形命令，以"-20,1100""540,1130"为第一个角点、第二个角点，如下图所示。

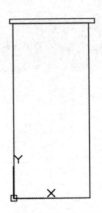

STEP 03 继续使用矩形命令，以"10,480""245,1090"为第一个角点、第二个角点，如下左图所示。

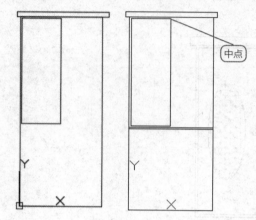

中点

STEP 04 选择"绘图>直线"菜单命令，绘制两条直线，AutoCAD命令行提示及操作如下：
结果如下右图所示。

```
命令: LINE
指定第一点: fro 基点:
<偏移>: @0,-80 ↙
指定下一点或 [放弃(U)]: @500,0 ↙
指定下一点或 [放弃(U)]:
命令: LINE
指定第一点: fro 基点:
<偏移>: @0,-90 ↙
指定下一点或 [放弃(U)]: @500,0 ↙
指定下一点或 [放弃(U)]:
```

STEP 05 选择"绘图>矩形"菜单命令，以"10,10""245,450"为第一个角点、第二个角点，如右图所示。

STEP 06 选择"绘图>多段线"菜单命令，AutoCAD命令行提示及操作如下：

```
命令: _pline
指定起点: fro 基点:          (以中点为基点)
<偏移>: @-20,-20 ↙
当前线宽为 0.0000
指定下一个点或 [圆弧(A)/半宽(H)/长度(L)/
放弃(U)/宽度(W)]: @0,40 ↙
指定下一点或 [圆弧(A)/闭合(C)/半宽(H)/
长度(L)/放弃(U)/宽度(W)]: A ↙
指定圆弧的端点或[角度(A)/圆心(CE)/闭合
(CL)/方向(D)/半宽(H)/直线(L)/半径(R)/第二个
点(S)/放弃(U)/宽度(W)]: r ↙
指定圆弧的半径: 20 ↙
指定圆弧的端点或 [角度(A)]: @0,-40 ↙
指定圆弧的端点或[角度(A)/圆心(CE)/闭合
(CL)/方:
```

结果如右图所示。

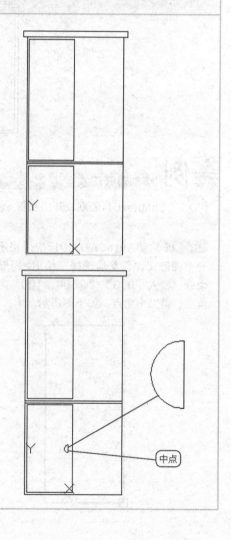

中点

STEP 07 选择"绘图>样条曲线"菜单命令，AutoCAD命令行提示及操作如下：

```
命令: _SPLINE
当前设置: 方式=拟合   节点=弦
指定第一个点或 [方式(M)/节点(K)/对象(O)]:
(以中点为第一点)
输入下一个点或 [起点切向(T)/公差(L)]: 75,350 ✓
输入下一个点或 [端点相切(T)/公差(L)/放弃
(U)]: 111,230 ✓
输入下一个点或 [端点相切(T)/公差(L)/放弃
(U)/闭合(C)]: 160,125 ✓
输入下一个点或 [端点相切(T)/公差(L)/放弃
(U)/闭合(C)]: 127,10 ✓
输入下一个点或 [端点相切(T)/公差(L)/放弃
(U)/闭合(C)]:
命令:SPLINE
当前设置: 方式=拟合   节点=弦
指定第一个点或 [方式(M)/节点(K)/对象(O)]:
(以中点为第一点)
输入下一个点或 [起点切向(T)/公差(L)]: 100,340 ✓
输入下一个点或 [端点相切(T)/公差(L)/放弃
(U)]: 140,245 ✓
输入下一个点或 [端点相切(T)/公差(L)/放弃
(U)]: 190,130 ✓
输入下一个点或 [端点相切(T)/公差(L)/放弃
(U)/闭合(C)]: 27,10 ✓
输入下一个点或 [端点相切(T)/公差(L)/放弃
(U)/闭合(C)]:
```

结果如右图所示。

STEP 09 选择"绘图>圆心>圆心、半径"菜单命令，以"220,785"为圆心，绘制一个半径为15的圆，如下图所示。

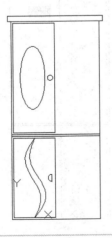

STEP 08 选择"绘图>椭圆>圆心"菜单命令，以"120,785"为圆心，"120,960""70"为轴的端点、另一条半轴的长度，如下右图所示。

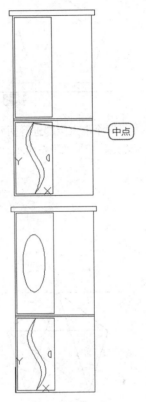

STEP 10 选择"绘图>多边形"菜单命令，AutoCAD命令行提示及操作如下，结果如下图所示。

```
命令: _polygon 输入侧面数 <4>: 5 ✓
指定正多边形的中心点或 [边(E)]: 250,1115 ✓
输入选项 [内接于圆(I)/外切于圆(C)] <I>:
指定圆的半径: 15 ✓
```

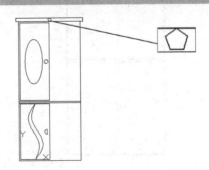

STEP 11 选择"绘图>直线"菜单命令，单击正五边形的一个端点，然后捕捉与其相隔的一个端点，如下图所示。

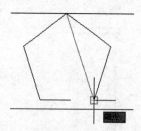

STEP 12 继续绘制直线，同样捕捉相隔的端点进行连接，如下图所示。

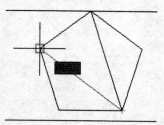

STEP 13 将五个端点全部进行两两连接后，按Enter键确定，结果如下图所示。

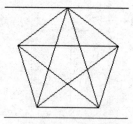

STEP 14 选中正五边形，按Delete键删除正五边形，结果如下图所示。

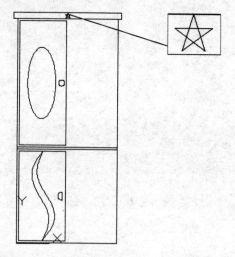

STEP 15 选择"修改>镜像"菜单命令，然后选择要镜像的对象，如下图所示。

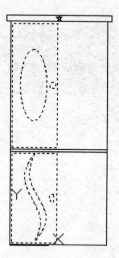

STEP 16 以中点为镜像的第一点，如下图所示。

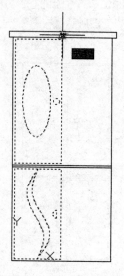

STEP 17 以另一个中点为镜像的第二点，如下图所示。

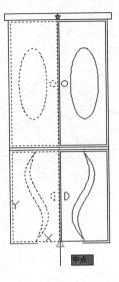

STEP 18 选择不删除源对象，结果如下图所示。

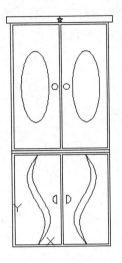

STEP 19 选择"绘图>绘图填充"菜单命令，在"图案填充创建"选项卡下的"图案"面板中选择"CROSS"选项，设置填充图案比例为3，如下图所示。

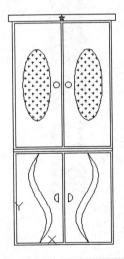

STEP 20 重复步骤19，选择"ANSI32"填充图案，设置填充图案比例为1，如下图所示。

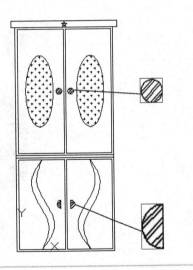

前面讲解了简单的二维绘制和编辑功能，包括直线、矩形、修剪和镜像等。这一章来讲解一下高级编辑功能，包括多段线的绘图与编辑、多线的绘制与编辑，以及利用夹点快速编辑图形对象等。

Chapter

05

高级编辑功能

5.1 其他二维图形的绘制与编辑

在使用AutoCAD绘制室内设计的相关图形时，除了可以使用前面讲解的矩形、多边形、圆类图形外，还可以使用多段线、多线、样条曲线等工具绘制特殊的室内设计图形，下面将具体介绍这些图形的画法和编辑。

5.1.1 多线的绘制与编辑

多线常用于绘制墙体、公路、管道等图形，它是由平行线组成的图形对象。其中平行线之间的距离、线的数量、线条的颜色和线型等属性都可进行编辑和调整。

1. 设置多线样式

调用设置多线样式命令的方法有以下几种。

① 选择"格式>多线样式"菜单命令。

② 在命令行输入"Mlstyle"命令。

案例 设置多线样式

 Chapter05\多线的绘制与编辑.avi

STEP 01 选择"格式>多线样式"菜单命令，弹出"多线样式"对话框，如下图所示。

STEP 02 单击"新建"按钮，在弹出的"创建新的多线样式"对话框中输入新样式名"公路"，如下图所示。

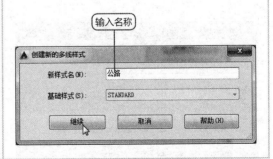

提示 tips

在"多线样式"对话框中，用户单击"加载"按钮可以加载已经保存的线型到当前多线样式中，而"保存"按钮则可以将当前创建的线型保存起来供其他用户调用。

STEP 03 单击"继续"按钮，弹出"新建多线样式：公路"对话框，在"图元"选项区域中单击"添加"按钮添加图元，如下图所示。

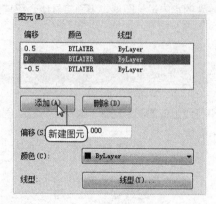

STEP 04 将刚添加图元的偏移设置为1.5，如下图所示。

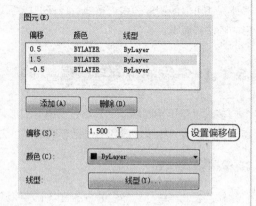

STEP 05 选中"0.5"图元，单击颜色后的下拉按钮，在下拉列表中选择"红"色，如下图所示。

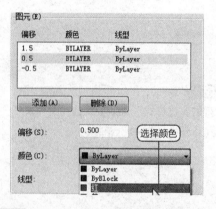

STEP 06 然后单击线型按钮，在弹出的"选择线型"对话框中单击"加载"按钮，如下图所示。

STEP 07 在弹出的"加载或重载线型"对话框中选择"ACAD_IS002W100"线型，如下图所示。

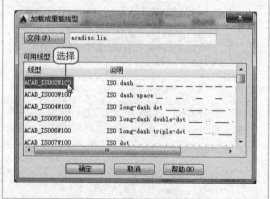

STEP 08 单击"确定"按钮，回到"选择线型"对话框中选择刚才加载的线型，如下图所示。

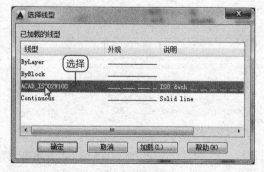

STEP 09 单击"确定"按钮，回到"新建多线样式：公路"对话框，输入说明文字，如下图所示。

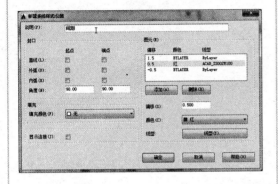

STEP 10 单击"确定"按钮，回到"多线样式"对话框，单击"置为当前"按钮，如下图所示。

2. 绘制多线

调用多线绘图命令的方法有以下几种。

① 选择"绘图>多线"菜单命令。

② 在命令行输入"Mline"或"Ml"命令。

案例 case 绘制墙线

STEP 01 选择"绘图>多线"菜单命令，然后在绘图窗口中单击以指定多线的第一点，如下图所示。

STEP 02 在绘图窗口中拖动鼠标并单击以指定多线的下一点，如下图所示。

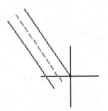

STEP 03 继续在绘图窗口中拖动鼠标并单击以指定多线的下一点，如下图所示。

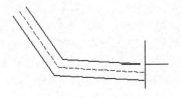

STEP 04 继续在绘图窗口中拖动鼠标并单击以指定多线的下一点，如下图所示。

STEP 05 按Enter键结束命令，结果如右图所示。

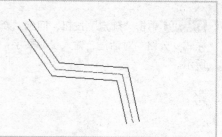

3. 编辑多线

调用多线编辑命令的方法有以下几种。

① 选择"修改>对象>多线"菜单命令。

② 在命令行输入"Mledit"命令。

案例 绘制交叉墙线

STEP 01 打开随书光盘中的"2-13.dwg"图形文件，如下图所示。

STEP 03 在"多线编辑工具"对话框中单击"十字打开"按钮，然后在绘图窗口中选择第一条多线、第二条多线，结果如下图所示。

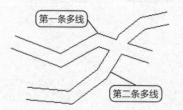

STEP 02 选择"修改>对象>多线"菜单命令，弹出"多线编辑工具"对话框，如下图所示。

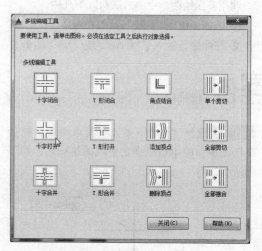

提示 多线编辑工具一共4列，从左向右依次为：用于管理交叉的交点、用于T形管理交叉、用于管理角和顶点、用于剪切和结合。其中前3列都与选择先后顺序有关，先选的多线在交点处将被修剪，并且第2列和第3列的修剪结果与先选择的多线的选择端有关，先选择的多线的选择端将被保留。

5.1.2 案例：利用多线绘制厨房窗户

在上面我们已经对多线进行了介绍，接下来我们利用多线和多线的编辑工具来绘制塑钢窗。

 案例 利用多线绘制厨房窗户

Chapter05\利用多线绘制厨房窗户.avi

具体的操作步骤如下，绘制结果如右图所示。

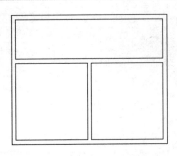

STEP 01 选择"格式>多线样式"菜单命令，在弹出的"多线样式"对话框中单击"新建"按钮，如下图所示。

STEP 02 在弹出的"创建新的多线样式"对话框中输入新的样式名"塑钢窗"，如下图所示。

STEP 03 在"图元"区域中选中"0.5"图元，然后在"偏移"文本框中输入新的偏移值1.5。

STEP 04 单击"确定"按钮，回到"多线样式"对话框中单击"置为当前"按钮。

STEP 05 选择"绘图>多线"菜单命令，AutoCAD命令行提示及操作如下：

```
命令: _mline
当前设置: 对正 = 无, 比例 = 20.00, 样式
= STANDARD
指定起点或 [对正(J)/比例(S)/样式(ST)]: J ✓
输入对正类型 [上(T)/无(Z)/下(B)] <无>: Z ✓
当前设置: 对正 = 无, 比例 = 20.00, 样式
= STANDARD
指定起点或 [对正(J)/比例(S)/样式(ST)]: S ✓
输入多线比例 <20.00>: 40 ✓
当前设置: 对正 = 无, 比例 = 40.00, 样式
= STANDARD
指定起点或 [对正(J)/比例(S)/样式(ST)]:
(任意单击一点)
指定下一点: <正交 开> @0,-1200 ✓
指定下一点或 [放弃(U)]: @1500,0 ✓
指定下一点或 [闭合(C)/放弃(U)]: @0,-1200 ✓
指定下一点或 [闭合(C)/放弃(U)]: C ✓
```

结果如下图所示。

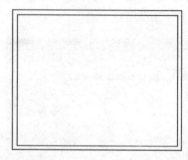

提示 tips 在"多线样式"对话框中，可以看到所有的按钮均为激活状态，"修改"按钮提供当前选择多线样式的修改功能，"重命名"按钮可重新命名当前线型，"删除"按钮可删除选中的多线样式，但是当前线型不能删除。

STEP 06 继续使用多线命令，AutoCAD命令行提示及操作如下：

```
命令: _mline
当前设置: 对正 = 无, 比例 = 40.00, 样式
= STANDARD
指定起点或 [对正(J)/比例(S)/样式(ST)]:
fro 基点:        (单击左上角的内侧角点)
<偏移>: @0,-400 ✓
指定下一点: @1460,0 ✓
指定下一点或 [放弃(U)]:
(按Enter键结束命令)
```

结果如下图所示。

STEP 07 选择"绘图>多线"菜单命令，AutoCAD命令行提示及操作如下：

```
命令: _mline
当前设置: 对正 = 无, 比例 = 40.00, 样式
= STANDARD
指定起点或 [对正(J)/比例(S)/样式(ST)]: J ✓
输入对正类型 [上(T)/无(Z)/下(B)] <无>: B ✓
当前设置: 对正 = 下, 比例 = 40.00, 样式
= STANDARD
指定起点或 [对正(J)/比例(S)/样式(ST)]: fro
基点:        (以角点为基点)
<偏移>: @710,0
指定下一点: @0,-740
指定下一点或 [放弃(U)]: (按Enter键结束命令)
```

结果如下图所示。

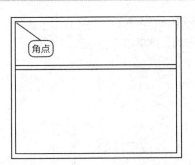

角点

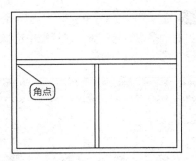

角点

STEP 08 选择"修改>对象>多线"菜单命令，在弹出的"多线编辑工具"对话框中选择"T形合并"选项，如下图所示。

STEP 09 然后在绘图窗口依次选择"第一条多线""第二条多线"，结果如下图所示。

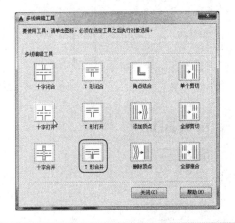

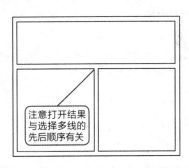

注意打开结果与选择多线的先后顺序有关

5.1.3 多线编辑：选择顺序不同影响结果

本节我们来讨论绘图中常遇到的两个问题，一个是关于封闭曲线和开放曲线在进行定数等分时等分点个数和段数的关系，另一个是多线在编辑时选择顺序与结果的关系。

本节来说明一下多线编辑技巧的应用方法。

 案例 case 不同选择得出不同结果

Chapter05\选择顺序影响结果.avi

STEP 01 打开随书光盘中的"不同选择得出不同结果.dwg"图形文件，如右图所示。

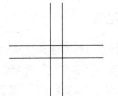

Chapter 05 高级编辑功能

STEP 02 选择"修改>对象>多线"菜单命令，在弹出的"多线编辑工具"对话框中选择"十字打开"选项，如下图所示。

STEP 03 在绘图窗口先选择横的多线，再选择竖的多线，结果如下图所示。

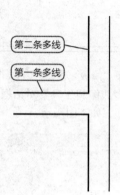

STEP 04 第3步如果先选择竖的多线再选择横的多线，结果如右图所示。

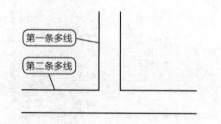

5.2 多段线的绘制与编辑

多段线是作为单个对象创建且相互连接的序列线段，可以创建直线段、弧线段或两者的组合线段。创建多段线之后，可以使用"Pedit"命令来进行编辑，或者使用"Explode"命令将其转换成单独的直线段和弧线段。

5.2.1 绘制多段线命令

多段线是可以利用命令在一个对象上绘制不同形状的图形功能。

1．多段线的绘制

调用多段线命令的方法有以下几种。

① 选择"绘图>多段线"菜单命令。

② 单击"默认"选项卡下"绘图"面板中的"多段线"按钮。

③ 在命令行输入"Pline"或"PL"命令。

案例 case 绘制弧形台阶

STEP 01 选择"绘图>多段线"菜单命令，然后在绘图窗口中单击以指定多段线的第一点，如下图所示。

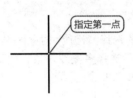

STEP 03 当命令行提示指定下一点时，输入"@100,0"，如下图所示。

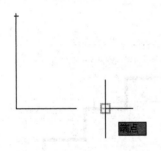

STEP 05 当提示指定圆弧的端点时输入"L"继续绘制直线，然后输入"@-150,0"，如下图所示。

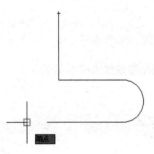

STEP 02 当命令行提示指定下一点时，输入"@0,-100"，如下图所示。

STEP 04 当命令行提示指定下一点时输入"A"绘制圆弧，如下图所示。

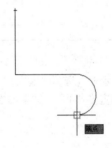

STEP 06 在绘图窗口中指定下一点时，输入"@0,-163"，如下图所示。

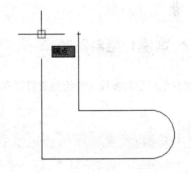

STEP 07 当指定下一点时输入"C"，结果如右图所示。

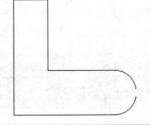

2. 多段线的编辑

调用多段线编辑命令的方法有以下几种。

① 选择"绘图>对象>多段线"菜单命令。

② 在"默认"选项卡下展开的"修改"面板中单击"多段线"按钮 。

③ 在命令行输入"Pedit"或"Pe"命令。

案例 case 编辑室内楼梯

STEP 01 打开随书光盘中的"编辑室内楼梯.dwg"图形文件,如下图所示。

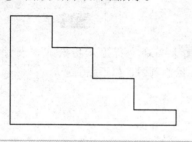

STEP 02 选择"修改>对象>多段线"菜单命令,然后选择多段线对象,如下图所示。

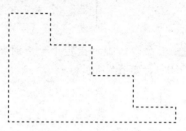

STEP 03 当提示输入选项时输入"W",然后输入线段的新宽度"4",结果如右图所示。

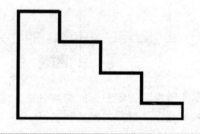

5.2.2 案例:绘制防晒伞

上面我们已经对多段线的绘制进行了介绍,接下来我们利用多段线来绘制防晒伞。

案例 case 绘制防晒伞

⊙ Chapter05\绘制防晒伞.avi

STEP 01 新建图形文件,选择"绘图>多段线"菜单命令,AutoCAD命令行提示及操作如下:

```
命令: _pline
指定起点:                    (任意指定一点)
当前线宽为 40.0000
```

STEP 02 结果如下图所示。

```
        指定下一个点或 [圆弧(A)/半宽(H)/长度
(L)/放弃(U)/宽度(W)]: W↙
        指定起点宽度 <2.0000>: 0↙
        指定端点宽度 <0.0000>: 40↙
        指定下一个点或 [圆弧(A)/半宽(H)/长度
(L)/放弃(U)/宽度(W)]: @0,−8↙
        指定下一点或 [圆弧(A)/闭合(C)/半宽(H)/
长度(L)/放弃(U)/宽度(W)]: H↙
        指定起点半宽 <20.0000>: 1↙
        指定端点半宽 <1.0000>: 1↙
        指定下一点或 [圆弧(A)/闭合(C)/半宽(H)/
长度(L)/放弃(U)/宽度(W)]:@0，−25.5↙
        指定下一点或 [圆弧(A)/闭合(C)/半宽(H)/
长度(L)/放弃(U)/宽度(W)]: A↙
        指定圆弧的端点或[角度(A)/圆心(CE)/闭
合(CL)/方向(D)/半宽(H)/直线(L)/半径(R)/第二
个点(S)/放弃(U)/宽度(W)]: @10,0↙
        指定圆弧的端点或[角度(A)/圆心(CE)/闭
合(CL)/方向(D)/半宽(H)/直线(L)/半径(R)/第二个
点(S)/放弃(U)/宽度(W)]:(按Enter键结束命令)
```

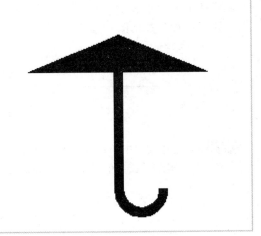

5.3 样条曲线的绘制与编辑

样条曲线是经过或接近一系列给定点的光滑曲线，可以控制曲线与点的拟合程度。一般用于绘制园林景观图形。

5.3.1 样条曲线的绘制

利用样条曲线可以绘制较为随意的图形，合理的利用会产生意想不到的美妙结果。

1. 样条曲线的绘制

调用样条曲线的方法有以下几种。

① 选择"绘图>样条曲线>拟合点"菜单命令。

② 在"默认"选项卡下展开的"绘图"面板中单击"样条曲线拟合点"按钮。

③ 在命令行输入"Spline"或"Spl"命令。

提示 样条曲线使用拟合点或控制点进行定义。默认情况下，拟合点与样条曲线重合，而控制点定义控制框。控制框提供了一种便捷方法，用来设置样条曲线的形状。要显示或隐藏控制点和控制框，请选择或取消选择样条曲线即可。

案例 绘制人工湖轮廓

Chapter05\绘制人工湖轮廓.avi

STEP 01 选择"绘图>样条曲线>拟合点"菜单命令，然后在绘图窗口中单击以指定样条曲线的第一点，如下图所示。

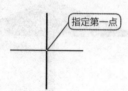

指定第一点

STEP 02 在绘图窗口中拖动鼠标并单击指定样条曲线的下一点，如下图所示。

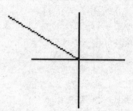

STEP 03 在绘图窗口中指定下一点，单击确定后拖动鼠标确定曲线的下一点，如下图所示。

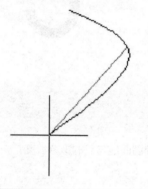

STEP 04 重复步骤3继续单击绘制样条曲线，最后在命令行输入C，将绘制的样条曲线闭合，结果如下图所示。

2. 编辑样条曲线

调用样条曲线编辑命令的方法有以下几种。

① 选择"修改>对象>样条曲线"菜单命令。

② 在"默认"选项卡下展开的"修改"面板中单击"编辑样条曲线"按钮 。

③ 在命令行输入"Splinedit"或"Spe"命令。

案例 编辑乐器

STEP 01 打开随书光盘中的图形"编辑乐器.dwg"文件，如右图所示。

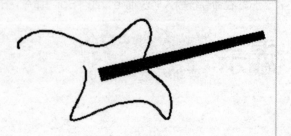

STEP 02 选择"修改>对象>样条曲线"菜单命令，AutoCAD命令行提示及操作如下：

```
命令: _splinedit
选择样条曲线: (选择步骤1图中的样条曲线)
输入选项 [闭合(C)/合并(J)/拟合数据(F)/
编辑顶点(E)/转换为多段线(P)/反转(R)/放弃
(U)/退出(X)] <退出>: F↙
    输入拟合数据选项[添加(A)/闭合(C)/删
除(D)/扭折(K)/移动(M)/清理(P)/切线(T)/公差
(L)/退出(X)] <退出>: M↙
    指定新位置或 [下一个(N)/上一个(P)/选择
点(S)/退出(X)] <下一个>: (移动光标到合适的
位置单击，如下图)
    指定新位置或 [下一个(N)/上一个(P)/选择
点(S)/退出(X)] <下一个>: X↙
    输入拟合数据选项[添加(A)/闭合(C)/……]
退出(X)] <退出>: C↙
    输入拟合数据选项[添加(A)/……/退出(X)]
<退出>: X↙
    输入选项 [打开(O)/拟合数据(F)/编辑顶
点(E)/转换为多段线(P)/反转(R)/放弃(U)/退出
(X)] <退出>: X↙
```

STEP 03 结果如下图所示。

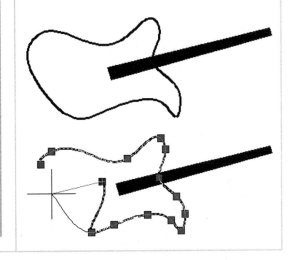

5.3.2 案例：利用点和样条曲线绘制躺椅

上面我们已经对样条曲线的绘制和编辑进行了介绍，接下来我们利用样条曲线绘制一把椅子。

案例 绘制躺椅

💿 Chapter05\绘制躺椅.avi

STEP 01 打开随书光盘中的"绘制躺椅.dwg"图形文件，如下图所示。

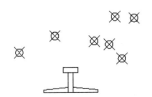

STEP 02 选择"绘图>样条曲线>拟合点"菜单命令，以端点为样条曲线的第一点，如下图所示。

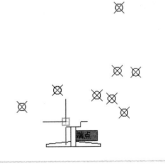

STEP 03 在绘图窗口中以节点为下一点，单击确定后拖动鼠标继续选择下一个节点，如下图所示。

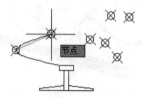

STEP 04 依次单击节点，最后以端点为结束点，结果如下图所示。

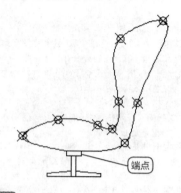

STEP 05 选择"修改>对象>样条曲线"菜单命令，AutoCAD命令行提示及操作如下：

```
命令: _splinedit
选择样条曲线:
(选择刚绘制的样条曲线)
输入选项 [闭合(C)/合并(J)/拟合数据
(F)/……/退出(X)] <退出>: F↙
输入拟合数据选项[添加(A)/闭合(C)/删除(D)/
扭折(K)/移动(M)/……/退出(X)] <退出>: M↙
指定新位置或 [下一个(N)/上一个(P)/选择
点(S)/退出(X)] <下一个>:  (多次按"空格"
键，直到A点为止)
指定新位置或 [下一个(N)/上一个(P)/选择
点(S)/退出(X)] <下一个>: (将光标移动到合适
的位置单击，如右图上所示)
指定新位置或 [下一个(N)/上一个(P)/选择
点(S)/退出(X)] <下一个>: X↙
输入拟合数据选项[添加(A)/闭合(C)/删
除(D)/扭折(K)/移动(M)/清理(P)/切线(T)/公差
(L)/退出(X)] <退出>: X↙
输入选项 [闭合(C)/合并(J)/拟合数据(F)/
编辑顶点(E)/转换为多段线(P)/反转(R)/放弃
(U)/退出(X)] <退出>: X↙
```

STEP 06 结果如下图所示。

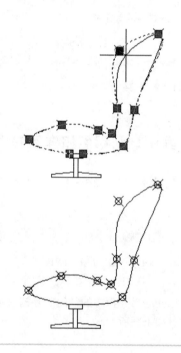

STEP 07 将图中用作参考的节点删除，结果如右图所示。

5.4 夹点编辑方法和特性匹配功能

AutoCAD中除了一些常用的编辑命令（如"移动""镜像""修剪""拉伸""偏移""圆角"和"分解"）以外，还有一些特殊的编辑方法，如"夹点编辑""特性匹配"等。

5.4.1 利用夹点功能快速编辑对象

夹点是一些实心的小方块，默认为蓝色显示，可以对夹点进行拉伸、移动、旋转和缩放等操作。

1. 使用夹点拉伸对象

AutoCAD中的任何图形对象都有夹点，用户使用鼠标单击图形对象显示出来的一些蓝色小方块即为夹点。下面说明怎么利用夹点拉伸对象。

 案例 绘制夹点调整餐桌面形状

Chapter05\利用夹点调整餐桌面.avi

STEP 01 打开随书光盘中的"绘制夹点调整餐桌面形状.dwg"图形文件，如下图所示。

STEP 03 单击夹点拖动鼠标，将夹点移动到新的位置，如下图所示。

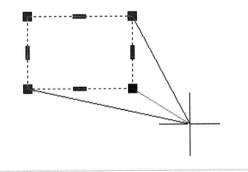

STEP 02 单击选择要拉伸的对象，如下图所示。

STEP 04 在合适的位置单击鼠标，然后按Esc键退出夹点编辑，结果如下图所示。

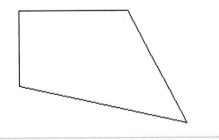

2. 使用夹点旋转对象

除了能拉伸对象外，利用夹点还能旋转对象。

案例 绘制夹点旋转茶几方向

Chapter05\利用夹点旋转对象.avi

STEP 01 打开随书光盘中的"5-26.dwg"图形文件，如下图所示。

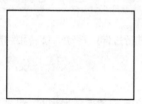

STEP 02 单击选择对象，如下图所示。

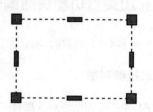

STEP 03 单击选中任意一个夹点，然后右击，在下拉列表中选择"旋转"选项，如下图所示。

STEP 04 然后输入旋转角度90，结果如下图所示。

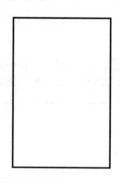

3. 使用夹点镜像对象

利用夹点镜像图形对象。

 案例 利用夹点镜像客厅拐角装修

Chapter05\利用夹点镜像图形.avi

STEP 01 打开随书光盘中的"3-27.dwg"图形文件，如右图所示。

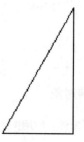

STEP 02 单击选择对象，如下图所示。

STEP 03 单击选中左下角的夹点，然后右击，在下拉列表中选择"镜像"选项，如下图所示。

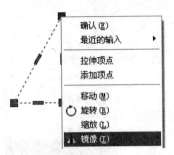

STEP 04 在竖直方向上单击鼠标作为镜像的第二点，然后按Esc键结束命令，结果如右图所示。

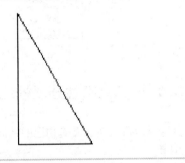

4. 使用夹点缩放对象

利用夹点缩放图形对象的大小时需要注意的是，利用夹点时，只能缩放圆形图案大小。

 案例 利用夹点缩放儿童玩具

🔘 Chapter05\利用夹点缩放图形.avi

STEP 01 打开随书光盘中的"3-28.dwg"图形文件，如下图所示。

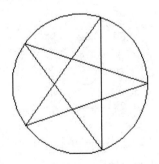

STEP 02 单击选择要缩放的对象，如下图所示。

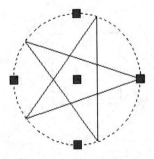

STEP 03 单击选中任意一个夹点，然后右击，在下拉列表中选择"缩放"选项，如下图所示。

STEP 04 在命令中输入缩放比例因子2，结果如下图所示。

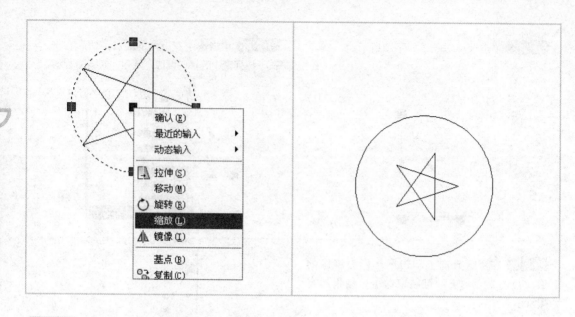

5.4.2 利用特性选项板编辑对象

绘制的每个对象都有自己的特性。有些特性是基本特性，适用于多数对象，如图形的颜色、线宽和线型等。

调用特性选项板的方法有以下几种。

① 选择"修改>特性"菜单命令。

② 单击"默认"选项卡下"特性"面板的展开按钮 。

③ 在命令行输入"PROPERTIES"或"Pr"命令。

案例 利用特性选项板编辑吧台支撑柱的宽度

STEP 01 打开光盘中的图形文件，如下图所示。

STEP 02 在绘图窗口中选择要编辑的对象，如下图所示。

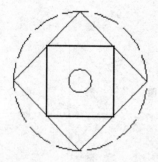

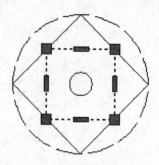

STEP 03 选择"修改>特性"菜单命令，弹出特性选项板，如下图所示。

STEP 04 单击"常规"选项下面的"线宽"选项，选择线宽为0.35mm，结果如下图所示。

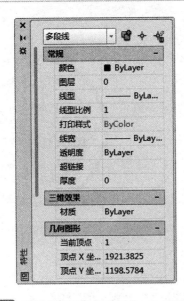

STEP 05 再次选择要编辑的对象，如下图所示。

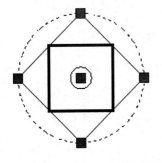

STEP 06 单击"常规"选项下面的线型下拉列表选择连续，如下图所示。

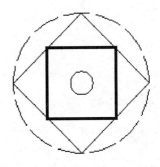

STEP 07 按Esc键退出，结果如右图所示。

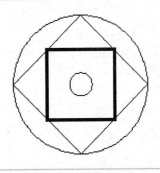

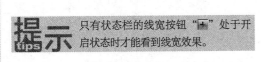
提示 tips 只有状态栏的线宽按钮"＋"处于开启状态时才能看到线宽效果。

提示 tips 用户可以根据需求拖动"特性"选项板到任意位置，或者设置自动隐藏、锚点居左居右等特性。当用户需要显示该选项板，但不影响图形使用时，还可以设置该选项板的透明度，以及鼠标放置面板上时的透明度。

5.5 案例：设计自己的地板

　　本实例是利用"圆""直线""夹点编辑""图案填充""阵列"和"修剪"等命令来绘制地板的拼花造型，结果如右图所示。

　　具体的操作步骤如下。

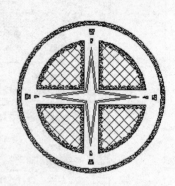

 案例 case 例　设计自己的地板

　　Chapter05\设计自己的地板图案.avi

STEP 01 启动AutoCAD应用程序，新建一个图形文件，然后选择"绘图>圆>圆心、半径"菜单命令，绘制一个半径为1000的圆，如下图所示。

STEP 02 选择"绘图>直线"菜单命令，连接圆上的第2、第4个象限点，绘制一条辅助线，如下图所示。

STEP 03 选择直线上最下面夹点，如右图所示。

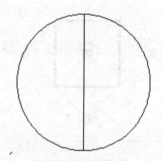

STEP 04 右击，在弹出的下拉列表中选择"旋转"，AutoCAD命令行提示及操作如下：

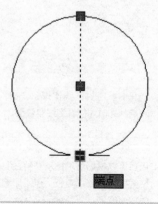

命令:
★★ 拉伸 ★★
指定拉伸点或 [基点(B)/复制(C)/放弃(U)/
退出(X)]:_rotate ↙
★★ 旋转 ★★
指定旋转角度或 [基点(B)/复制(C)/放弃
(U)/参照(R)/退出(X)]: C ↙
★★ 旋转 (多重) ★★
指定旋转角度或 [基点(B)/复制(C)/放弃
(U)/参照(R)/退出(X)]: 7.5 ↙
★★ 旋转 (多重) ★★
指定旋转角度或 [基点(B)/复制(C)/放弃
(U)/参照(R)/退出(X)]: −7.5 ↙
★★ 旋转 (多重) ★★
指定旋转角度或 [基点(B)/复制(C)/放弃(U)/
参照(R)/退出(X)]:　　（按Esc键结束命令）

结果如下图所示。

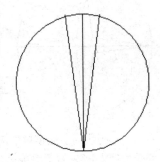

STEP 05 重复步骤4，编辑直线上面的夹点，结果如下图所示。

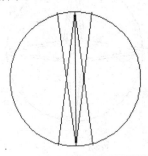

STEP 06 选择"修改>修剪"菜单命令，然后选择剪切边，如下图所示。

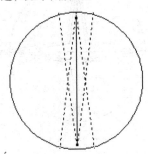

STEP 07 将多余的线段修剪掉，结果如右图所示。

STEP 08 选中修剪后的菱形和辅助线，单击辅助线的中间夹点，然后右击，在弹出的下拉列表中选择"旋转"，命令行提示及操作如下:

命令:
★★ 拉伸 ★★
指定拉伸点或 [基点(B)/复制(C)/放弃(U)/退
出(X)]: _rotate ↙
★★ 旋转 ★★
指定旋转角度或 [基点(B)/复制(C)/放弃(U)/
参照(R)/退出(X)]: c ↙
★★ 旋转 (多重) ★★
指定旋转角度或 [基点(B)/复制(C)/放弃(U)/
参照(R)/退出(X)]: 90 ↙
★★ 旋转 (多重) ★★
指定旋转角度或 [基点(B)/复制(C)/放弃(U)/
参照(R)/退出(X)]:　　（按Esc键结束命令）

结果如右2图所示。

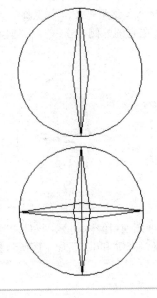

STEP 09 选择"修改>修剪"菜单命令，将旋转后的菱形进行修剪，结果如下图所示。

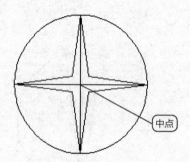

STEP 11 右击，在弹出的快捷菜单中选择"缩放"，并设置比例为1.3，如下图所示。

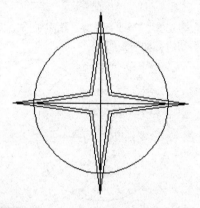

STEP 13 选择"修改>偏移"菜单命令，当命令行提示指定偏移距离时输入E，然后输入Y，最后输入偏移距离1000。选择圆为偏移对象，然后在它的外侧单击一点，结果如下图所示。

STEP 15 继续使用偏移命令，将最外侧的大圆分别向内偏移500和600，如下图所示。

STEP 10 再次利用夹点编辑，选中修剪后的菱形和辅助线，再选择辅助线的中间夹点，如下图所示。

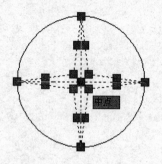

STEP 12 选择"修改>删除"菜单命令，将两条辅助线删除掉，结果如下图所示。

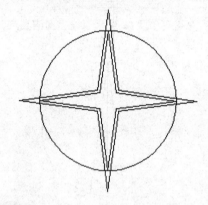

STEP 14 选择"修改>偏移"菜单命令，当命令行提示指定偏移距离时输入E，然后输入N，最后输入偏移距离100。选择圆为偏移对象，然后在它的内侧单击一点，结果如下图所示。

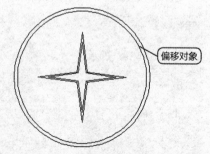

STEP 16 选择"绘图>直线"菜单命令，捕捉从外向内的第三个圆上的4个象限点绘制两条相互垂直的直线，如下图所示。

STEP 17 选择"修改>偏移"菜单命令，以水平直线为偏移对象，分别向上偏移200和300，结果如下图所示。

STEP 19 选择"修改>修剪"菜单命令，将多余的线段修剪掉，修剪得到想要的图形后在不退出修剪命令的情况下输入R，然后选择那些需要删除的辅助线，按Enter键将它们删除。结果如下图所示。

STEP 21 选择"修改>偏移"菜单命令，以从外向内的第二个圆为偏移对象，向内偏移120，如下图所示。

偏移对象

STEP 18 继续使用偏移命令，以竖直直线为偏移对象，分别向左偏移200和300，如下图所示。

STEP 20 选择"修改>阵列>环形阵列"菜单命令，AutoCAD命令行提示及操作如下：

```
命令: _arraypolar
选择对象:      （以修剪的扇形为阵列对象）
类型 = 极轴  关联 = 是
指定阵列的中心点或 [基点(B)/旋转轴(A)]:
(捕捉圆心为阵列的中心)
输入项目数或[项目间角度(A)/表达式(E)] <4>:4✓
  指定填充角度(+=逆时针、–=顺时针)或 [表
达式(EX)] <360>:            （按Enter键确定）
  按 Enter 键接受或 [关联(AS)/……/退出(X)]
<退出>:
```

结果如下图所示。

115

STEP 22 继续使用偏移，分别以偏移后的圆为偏移对象，向内各偏移120、120、120，如下图所示。

STEP 24 然后选择要延伸的对象，如下图所示。

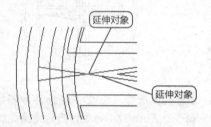

延伸对象

延伸对象

STEP 26 选择"修改>阵列>环形阵列"菜单命令，以修剪后的图块为阵列对象，圆心为阵列的中心点，阵列数目为4，填充角度为360，结果如下图所示。

STEP 28 然后在绘图窗口中要填充的区域单击，结果如下图所示。

STEP 23 选择"修改>延伸"菜单命令，然后选择延伸边界，如下图所示。

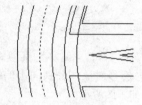

STEP 25 选择"修改>修剪"菜单命令，将多余的线段修剪掉，如下图所示。

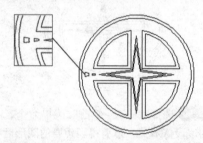

STEP 27 选择"绘图>图案填充"菜单命令，然后单击"图案填充创建"选项卡"图案"面板中的"AR-SAND"选项，如下图所示。

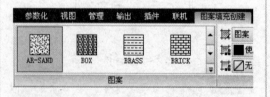

STEP 29 继续使用填充命令，选择填充图案"NET"，然后设置填充角度为45，填充比例为60，结果如下图所示。

在绘图过程中，图形文字、标注、表格和图块是工程图样中必不可少的一部分，它可以对图形中不便于表达的内容加以辅助说明，使图形的含义更加清晰，从而使设计、修改和施工人员对图形的要求一目了然。

Chapter

06

给室内设计图形
添加描述

6.1 添加文字和说明

　　AutoCAD提供了多种创建文字的方法。对于简短的输入项使用单行文字；对带有内部格式较长的输入项使用多行文字，也可创建带有引线的多行文字。

6.1.1 文字样式管理器简介

　　文字样式管理器主要用于创建、修改或指定文字样式，选择"格式>文字样式"菜单命令，弹出"文字样式"对话框。在"文字样式"对话框中包括"字体""高度""宽度因子""倾斜角度""反向"和"垂直"等参数。

　　调用文字样式对话框的方法如下。

　　① 选择"格式>文字样式"菜单命令。

　　② 在"默认"选项卡下展开的"注释"面板中单击"文字样式"按钮 。

　　③ 在命令行输入"Style"或"St"命令。

　　启动以上命令后，弹出"文字样式"对话框，如下图所示。

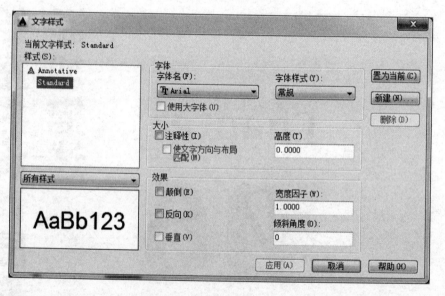

　　相关选项含义如下。

　　样式 列表： 列出了当前可以使用的文字样式，默认文字样式为Standard（标准）。

　　字体 选项区： 用于设置文字样式使用的字体属性。其中"字体名"下拉列表用于选择字体，而"字体样式"用于选择字体格式。

　　大小 选项区： 用于设置文字样式使用的字高属性。"高度"文本框用于设置文字的高度。

提示 tips　如果将文字的高度设置为0，在使用Text命令标注文字时，命令行将显示"指定高度："提示，要求指定文字的高度。如果在"高度"文本框中输入了文字高度，AutoCAD将按此高度标注文字，而不再提示指定高度。

效果 选项区：用于设置文字的显示效果。

当勾选"颠倒"复选框时，在"文字样式"预览框中会看到颠倒的效果，如下左图所示。

当选择"反向"复选框时，在"文字样式"预览框中会看到反向的效果，如下右图所示。

宽度因子：用于设置文字的字符宽度。

当"宽度因子"值为1时，将按系统定义的宽度比书写文字，如下左图所示。

当"宽度因子"小于1时，在预览框中会看到字符变窄的效果，如下右图所示。

当"宽度因子"大于1时，在预览框中会看到字符变宽的效果，如右图所示。

倾斜角度：用于输入一个-85～85之间的值来设置文字的倾斜角度。

当角度为0时不倾斜，在预览框中会看到字符不倾斜的效果，如下左图所示。

当角度为正值时向右倾斜，在预览框中会看到字符向右倾斜的效果，如下中图所示。

当角度为负值时向左倾斜，在预览框中会看到字符向左倾斜的效果，如下右图所示。

"**置为当前**"按钮：单击该按钮，可以将选择的文字样式设置为当前的文字样式。

"**新建**"按钮：单击该按钮，AutoCAD将打开"新建文字样式"对话框，按步骤操作即可新建一个文字样式（可参照下一节内容来创建文字样式）。

6.1.2 创建文字样式

可以通过"文字样式"管理器来创建文字样式，启动"文字样式"命令后，系统将弹出"文字样式"对话框，从中可以创建或调用已有的文字样式。

下面就以创建"室内设计文字"样式为例来讲解用"文字样式"管理器创建新的文字样式。

案例 创建室内设计样式

STEP 01 启动AutoCAD 应用程序，新建一个图形文件，然后选择"格式>文字样式"菜单命令，弹出"文字样式"对话框，如下图所示。

STEP 02 单击"新建"按钮，在弹出的"新建文字样式"对话框中输入新的样式名"室内设计文字"，如下图所示。

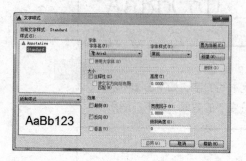

STEP 03 单击"确定"按钮，返回"文字样式"对话框中，字体选择"仿宋"，宽度因子设置为0.8，其他设置不变，如右图所示。

STEP 04 然后单击"应用"按钮，再单击"置为当前"按钮，最后单击"关闭"按钮即可完成"室内设计文字"的创建。

6.1.3 绘制单行文字

单行文字每次只能输入一行文本，按Enter键结束该行的输入。每行文字都是独立的对象。
调用单行文字的方法有以下几种。

① 选择"绘图>文字>单行文字"菜单命令。
② 单击"默认"选项卡"注释"面板中的"单行文字"按钮A。
③ 在命令行输入"Text"或"Dt"命令。

案例 绘制单行文字

STEP 01 选择"绘图>文字>单行文字"菜单命令，如右图所示。

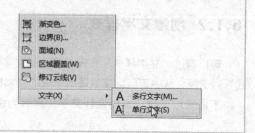

STEP 02 然后在绘图窗口中单击指定文字的起点、高度和旋转角度等，AutoCAD命令行提示及操作如下：

```
命令: _text
当前文字样式: "室内设计文字"  文字高度: 2.5000 注释性: 否 对正: 左
指定文字的起点 或 [对正(J)/样式(S)]:
指定高度 <2.5000>: 50
指定文字的旋转角度 <0>:
```

如下图所示。

STEP 03 指定完成后，输入"AutoCAD是美国Autodesk公司发行的"内容，如下图所示。

STEP 04 按Enter键换行，继续按Enter键结束命令，如下图所示。

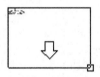

6.1.4 绘制多行文字

多行文字是相对于单行文字而言的，多行文字可以根据输入框的大小和文字数量自动换行，并且输入一段文字后，按Enter键可以切换到下一段。但无论输入几行或几段文字，系统都将它们作为一个整体。

调用多行文字的方法有以下几种。

① 选择"绘图>文字>多行文字"菜单命令。

② 单击"默认"选项卡"注释"面板中的"多行文字"按钮A。

③ 在命令行输入"Mtext"或"T"命令。

案例 绘制多行文字

STEP 01 选择"绘图>文字>多行文字"菜单命令，在绘图窗口中指定第一角点，如下图所示。

STEP 02 拖动鼠标到合适位置，单击指定对角点，如下图所示。

STEP 03 弹出"文字编辑器"和带有标尺的文字输入框，如右图所示。

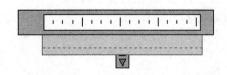

STEP 04 在文本框中输入文字，如下图所示。

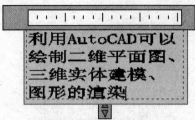

利用AutoCAD可以
绘制二维平面图、
三维实体建模、
图形的渲染

STEP 05 输入完成后，在绘图窗口的空白处单击退出文字编辑器，如下图所示。

利用AutoCAD可以
绘制二维平面图、
三维实体建模、
图形的渲染

提示 tips 在输入多行文字时，按Enter键的功能是切换到下一段落，只有按Ctrl+Enter组合键才可结束输入操作，当然直接在空白区单击是最快捷的。

6.1.5 案例：给大样图添加文字说明

工程图绘制完成后一般都有技术要求等，下面就利用在围墙大样图中输入文字来讲解文字在实际图形绘制中的应用。

案例 case 给大样图添加文字说明

完成结果如下图所示。

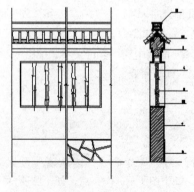

注：1、砖、小青瓦、M5沙浆。
　　2、细石混凝土。
　　3、青石板贴面

墙体大样图 1:20

具体操作步骤如下。

STEP 01 打开随书光盘中的"给大样图添加文字说明.dwg"图形文件，如下图所示。

STEP 02 选择"绘图>文字>多行文字"菜单命令，在图形的左下方，单击鼠标并拖动出一个文字输入框，如下图所示。

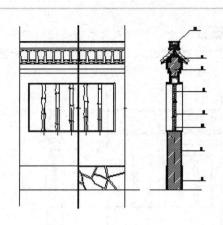

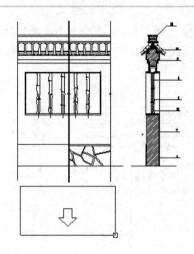

STEP 03 在指定的位置将显示文字编辑器，拖动下方的箭头，可以增加列高，如下图所示。

STEP 04 在"文字编辑"选项卡的"样式"面板中输入文字的高度为500，如下图所示。

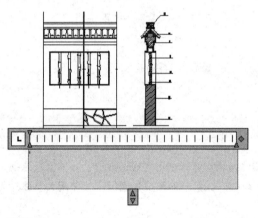

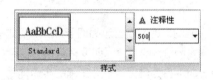

STEP 05 然后在文字编辑器中输入文字说明，如下图所示。

STEP 06 输入完成后，在绘图窗口的空白处单击退出文字编辑器，如下图所示。

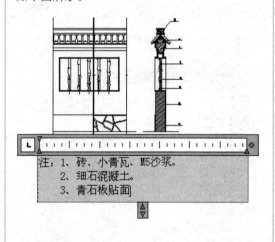

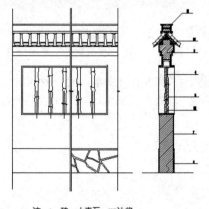

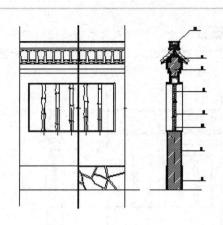

STEP 07 选择"绘图>文字>单行文字"菜单命令，然后在绘图窗口中单击指定文字的起点，如下图所示。

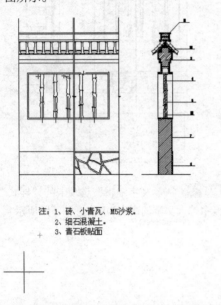

注：1、砖、小青瓦、M5沙浆。
　　2、细石混凝土。
　　3、青石板贴面

STEP 08 在命令行输入文字的高度700，并设置倾斜角度为0，然后输入"围墙大样图1:20"内容，如下图所示。

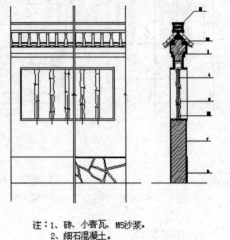

注：1、砖、小青瓦、M5沙浆。
　　2、细石混凝土。
　　3、青石板贴面

墙体大样图 1:20

6.1.6 文字显示为"？"的解决方法

有时输入的文字显示为问号"？"，这是因为字体名和字体样式不对应造成的。一种情况是指定了字体名为shx的文件，而没有启用"使用大字体"复选框；另一种情况是启用了"使用大字体"复选框，却没有为其指定一个正确的字体样式。

案例 case 文字显示为"？"的解决方法

STEP 01 启动AutoCAD 应用程序，新建一个图形文件，选择"格式>文字样式"菜单命令。

STEP 02 在弹出的"文字样式"对话框中将"字体名"设置为"txt.shx"，如右图所示。

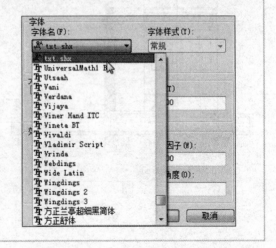

STEP 03 然后依次单击"应用""置为当前"和"关闭"按钮，然后选择"绘图>文字>单行文字"菜单命令，输入"建筑绘图"四个字，如下图所示。

STEP 05 然后依次单击"应用""置为当前"和"关闭"按钮，返回绘图窗口中可以看到文字已经有所改变，如下图所示。

建筑??

STEP 04 再次选择"格式>文字样式"菜单命令，然后在"文字样式"对话框中勾选"使用大字体"复选框，如下图所示。

STEP 06 再次选择"格式>文字样式"菜单命令，然后在"文字样式"对话框中设置大字体为"gbcbig.shx"，如下图所示。

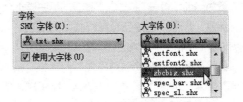

STEP 07 然后依次单击"应用""置为当前"和"关闭"按钮，返回绘图窗口中可以看到文字已经有所改变，如右图所示。

建筑绘图

6.2 创建室内设计标注样式

在绘制专业的建筑施工图时由于图形尺寸比较大，用户一般不能使用AutoCAD提供的默认标注样式来创建施工图的尺寸标注，而是根据国家对建筑绘图的标准规范来设置合适的尺寸标注样式。

6.2.1 调用标注样式管理器

在AutoCAD中，可以使用"标注样式管理器"对话框来控制标注的格式和外观，即决定尺寸标注的形式，包括尺寸线、尺寸界线、箭头和中心标记的形式、尺寸文本的位置、特性等。

调用标注样式的方法有以下几种。

① 选择"格式>标注样式"菜单命令。

② 选择"标注>标注样式"菜单命令。

③ 单击"注释"选项卡，展开"标注"面板。

④ 在命令行中输入"Dimstyle"或"D"命令。

选择上述任何一种方法都能打开"标注样式管理器"对话框，如下图所示。

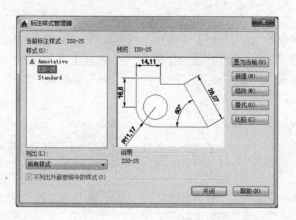

标注样式管理器各选项含义如下。

置为当前：将在"样式"下选定的标注样式设定为当前标注样式，当前样式将应用于所创建的标注。

新建：显示"创建新标注样式"对话框，从中可以定义新的标注样式。

修改：显示"修改标注样式"对话框，从中可以修改标注样式。

替代：显示"替代当前样式"对话框，从中可以设定标注样式的临时替代值。替代将作为未保存的更改结果显示在"样式"列表中的标注样式下。

比较：显示"比较标注样式"对话框，从中可以比较两个标注样式或列出一个标注样式的所有特性。

6.2.2 创建标注样式

默认情况下，在AutoCAD中创建尺寸标注时使用的尺寸标注样式是"ISO-25"，用户可以根据需要创建一种新的尺寸标注样式。比如，创建一个使用室内设计的标注样式文件，供公司全体设计人员使用，不但节省时间，还能统一设计标准。

案例 创建室内设计标注样式

Chapter06\创建室内标注样式.avi

STEP 01 选择"格式>标注样式"菜单命令，弹出"标注样式管理器"对话框，如下图所示。

STEP 02 单击"新建"按钮，弹出"创建新标注样式"对话框，然后在"新样式名"文本框中输入"室内标注"，如下图所示。

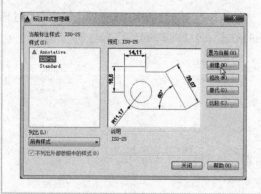

6.2.3 设置直线

用户可以根据实际需要来进行设置尺寸线的颜色、线型、尺寸界线的线宽、超出尺寸线的长度值等各种细节。

继续上一个案例。

STEP 01 在"创建新标注样式"对话框中单击"继续"按钮，弹出"新建标注样式：室内标注"对话框，如下图所示。

STEP 02 设置"尺寸界线"的"超出尺寸线"数值为3，"起点偏移量"为0.825，如下图所示。

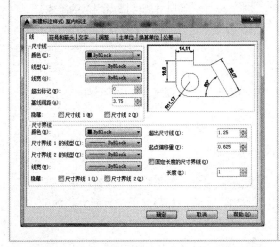

1. 尺寸线

可以设置尺寸线的颜色、线型、线宽、超出标记以及基线间距等属性，如右图所示。

各选项含义如下。

颜色： 用于设置尺寸线的颜色。默认的情况下，颜色是随机的，也可以使用系统变量Dimclrd来设置。

线型： 用于设置尺寸线的线型，在下拉列表中列出了各种线型的名称，还可以单击"其他"按钮添加其他的线型。

线宽： 用于设置尺寸线的宽度，下拉列表中列出了各种线宽的名称和宽度。

超出标记： 当尺寸线的箭头设置为短斜线、短波浪线或尺寸线上无箭头时，可利用此微调框设置尺寸线超出尺寸界线的距离。

基线间距： 设置以基线方式标注尺寸时，相邻两尺寸线之间的距离。

隐藏： 通过选中"尺寸线1"或"尺寸线2"复选框，可以隐藏第1段或第2段尺寸线及其相应的箭头，相对应的系统变量分别为Dimsd1和Dimsd2。

2. 尺寸界线

可以设置尺寸界线的颜色、线宽、超出尺寸线的长度和起点偏移量，隐藏控制等属性，如下图所示。

尺寸界线			
颜色(R):	ByBlock	超出尺寸线(X):	3
尺寸界线 1 的线型(I):	ByBlock	起点偏移量(F):	0.825
尺寸界线 2 的线型(T):	ByBlock	□固定长度的尺寸界线(O)	
线宽(W):	ByBlock	长度(E):	1
隐藏:	□尺寸界线 1(1)　□尺寸界线 2(2)		

各选项含义如下。

超出尺寸线: 用于设置尺寸界线超出尺寸线箭头的垂直距离。

起点偏移量: 用于控制尺寸界线原点（即命令行提示下捕捉的起点和端点）偏移长度,即尺寸界线原点和起点之间的距离。

固定长度的尺寸界线: 指定尺寸界线的固定长度,即从尺寸线到尺寸界线原点测得的距离。

6.2.4 设置符号和箭头

用户根据需要来设置符号和箭头形状,默认为"实心闭合",在建筑、室内设计中,箭头统一设置为"建筑标记"。

继续上一个案例。

STEP 01 单击"符号和箭头"选项卡,切换到"符号和箭头"选项卡界面中,如下图所示。

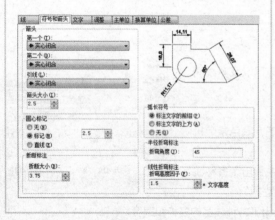

STEP 02 设置"箭头"为"建筑标记","箭头大小"为5,圆心标记、折断大小为5,折弯角度为90°,如下图所示。

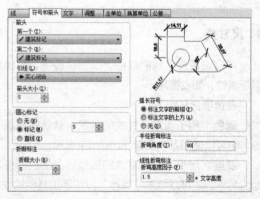

各主要选项含义如下。

1. 箭头

在"箭头"选项区域中,可以设置标注箭头的外观。通常情况下,尺寸线的两个箭头应一致。

2. 符号

圆心标记: 可以设置直径标注和半径标注的圆心标记和中心线的外观。

弧长符号: 可以控制弧长标注中圆弧符号的显示。

半径折弯标注: 控制折弯(Z字型)半径标注的显示。半径折弯标注通常在半径太大,致使中心点位于图幅外部时使用。

线性折弯标注: 在"折弯高度因子"的"文字高度"微调框中可以设置折弯因子的文字的高度。

6.2.5 设置文字

除了箭头可以设置外,文字也需要根据实际情况进行设置,如利用前面创建的室内设计文字来进行导入,就会在注释文档时正确显示。

继续上一个案例。

STEP 01 单击"文字"选项卡,切换到"文字"选项卡界面,如下图所示。

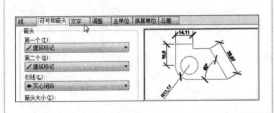

STEP 02 设置"文字样式"为"室内设计文字"文字高度为5,如下图所示。

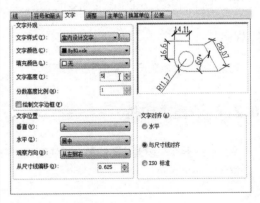

各主要选项含义如下。

1. 文字外观

可以设置文字的样式、颜色、高度和分数高度比例,以及控制是否绘制文字边框等。

2. 文字位置

可以设置文字的垂直、水平位置以及距尺寸线的偏移量。

3. 文字对齐

可以设置标注文字放置方向。

6.2.6 设置调整

在"调整"对话框中使用默认即可,只有一项用户可以根据需要决定是否"使用全局比例",此地方不需要设置,不再详细说明,如下图所示。

各主要选项含义如下。

1. 调整选项

可以确定当尺寸界线之间没有足够的空间同时放置标注文字和箭头时，应首先从尺寸界线之间移出的对象。

2. 文字位置

可以设置标注文字从默认位置移动时，标注文字的位置。

3. 标注特征比例

可以设置全局标注比例值或图纸空间比例。

4. 优化

可以对标注文本和尺寸线进行细微调整。

6.2.7　设置主单位

主单位主要用来设置绘图的尺寸标注精度，在建筑、室内绘图中有一定的规范。
继续上一个案例。

STEP 01 单击"调整"选项卡，切换到"调整"选项卡界面，如下图所示。

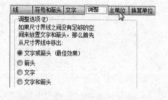

STEP 02 设置"线性标注"的精度为0，"小数分隔符"为"句点"，如下图所示。

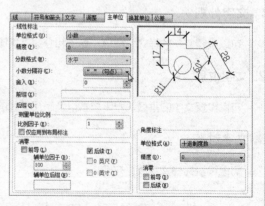

各主要选项含义如下。

1. 线性标注

可以设置线性标注的单位格式与精度。

2．测量单位比例

比例因子：可以设置线性标注测量值的缩放比例，AutoCAD的实际标注值为测量值与该比例的乘积。

仅应用到布局标注：可以将测量单位应用于布局中创建的标注，除特殊情况外，一般为关闭状态。

3．清零

用于设置是否显示尺寸标注中的"前导"和"后续"0。

前导：选中前导复选框，那么标注中前导"0"将不显示，例如："0.5"将显示为".5"。

后续：选中后续复选框，那么标注中后续"0"将不显示，例如："5.0"将显示为"5"。

4．角度标注

可以使用"单位格式"下拉列表框设置标注角度时的单位；使用"精度"下拉列表框设置标注角度的精度。

6.2.8 保存样板文件

由于在工程绘图中，一般不需要设置"换算单位"和"公差"选项卡内的内容，因此将"线""符号和箭头""文字"等选项设置完成后，即可保存该样式，具体操作步骤如下。

STEP 01 单击"确定"按钮，返回到"标注样式管理器"对话框，然后选择样式里的"室内标注"并单击"置为当前"按钮，将创建的样式设置为当前标注样式，然后单击"关闭"按钮，如下图所示。

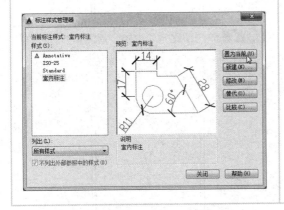

STEP 02 选择"文件>保存"菜单命令，在弹出的"图形另存为"对话框中，选择"文件类型"为"AutoCAD图形样板（*.dwt）"，输入"文件名"为"室内标注"，单击"保存"按钮保存为图形样板，如下图所示。

6.2.9 标注特征比例和测量单位比例的异同

"标注特征比例"和"测量单位比例"的区别是："标注特征比例"中的比例值只改变标注文字、箭头等显示的大小，而"测量单位比例"的比例因子将改变图形的尺寸值，显示为实际绘图尺寸值与比例因子的乘积。

案例 标注特征比例和测量单位比例的异同

STEP 01 打开随书光盘中的"标注特征比例和测量单位比例的异同.dwg"图形文件，如下图所示。

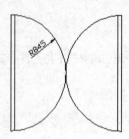

STEP 03 单击"修改"按钮，在弹出的"修改标注样式：ISO-25"对话框中选择"调整"选项卡，然后设置使用全局比例为40，如下图所示。

STEP 05 再次选择"格式>标注样式"菜单命令，弹出"标注样式管理器"对话框。

STEP 06 单击"修改"按钮，在弹出的"修改标注样式：IOS-25"对话框中选择"主单位"选项卡，然后设置比例因子为10，如下图所示。

STEP 02 选择"格式>标注样式"菜单命令，弹出"标注样式管理器"对话框，如下图所示。

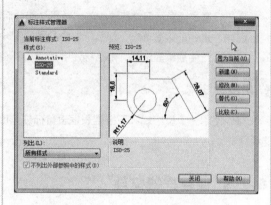

STEP 04 单击"确定"按钮，返回到"标注样式管理器"对话框中单击"置为当前"按钮，在绘图窗口中可以看到标注变大了。

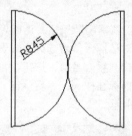

STEP 07 单击"确定"按钮，返回到"标注样式管理器"对话框中单击"置为当前"按钮，然后在绘图窗口中可以看到标注尺寸变成了原来的10倍，如下图所示。

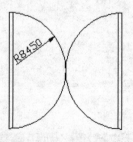

提示 tips "标注特征比例"是给所有标注样式设定一个比例，该缩放比例并不更改标注的测量值，只用于箭头、文字、符号等显示的放大或缩小。而"测量单位比例"是设置线性标注测量值的比例因子，默认值为1.00。

6.3 给图形添加尺寸标注

图形绘制完成后一般还需要进行尺寸标注，尺寸标注的目的是为了便于检验图形是否正确，尺寸标注包括基本尺寸的标注、特殊符号的标注以及文字注释等。

6.3.1 创建线性标注

线性标注用于标注平面中的两个点之间的距离，通过指定两个点或选择一个对象，然后指定尺寸线的放置位置即可创建线性标注。

调用线性标注的方法有以下几种。

① 选择"标注>线性"菜单命令。

② 单击"注释"选项卡"标注"面板中的"线性"按钮┤（如果不在当前，可以通过下拉列表选择）。

③ 在命令行中输入"Dimlinear"或"Dli"命令。

案例 给装饰画框添加线性标注

STEP 01 打开随书光盘中的"6-9.dwg"图形文件，如下图所示。

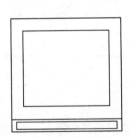

STEP 02 选择"标注>线性"菜单命令，然后在绘图窗口中单击以指定第一个尺寸界线原点，如下图所示。

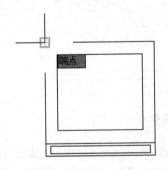

STEP 03 在绘图窗口中指定第二个尺寸界线原点，如下图所示。

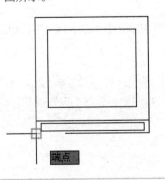

STEP 04 拖动鼠标并单击，以指定尺寸线的位置，如下图所示。

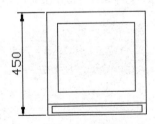

6.3.2 创建半径、直径标注

半径和直径标注的对象是圆或圆弧，半径标注完成后尺寸值前面添加一个R符号，直径标注完成后尺寸值前面添加一个Φ符号。

1. 半径标注

选择半径标注命令后系统提示"选择圆弧或圆："，选取圆弧或圆，在指定尺寸线位置提示出现后，在屏幕上拾取一点放置尺寸线即可完成半径标注。

调用半径标注的方法有以下几种。

① 选择"标注>半径"菜单命令。

② 单击"注释"选项卡"标注"面板中的"半径"按钮（如果不在当前，通过下拉列表选择）。

③ 在命令行中输入"Dimradius"或"Dra"命令。

案例 给椅子添加标注

STEP 01 打开随书光盘中的"给椅子添加标注.dwg"图形文件，如下图所示。

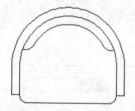

STEP 02 选择"标注>半径"菜单命令，然后在绘图窗口中选择要添加半径标注的圆弧，拖动鼠标并单击，以指定尺寸线的位置，如下图所示。

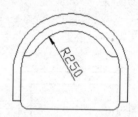

2. 直径标注

直径标注与半径标注类似，选择直径标注命令后系统提示"选择圆弧或圆："，选取圆弧或圆，在指定尺寸线位置提示出现后，在屏幕上拾取一点放置尺寸线即可完成直径标注。

调用直径标注的方法有以下几种。

① 选择"标注>直径"菜单命令。

② 单击"注释"选项卡"标注"面板中的"直线"按钮（如果不在当前，通过下拉列表选择）。

③ 在命令行中输入"Dimdiameter"或"Ddi"命令。

提示 如果在"非圆"的投影上标注直径，例如圆柱体的非横截面投影，应该先用"线性标注"标注出尺寸，然后双击标注的线性尺寸，在线性标注的尺寸值前加上"%%C"即可将线性尺寸变成直径标注，甚至还可以更改标注的尺寸值。

案例 给凳子添加直径标注

STEP 01 打开随书光盘中的"给凳子添加直径标注.dwg"图形文件，如下图所示。

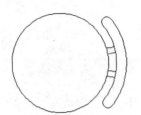

STEP 02 选择"标注>直径"菜单命令，然后在绘图窗口中选择要标注的圆，如下图所示。

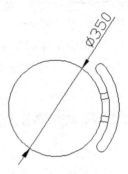

6.3.3 创建角度标注

角度标注是测量两条直线或三个点之间的角度。

调用角度标注的方法有以下几种。

① 选择"标注>角度"菜单命令。

② 单击"注释"选项卡"标注"面板中的"角度"按钮△（如果不在当前，可以通过下拉列表选择）。

③ 在命令行中输入"Dimangular"或"Dan"命令。

案例 给电视机添加角度标注

STEP 01 打开随书光盘中的"给电视机添加角度标注.dwg"图形文件，如下图所示。

STEP 02 选择"标注>角度"菜单命令，然后在绘图窗口中选择要标注的直线，如下图所示。

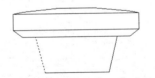

STEP 03 选择要标注的第二条直线，单击指定标注弧线的位置，如下图所示。

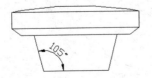

提示 tips 如果测量的是三个点之间的夹角（通常在测量外角时用），则需要注意选择三个点的先后顺序，先选择角的顶点，再选择两条边上的点。如果测量的是圆弧的圆心角，则直接选择圆弧，在合适的位置放置尺寸线即可。

6.3.4 创建折弯标注

折弯标注主要用于测量圆或圆弧的半径尺寸，前面带有半径符号，可以在任意合适的位置指定尺寸线的原点，即中心的替代位置。

调用折弯标注的方法有以下几种。

① 选择"标注>折弯"菜单命令。

② 单击"注释"选项卡"标注"面板中的"折弯"按钮（如果不在当前，可以通过下拉列表选择）。

③ 在命令行中输入"Dimjogged"或"Djo"命令。

案例 给装饰品添加折弯标注

STEP 01 打开随书光盘中的"给装饰品添加折弯标注.dwg"图形文件，如下图所示。

STEP 02 选择"标注>折弯"命令，然后在绘图窗口中选择要标注的圆弧，在合适的位置单击，指定圆弧的中心替代位置，如下图所示。

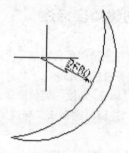

STEP 03 拖动鼠标并单击，指定标注尺寸线的位置，如下图所示。

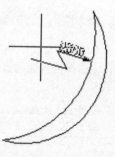

STEP 04 拖动鼠标指定折弯位置，如下图所示。

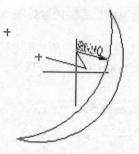

STEP 05 最后在指定的位置单击以创建折弯标注，如右图所示。

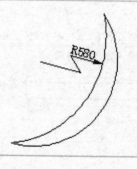

6.3.5 创建弧长标注

在默认情况下，弧长标注将显示一个圆弧符号，且圆弧符号显示在标注文字的上方或前方。

调用弧长标注的方法有以下几种。

① 选择"标注>弧长"菜单命令。

② 单击"注释"选项卡"标注"面板中的"弧长"按钮（如果不在当前，可以通过下拉列表选择）。

③ 在命令行中输入"Dimarc"或"Dar"命令。

案例 case 给动物淋浴处添加弧长标注

STEP 01 打开随书光盘中的"给动物淋浴处添加弧长标注.dwg"图形文件，如下图所示。

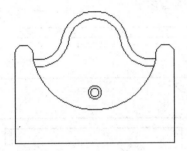

STEP 02 选择"标注>弧长"菜单命令，然后在绘图窗口选择要标注的圆弧，拖动鼠标以指定弧长标注的位置，如下图所示。

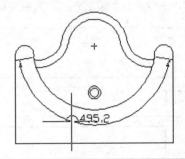

STEP 03 单击后程序自动标注出圆弧的弧长，如右图所示。

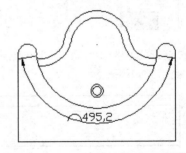

6.3.6 创建坐标标注

坐标标注是指测量原点（基准）到特征点的垂直距离，这种标注直接测量特征点与基准点之间的距离，从而避免增大误差。在创建坐标标注之前，首先应定义基准，基准应该和当前UCS原点重合。

调用坐标标注的方法有以下几种。

① 选择"标注>坐标"菜单命令。

② 单击"注释"选项卡"标注"面板中的"坐标"按钮（如果不在当前，单击下拉列表选择）。

③ 在命令行中输入"Dimordinate"或"Dor"命令。

案例 case 给床头柜添加坐标标注

STEP 01 打开随书光盘中的"给床头柜添加坐标标注.dwg"图形文件,如下图所示。

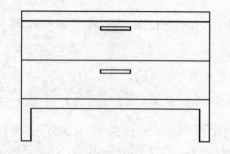

STEP 02 在命令行输入"UCS"命令,将坐标系移动至合适的位置,如下图所示。

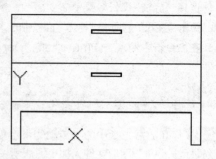

STEP 03 选择"标注>坐标"命令,在绘图窗口中标注出原点的坐标位置,如下图所示。

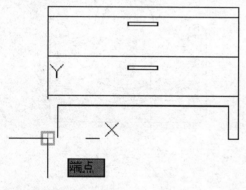

STEP 04 拖动鼠标并单击,以指定引线端点的位置,如下图所示。

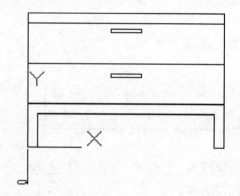

STEP 05 继续使用坐标命令,标注出原点的另一个坐标值,如下图所示。

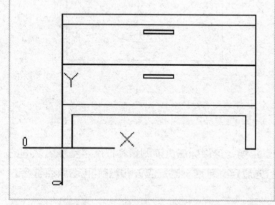

STEP 06 继续使用坐标命令,标注出其他的坐标值,如下图所示。

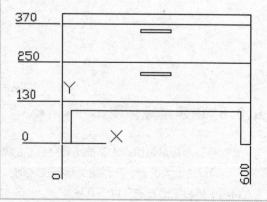

提示 tips

在命令行输入"MULTIPLE",然后输入"DOR"即可重复执行坐标标注,完成标注后按ESC键退出坐标标注。标注完成后在命令行输入"UCS",可将坐标系移动到其他地方。

6.3.7 案例：给主卧室添加文字说明

下面通过给卧室平面图添加标注来练习一下前面所讲的内容，标注添加完成后如下图所示。

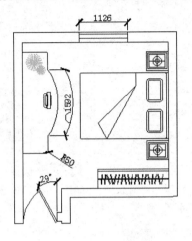

 案例 给主卧室添加标注文字

Chapter06\给卧室添加文字.avi

STEP 01 打开随书光盘中的"给主卧室添加标注文字.dwg"图形文件，如下图所示。

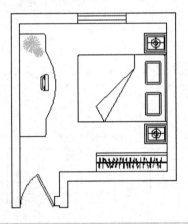

STEP 02 选择"格式>标注样式"菜单命令，弹出"标注样式管理器"对话框，如下图所示。

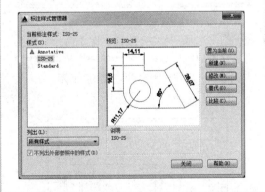

STEP 03 单击"新建"按钮，在弹出的"创建新标注样式"对话框中输入新的样式名"建筑工程图标注"，如右图所示。

STEP 04 单击"继续"按钮,在弹出的"新建标注样式:建筑工程图标注"对话框中,在"符号和箭头"选项卡中设置箭头样式为"建筑标记",如下图所示。

STEP 05 在"调整"选项卡中设置使用全局比例为60,如下图所示。

STEP 06 单击"确定"按钮,返回到"标注样式管理器"对话框中单击"置为当前"按钮,再单击"关闭"按钮,如下图所示。

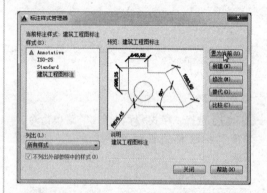

STEP 07 选择"标注>半径"菜单命令,然后在绘图窗口中选择要标注的圆,如下图所示。

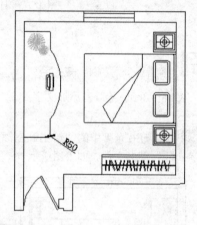

STEP 08 选择"标注>线性"菜单命令,然后在绘图窗口中以端点分别为第一个尺寸界线原点、第二个尺寸界线原点,如下图所示。

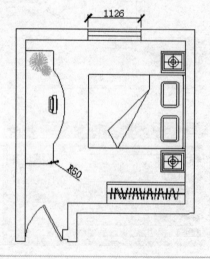

STEP 09 选择"标注>弧长"菜单命令,然后在绘图窗口选择要标注的圆弧,如下图所示。

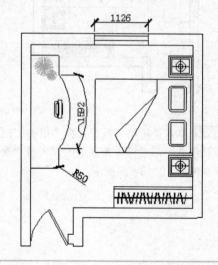

STEP 10 选择"标注>角度"菜单命令，然后在绘图窗口中选择要标注角度的两条直线，如右图所示。

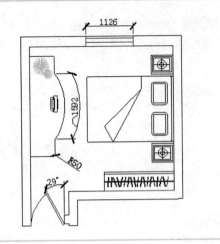

 角度标注的对象除了两条直线之间的夹角，也可以标注圆弧的角度，当命令行提示选择标注对象时，直接选择圆弧，或选择圆上的两点，就可以标注圆弧的角度。例如选择"标注>角度"菜单命令，然后选择上一步的圆弧，则显示为相应的角度值。

6.4 给图形添加表格

在AutoCAD中，可以使用创建表格命令来创建表格，还可以从"Microsoft Excel"中直接复制表格，并将其作为AutoCAD表格对象粘贴到图形中，也可以从外部直接导入表格对象。

6.4.1 创建表格

表格是在行和列中包含数据的对象。在创建表格对象时，首先要创建一个空表格，然后在表格单元中添加内容。

创建表格的方法有以下几种。

① 选择"绘图>表格"菜单命令。

② 单击"默认"选项卡"注释"面板中的"表格"按钮▦。

③ 在命令行输入"Table"命令。

案例 创建室内设计表格

Chapter06\创建室内设计表格.avi

STEP 01 选择"绘图>表格"菜单命令，弹出"插入表格"对话框，如右图所示。

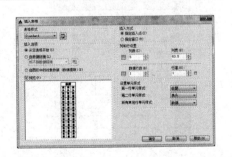

STEP 02 选择表格样式为"建筑工程表格"，设置列数、行数分别为6和5，列宽为15，行高为1，如下图所示。

列和行设置

列数(C)：	列宽(D)：
6	15
数据行数(R)：	行高(G)：
5	1 行

STEP 03 单击"确定"按钮，然后在绘图窗口中单击创建出一个5行6列的表格，如下图所示。

	A	B	C	D	E	F
1						
2						
3						
4						
5						
6						
7						

STEP 04 然后在单元表格中输入相应的文字，如右图所示。

提示 tips
创建表格时选择的行数和列数与表格设置有关。例如本例中，默认格式是有"标题"和"表头"的，所以虽然第2步中设置的行数为5，但是加上"标题"和"表头"则实际显示为7行。而CAD中行高的单位默认为"行"，而不是习惯的毫米。

建筑材料需求表				
材料	数量	单价	总价	备注
单扇门	10	260	2600	
双扇门	10	510	5100	
窗	30	200	6000	

6.4.2 编辑表格和文字

文字输入完成后，由图可以看出"建筑材料需求表"的表格和文字不太协调，需要修改表格的高度和宽度。

案例 case例 编辑表格和文字

 Chapter06\编辑表格和文字.avi

STEP 01 在绘图窗口中选中要更改的单元格，如下图所示。

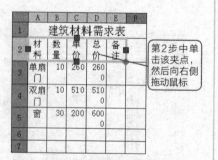

第2步中单击该夹点，然后向右侧拖动鼠标

STEP 02 拖动最右端的方形夹点到合适的位置即可，如下图所示。

建筑材料需求表				
材料	数量	单价	总价	备注
单扇门	10	260	2600	
双扇门	10	510	5100	
窗	30	200	6000	

STEP 03 重复步骤1~2，更改其他的单元格，如下图所示。

建筑材料需求表				
材料	数量	单价	总价	备注
单扇门	10	260	2600	
双扇门	10	510	5100	
窗	30	200	6000	

STEP 04 位置调整好后，选中不需要的单元格，在"表格单元"选项卡中单击"删除行"按钮，如下图所示。

建筑材料需求表				
材料	数量	单价	总价	备注
单扇门	10	260	2600	
双扇门	10	510	5100	
窗	30	200	6000	

STEP 05 行删除后，选中不需要的单元格，在"表格单元"选项卡中单击"删除列"按钮，如下图所示。

建筑材料需求表				
材料	数量	单价	总价	备注
单扇门	10	260	2600	
双扇门	10	510	5100	
窗	30	200	6000	

STEP 06 双击第一行的单元格，选中"建筑材料需求表"，然后单击"文字编辑"选项卡"格式"面板中的"加粗"按钮 B，如下图所示。

建筑材料需求表				
材料	数量	单价	总价	备注
单扇门	10	260	2600	
双扇门	10	510	5100	
窗	30	200	6000	

STEP 07 双击第二行第一列的单元格，选中"材料"，然后选择"文字编辑"选项卡"段落"面板中"对正"按钮A的"左中"选项，如下图所示。

建筑材料需求表				
材料	数量	单价	总价	备注
单扇门	10	260	2600	
双扇门	10	510	5100	
窗	30	200	6000	

STEP 08 重复步骤7，编辑其他的字体，如下图所示。

建筑材料需求表				
材料	数量	单价	总价	备注
单扇门	10	260	2600	
双扇门	10	510	5100	
窗	30	200	6000	

STEP 09 双击第三行第二列，选中"10"，然后选择"文字编辑"选项卡"段落"面板中"对正"按钮的"正中"选项，如下图所示。

建筑材料需求表				
材料	数量	单价	总价	备注
单扇门	10	260	2600	
双扇门	10	510	5100	
窗	30	200	6000	

STEP 10 重复步骤9，编辑其他的数字，如下图所示。

建筑材料需求表				
材料	数量	单价	总价	备注
单扇门	10	260	2600	
双扇门	10	510	5100	
窗	30	200	6000	

6.5 创建图块对象

在建筑绘图中，有大量反复使用的图形对象，如门、窗户、桌子等，若用户每次都将其绘制出来，则需要耗费大量的时间。此时用户可将这些相同的图形对象定义为块，然后根据需要将图块按照指定的缩放比例和旋转角度插入到当前图形中即可。

6.5.1 创建门内部图块

所谓内部图块就是只能在当前特定的图形中使用，用BLOCK命令创建的图块就属于这一类图块。这类图块离开了创建时的图形文件后将不能使用。

创建内部图块的方法有以下几种。

① 选择"绘图>块>创建"菜单命令。

② 单击"默认"选项卡"块"面板中的"创建"按钮 。

③ 在命令行输入"Block"或"B"命令。

案例 case例　创建室内设计的门图块

STEP 01 打开随书光盘中的"创建室内设计的门图块.dwg"图形文件，如下图所示。

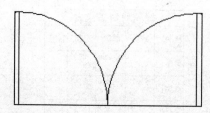

STEP 02 选择"绘图>块>创建"菜单命令，弹出"块定义"对话框，如下图所示。

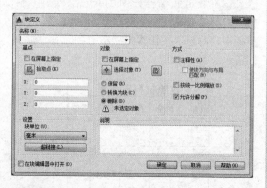

STEP 03 输入块的名称"门"，然后单击"选择对象"按钮，并在绘图窗口中选择创建块对象，如下图所示。

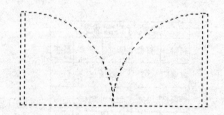

STEP 04 按Enter键确定，返回到"块定义"对话框中单击"拾取点"按钮，以端点为拾取点，如下图所示。

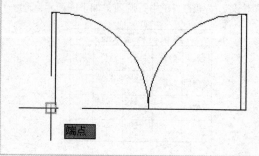

STEP 05 返回到"块定义"对话框中单击"确定"按钮，这时把鼠标放在块的图形上会提示"块参照"，如右图所示。

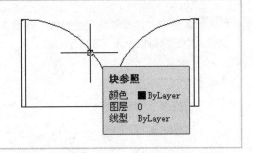

只有在第2步"对象"选项区域中选中"转化为块"选项后，第5步将鼠标放置在图形上时才会提示"块参照"。如果第2步中选择的是保留，则图形仍然存在，但不是图块，如果选中的是"删除"则创建完成后原对象将不存在。

6.5.2 创建床头灯全局块

全局块是相对于内部块而言的，全局块是将选定的对象保存到指定的图形文件或将块转换为指定的图形文件，它不仅能在当前创建的文件中使用，而且还可以在其他不相关的图形文件中使用。

创建全局块的方法有以下几种。

① 单击"插入"选项卡"块定义"面板中的"写块"按钮 。

② 在命令行输入"Wblock"或"W"命令。

案例 case 床头灯

Chapter06\床头灯.avi

STEP 01 打开随书光盘中的"创建床头灯图块.dwg"图形文件，如下图所示。

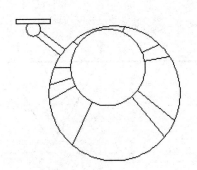

STEP 02 单击"插入"选项卡"块定义"面板中的"写块"按钮，弹出"写块"对话框，如下图所示。

STEP 03 单击"选择对象"按钮，然后在绘图窗口中选择对象，如下图所示。

STEP 04 按Enter键确定，返回到"写块"对话框中再单击"拾取点"按钮，然后在绘图窗口选择端点为基点，如下图所示。

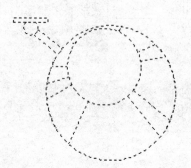

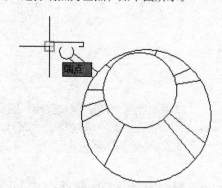

STEP 05 最后在"文件名和保持路径"栏中设置图形文件的保存路径，如下图所示。

提示 不论"内部块"还是"全局块"，创建完成后都可以通过"插入>块"或Insert（I）命令将它们插入到图形中。所不同的是，"内部块"只能在当前创建它的图形中使用，而"全局块"则可以在所有图形中使用。

6.5.3 创建带属性的标高图块

属性是将数据附着到块上的标签或标记，以增强图块的通用性。创建带属性的块的步骤是，先定义一个属性，然后把这个属性绑定到对象上和对象一起创建成图块。创建完成后属性也就相应地成为了所创建块的一部分。

调用"定义属性"命令的方法有以下几种。

① 选择"绘图>块>定义属性"菜单命令。

② 单击"默认"选项卡"块"面板中的"属性定义"按钮。

③ 在命令行输入"Attdef"或"Att"命令。

案例 给室内设计图添加标高图块

STEP 01 打开光盘文件，如右图所示。

STEP 02 选择"绘图>块>定义属性"菜单命令，在弹出的"属性定义"对话框中的"属性"区域中输入相应的内容，如下图所示。

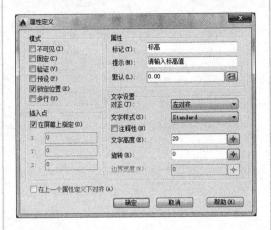

STEP 04 单击"插入"选项卡"块定义"面板中的"写块"按钮，弹出"写块"对话框，将图形和文字设置为全局块，如下图所示。

STEP 03 然后将创建的属性放置到合适的位置，如下图所示。

标高

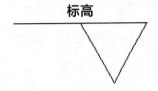

STEP 05 单击"确定"按钮，弹出"编辑属性"对话框，可以在输入框中重新输入默认标高值。如下图所示。

STEP 06 单击"确定"按钮，如右图所示。

0.00

6.5.4 插入图块

块创建完成后，选择"插入>块"菜单命令将创建的块插入到图形中，可以减少重复绘图的时间，插入块对话框如右图所示。

调用插入块命令的方法有以下几种。

① 选择"插入>块"菜单命令。

② 单击"默认"选项卡"块"面板中的"插入"按钮。

③ 在命令行输入"Insert"或"I"命令。

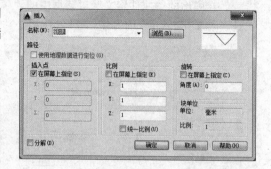

案例 插入标高图块

Chapter06\插入图块

STEP 01 打开光盘文件，如下图所示。

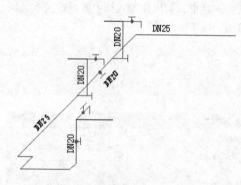

室内给水管道轴测图

STEP 02 选择"插入>块"菜单命令，在弹出来的"插入"对话框中找到上步创建的全局块，然后单击"确定"按钮，如下图所示。

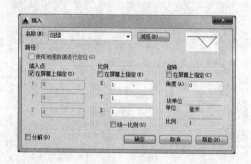

STEP 03 然后在绘图窗口中把图块放置到合适的位置，如下图所示。

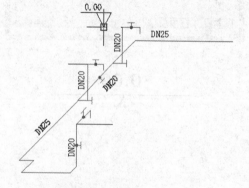

室内给水管道轴测图

STEP 04 单击鼠标后，命令行提示输入标高，输入标高值：BH+0.670，如下图所示。

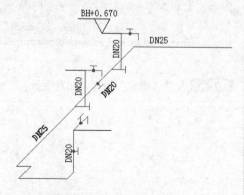

室内给水管道轴测图

STEP 05 重复步骤2~6，继续插入其他标高，如右图所示。

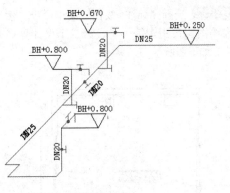

室内给水管道轴测图

> **提示 tips** 插入的图块可以根据需要修改旋转角度。当不勾选"统一比例"时，如果X的比例为负值，则图形沿Y轴进行镜像，如果Y的比例为负值，则图形沿X轴镜像。

6.6 案例：给主卧平面图添加文字和标注

下面利用前面所讲内容来给室内平面图添加文字、标注和插入图块，完成结果如下图所示。

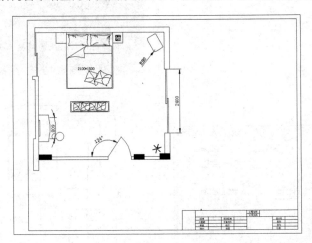

具体的操作步骤如下。

STEP 01 打开随书光盘中的"给主卧平面图添加文字和标注.dwg"图形文件，如右图所示。

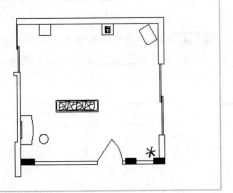

STEP 02 选择"标注>线性"菜单命令，然后在绘图窗口指定第一个、第二个尺寸界线原点，如下图所示。

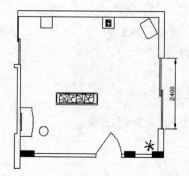

STEP 03 重复步骤2，继续线性标注，如下图所示。

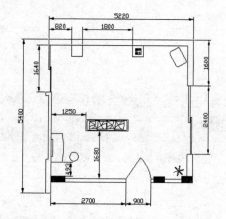

STEP 04 单击"默认"选项卡"块"面板中的"插入"按钮，在弹出来的"插入"对话框中选择"双人床"，如下图所示。

STEP 05 单击"确定"按钮，AutoCAD命令提示如下，结果如下图所示。

命令: INSERT
指定插入点或 [基点(B)/比例(S)/旋转(R)]:
输入属性值
请输入双人床的规格？ <1000*1000>:
2100*1800

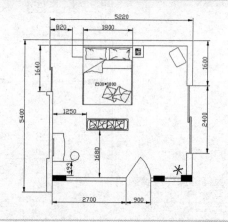

STEP 06 继续使用插入命令，在弹出的"插入"对话框中选择"图框"，如右图所示。

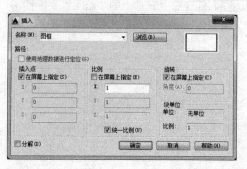

STEP 07 单击"确定"按钮，然后在绘图窗口中单击合适的位置为插入点，如下图所示。

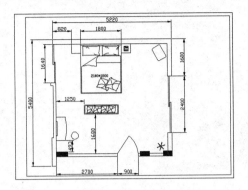

STEP 09 单击"确定"按钮，在绘图窗口中指定合适的插入点，如下图所示。

STEP 11 重复步骤10，编辑其他的单元格，如下图所示。

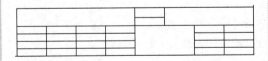

STEP 13 按Enter键后，输入相应内容，如下图所示。

STEP 08 选择"绘图>表格"菜单命令，在弹出的"插入表格"对话框中，设置列数和行数为"8列6行"，列宽和行高为"500和20"，设置第一行和第二行单元延伸都为数据，如下图所示。

STEP 10 选中第一行和第二行的前四列单元格，然后单击"表格单元"选项卡"合并"面板"合并单元格"中的"合并全部"按钮，如下图所示。

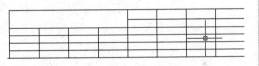

STEP 12 双击单元格，将文字样式设置为"仿宋体"，大小设置为100，如下图所示。

STEP 14 整个表格完成后，如下图所示。

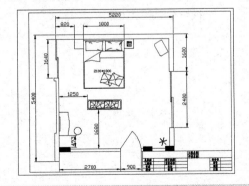

PART 02

室内装潢
设计基础

　　本篇主要讲解在学习室内设计之前，必须要了解的室内装潢设计知识，包括常用的工程图、设计图例和结构的绘制、一些配置技巧等。

　　本篇通过4章（第7~10章）讲解了室内设计中的设计原则、设计和装修流程，工程图的分类与设计要点。

　　后面简要介绍了常用图例和结构的绘制，如墙、柱子、门窗、家具、厨卫等的绘制方法。

　　最后通过两个章节重点介绍了在室内设计中，我国的一些风俗习惯，包括客厅、卧室和阳台、厨卫的设计要点和禁忌。这是国内第一本涉及该部分的设计图书，但却是设计师必须要了解的内容。不了解风俗，就不能很好地把握设计需求。

室内设计是从建筑设计中的装饰部分演变而来的，尽管从兴起到现在也不过数十年光景，但是已经深入到了人们的生活和工作中，室内设计运用物质技术手段和建筑设计原理，创造功能合理、舒适优美的室内环境，以满足人们物质和精神生活的需要。

Chapter

07

室内设计基础

7.1 室内设计简介

　　室内设计是指为满足一定的建造目的而进行的准备工作，对现有的建筑物内部空间进行深加工的增值准备工作。目的是为了让具体的物质材料在技术、经济等方面，在具备可行性的有限条件下形成能够成为合格的产品。室内设计急需要工程技术上的知识，也需要艺术上的理论和技能。

　　室内设计是对建筑物内部环境的再创造。室内设计可以分为公共建筑空间和居家两大类别。室内设计主要包括空间、色彩、照明、功能等设计。室内设计涉及到的主要实体包括墙、窗户、窗帘、门、灯、空调、水电、视听设备、家具与装饰品等。

7.1.1 室内设计的原则

　　室内设计的主要原则有四个，功能性、安全性、可行性和经济性。

1. 功能性原则

　　功能性原则主要是指在对室内建筑、空间和装饰等进行设计时，应保证使用要求和保护主体结构不受损害。

2. 安全性原则

　　在满足功能性原则的前提下，室内建筑结构要具有一定的强度和刚度，符合计算要求，特别是各部分之间的连接节点，更要安全可靠。

3. 可行性原则

　　理论上再漂亮的设计，如果不便于实际施工操作都属枉然，因此，室内设计一定要具有可行性，力求施工方便，易于操作。

4. 经济性原则

根据建筑的实际性质和用途确定设计标准，不要盲目提高标准，造成资金浪费，也不要片面降低标准而影响使用效果。要通过巧妙的设计达到最经济、性价比最高的效果。

7.1.2 室内设计的内容

室内设计的内容简单讲就是空间结构设计、装修工业设计、物理环境设计和软件陈设设计。

1. 空间结构设计

室内的空间结构指的是对建筑设计后所划分的空间进行二次处理，包括按照需要进行间隔空间、非承重墙体的打断等等，按照实际情况进行统一规划。

2. 装修工艺设计

主要是按照风格定位对室内的毛坯整体表面进行处理，包括地板、天花、墙面等等，在室内装修里面不但结合了大量的实际工程工艺，在材料和色彩搭配上也非常讲究。

3. 物理环境设计

主要是对室内环境质量的设计，如何才能够使室内环境更加舒适，关联到采光、通风、取暖、温度的调节、水电设置等等一系列的人工环境设置，使得室内环境更加舒适怡人。

4. 软件陈设设计

主要是按照风格需求添置家具、布置绿化、照明设备，以及一系列个性陈设等。

7.1.3 室内设计的常见风格分类

室内设计的风格主要分为传统风格、现代风格和混合型风格。

1. 传统风格

传统风格是相对现代风格而言的，一般具有历史文化特色，强调历史文化的传承，人文特色的延续。传统风格根据地域和文化的不同，又分为中式风格、新古典风格、美式风格、欧式风格、伊斯兰风格、地中海风格等。同一种传统风格在不同的时期、地区其特点也不完全相同。如中式风格也可以分为隋唐风格、明清风格等，如下图所示。

2. 现代风格

现代风格起源于1919年成立的鲍豪斯（Bauhaus）学派，强调突破旧传统，重视功能和空间组织，注意发挥结构构成本身的形式美，造型简洁，反对多余装饰，崇尚合理的构成工艺，讲究材料自身的质地和色彩的配置效果，发展了非传统的以功能布局为依据的不对称的构图手法。重视实际的工艺制作操作，强调设计与工业生产的联系，如下图所示。

3. 混合型风格

顾名思义，混合型风格就是不同风格之间的搭配，可以是传统风格和现代风格之间的搭配，也可以是不同的传统风格之间的组合，如中西结合等。混合型风格如下图所示。

7.2 室内设计和装修的流程

上一节我们介绍了室内设计的原则、内容和风格，这一节我们来介绍室内设计和装修的流程。

7.2.1 室内设计的流程

室内设计通常可以分为4步，即设计准备阶段、方案设计阶段、施工图设计阶段和设计实施阶段。

1．设计准备阶段

设计准备阶段主要任务有以下几项。

● 接受委托任务书，签订合同，或者根据标书要求参加投标。

● 明确设计期限并制定设计计划进度安排，考虑有关工种的配合与协调。

● 明确设计任务和要求，如室内设计任务的使用性质、功能特点、设计规模、等级标准、总造价，根据任务的使用性质明确所需创造的室内环境气氛、文化内涵或艺术风格等。

● 熟悉设计有关的规范和定额标准，收集分析必要的资料和信息，包括对现场的调查踏勘以及对同类型实例的参观等。

2．方案设计阶段

方案设计阶段是在设计准备阶段的基础上，进一步收集、分析、运用与设计任务有关的资料与信息，构思立意，进行初步方案设计，深入设计，进行方案的分析与比较。

方案设计的文件通常包括以下几项内容。

● 平面图。

● 室内立面展开图。

● 平顶图或仰视图。

● 室内透视图。

● 室内装饰材料实样版图。

● 设计说明和造价概算。

初步设计方案经审定后，方可进行施工图的设计。

3．施工图设计阶段

施工图设计阶段需要准备施工所必要的有关平面布置、室内立面和平顶等图纸，还需要包括构造节点详细、细部大样图以及设备管线图，编制施工说明和造价预算。

4．设计实施阶段

设计实施阶段也就是工程的施工阶段。室内工程在施工前，设计人员应向施工单位进行设计说明以及图纸的技术交流；工程施工期间需按照图纸要求核对施工实况，有时还需要根据现场实况提出对图纸的局部修改或补充；施工结束时，会同质检部门和建设单位进行工程验收。

为了使设计取得预期效果，室内设计人员必须抓好设计阶段的各个环节，充分重视设计、施工、材料、设备等各个方面，还要熟悉、重视与原建筑物的衔接，同时还须协调好建设单位和施工单位之间的相互关系，使他们在设计意图和构思方面进行沟通，取得共识，以期取得理想的工程设计成果。

7.2.2 室内装修的流程

装修的流程非常复杂，不同的装修程度和要求，装修环节也不尽相同，总结起来装修流程大致如下图所示。

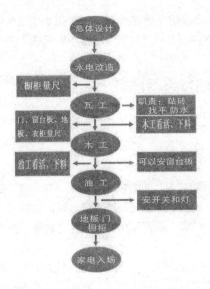

7.3 室内装修的常用材料

室内装修材料是指用于建筑物内部墙面、天棚、柱面、地面等的罩面材料。现代室内装修材料不仅能改善室内的艺术环境，使人们得到美的享受，同时还兼有绝热、防潮、防火、吸声、隔音等多种功能，起着保护建筑物主体结构，延长其使用寿命以及满足某些特殊要求的作用。

7.3.1 室内装修的基本要求和功能

室内装修的艺术效果主要由材料的质感、线型及颜色三方面因素构成，即常说的建筑物饰面三要素。

质感： 任何饰面材料及其做法都将以不同的质感表现出来。

线型： 一定的分格缝，凹凸线条也是构成立面装饰效果的因素。抹灰、刷石、天然石材、混凝土条板等设置分块，分格，除了为防止开裂以及满足施工接茬的需要外，也是装饰立面在比例、尺寸感上的需要。

颜色： 装饰材料的颜色丰富多彩，改变建筑物的颜色通常要比改变其质感和线型容易得多。因此，颜色是构成各种材料装饰效果的一个重要因素。

装饰材料的功能主要包括内墙装饰功能、天棚装饰功能、地面装饰功能等。

内墙装饰功能： 内墙装饰的目的是保护墙体、保证室内使用条件和使室内环境美观、整洁舒适。墙体的保护一般有抹灰、油漆、贴面等。如浴室墙面用瓷砖贴面；厨房、厕所做水泥墙裙或油漆或瓷砖贴面等。

天棚装饰功能： 天棚是内墙的一部分，但由于其所处位置不同，对材料的要求也不同，不仅要满足保护天棚及装饰目的，还需具有一定的防潮、耐脏、容重小等功能。天棚装饰材料的色彩应选用浅淡、柔和的色调。常见的天棚多为白色，以增强光线反射能力，增加室内亮度。另外，天棚装饰还应与灯具相协调，除平板式天棚制品外，还可采用轻质浮雕天棚装饰材料。

地面装饰功能： 地面装饰的作用有三方面：保护楼板及地坪、保证使用、装饰。一切楼面、地面必须保证必要的强度、耐腐蚀、耐磕碰、表面平整光滑等基本使用条件。此外，一楼地面还要有防潮的性能，浴室、厨房等要有防水性能，其他住室地面要能防止擦洗地面等生活用水的渗漏。

7.3.2 室内装修材料的分类与选择

一般来说，室内装修材料的选用应根据以下几方面综合考虑。

1. 建筑类别与装饰部位

建筑物有各式各样种类和不同功用，如大会堂、医院、办公楼、餐厅、厨房、浴室、厕所等，装饰材料的选择则各有不同要求。例如，大会堂庄严肃穆，装饰材料常选用质感坚硬而表面光滑的材料如大理石、花岗石，色彩用较深色调，不宜采用五颜六色的装饰；医院气氛沉重而宁静，宜用淡色调和花饰较小或素色的装饰材料。

装饰部位的不同，材料的选择也不同。卧室墙面宜淡雅明亮，但应避免强烈反光，采用塑料壁纸、墙布等装饰。厨房、厕所应有清洁、卫生气氛，宜采用白色瓷砖或水磨石装饰。舞厅是一个兴奋场所，装饰可以色彩缤纷、五光十色，以能给人刺激色调和质感的装饰材料为宜。

2. 地域和气候

装饰材料的选用常常与地域或气候有关，在寒冷地区采暖的房间里不适合使用水磨石、花阶砖，应采用木地板、塑料地板、高分子合成纤维地毯，其热传导低，能使人感觉暖和舒适。在炎热的南方，则应采用有冷感的水磨石、花阶砖。

在夏天的冷饮店，采用绿、蓝、紫等冷色材料使人感到有清凉的感觉。而地下室、冷藏库则要用红、橙、黄等暖色调，为人们带来温暖的感觉。

3. 场地与空间

不同的场地与空间，采用与人协调的不同装饰材料。空间宽大的会堂、影剧院等，可采用大线条图案或较大的深色调图案，不使人有空旷感。对于较小的房间，如普通的城市居家，其装饰可选择质感细腻、线型较细和有扩空效应颜色的材料。

4. 标准与功能

装饰材料的选择还应考虑建筑物的标准与功能要求。如：宾馆和饭店的建设有三星、四星、五星等级别，采用的装饰材料也应分别对待。如地面装饰，高级的选用全毛地毯，中级的选用化纤地毯或高级木地板等。对影院、会议室、广播室等室内装饰，则可采用穿孔石膏板、软质纤维板、珍珠岩装饰板等吸声装饰材料。

5. 民族传统

选择装饰材料时，要尽量运用先进的材料与装饰技术，表现民族传统和地方特色。如金箔和琉璃制品是我国特有的装饰材料，这些材料一般用于古建筑或纪念性建筑装饰，表现出我国民族和文化的特色。

6. 经济性

从经济角度考虑装饰材料的选择，不但要考虑到一次投资，也应考虑到维修费用，在关键部位上可加大投资，以延长使用年限。如在浴室装饰中，防水措施极重要，对此就应适当加大投资，选择高耐水性装饰材料。

7.4 室内设计工程图

室内设计工程图一般有平面图、立面图、剖面图、透视图和详图等。

7.4.1 平面图

平面图是室内设计工程中的主要图样。平面图可以理解为一个假想的水平剖切面，把房间切开，移去上面的部分，由上向下看，对剩余部分画正投影图。

1. 平面图的分类

室内平面图主要分为：总平面图、平面布置图和平面尺寸图。对于一些大型的建筑还有防火平面图等。

不论哪种平面图都应该具备以下内容。

- 原有建筑被保留下来的和新增的柱与墙、主要轴线与编号、轴线间的尺寸和总尺寸。
- 最后确定下来的墙、柱、门、窗、楼梯以及各个房间的名称等。
- 各种固定的隔断、厨房及厕所设备、水池及橱柜等。
- 图名、比例、索引符以及相关的编号。

除了上面这些内容外，各种平面图还有符合自身特点的内容。

（1）总平面图

总平面图还应标注指北针，设计说明，各主要空间的家具与陈设。由于各主要空间往往要另画平面布置图，故总平面图中的家具和陈设可以画得简单些。

（2）平面布置图

平面布置图是室内设计工程图中的主要图样之一，也是几种平面图中内容相对复杂的一个图样。除了平面图必须要具备的要素外，还应有以下内容：

- 显示空间组合的各种分隔物，如隔断、花格、屏风、帷幕、栏杆和隔墙等，各种门、窗、景门、景窗的位置和尺寸。
- 各式家具设备的陈设，如电视机、冰箱、台灯、盆花、鱼缸等，并要标注主要定位尺寸及其他必要的尺寸。对门、橱柜等，还应标明开启方向。
- 更加齐全的、具体的厨具和洁具，并标注其定位尺寸和其他必要的尺寸。
- 不同地面的标高及不问地面材料的分界线。

（3）平面尺寸图

当工程项目比较复杂，特别是新增的墙、柱、门、窗等构配件较多时，应专门绘制一个能够清晰地反应整个结构和各种构配件的平面尺寸图。平面尺寸图中，应有固定的设备与设施，但没有可以移动的家具和陈设。

- 原有和新增墙等构件的定位尺寸、自身尺寸、材料和做法。
- 原有和新增门、窗、洞口、固定隔断、固定家具、固定设备及装饰造型的定位尺寸、自身尺寸、材料和做法。

2. 平面图的画法

本节针对室内平面图中一些基本要素的画法作一个扼要的提示，主要是为了体现平面图的画法特点。

（1）墙与柱

在平面图中，墙与柱使用粗实线绘制。

当墙面、柱面用涂料、壁纸及面砖等材料装修时，墙、柱的外面可以不加线。当墙面、柱面用石材或木材等材料装修时，就要参照装修层的厚度，在墙、柱的外面加画一条细实线。当墙、柱装修层的外轮廓与柱子的结构断面不同时，如直墙被装修成折线墙、方柱被包成圆柱或八角柱时，一定要在墙、柱的外面用细实线画出装修层的外轮廓，如下图所示。

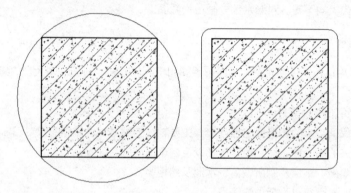

在比例尺较小的图样中，墙、柱不必画砖、混凝土等材料图例。为使图样清晰，可将钢筋混凝土墙、柱涂成黑颜色，如下图所示。

不同材料的墙体相接或相交时，相接及相交处要画断，如下左图所示。反之，同种材料的墙体相接或相交时，则不必在相接与相交处画断，如下右图所示。

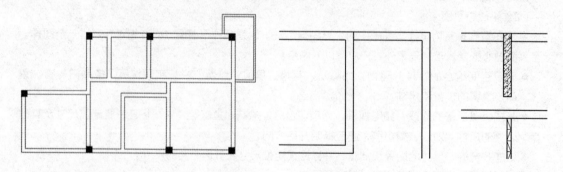

（2）门与窗

在平面图上一般情况下，可以不标注门窗号。在比例尺较小的图样中，门扇可用单线（中粗线）表示，且可不画开启方向线，如下左图所示；在比例尺较大的图样中，为使图面丰富、耐看，富有表现力，可将门扇画出厚度，并加画开启方向线，如下右图所示。

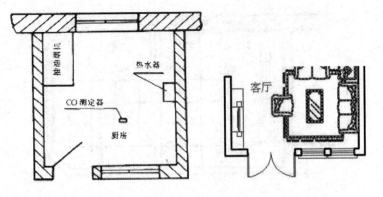

（3）家具与陈设

家具包括可移动的家具和固定家具，如桌、椅、床、柜、沙发和家用电器，如电视、冰箱等。陈设是指盆花、立灯、鱼缸等。

在比例尺较小的图样中，可按图例绘制家具与陈设。没有统一图例的，可简要画出家具与陈设的外轮廓即可。

在比例尺较大的图样中，可按家具与陈设的外轮廓绘制它们的平面图，并视情况加画一些具有装饰意味的符号，如木纹、织物图案等。

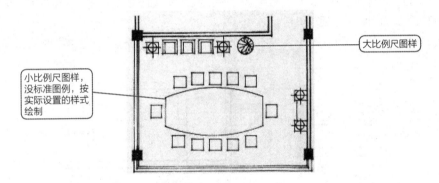

（4）家具与墙之间是否留间隙

图样很小时，可以不留间隙，如下左图所示。图样较大时，要保留间隙，如下右图所示。

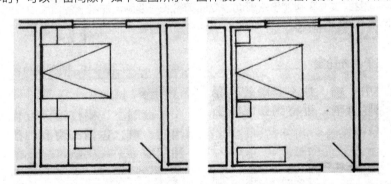

（5）卫生洁具

卫生洁具主要包括洗脸盆、淋浴器、浴盆、便器和洗池等。在平面图中可按统一图例绘制，在比例尺较大的图样中，可以画更具体的轮廓和细节，如下图所示。

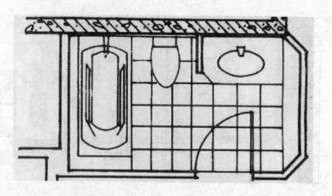

7.4.2 立面图

立面图是一种与垂直界面平行的正投影图。它能够反映垂直界面的形状、装修做法和其中的陈设，是室内设计中不可缺少的图样。

平面图主要是为了表达平面特征明显的图例的形状，以及在平面方向上的距离和相邻关系。立面图则主要是为了表达在垂直方向上特征比较明显的图例的形状，以及在立面方向上的距离相邻关系。

立面图下方应标注图名和比例尺。常用标注方法有三种，如下左图所示。其中的第二种方法，能够指明平面图所在的图纸号，便于查到。

当垂直界面较长，而某个部分又用处不大时，允许截选其中的一段，并在断掉的地方画折断线，如下右图所示。

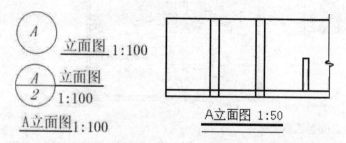

立面图与剖面图的主要区别在于轮廓面。立面图轮廓只要画出左右墙的内表面，底界面上表皮和顶界面下表皮即可。而剖面图则必须有被剖的侧墙及顶部楼板和顶棚。至于轮廓面里面的内容与画法两者则完全相同，如下图所示。

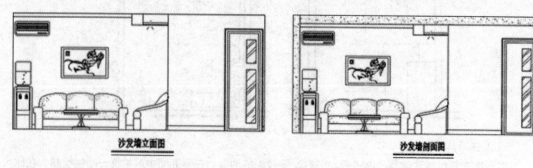

沙发墙立面图　　　　　　　　　　　　沙发墙剖面图

7.4.3 剖面图

本节所说的剖面图是指房屋建筑的垂直剖面图，剖切位置应选在最能充分反映室内的空间、结构、家具、设备、装饰以及装修的部位，能把室内设计最复杂、最精彩、最有代表性的部分表示出来。

下面就分别来介绍剖面图的主要内容、画法和绘制过程中的注意事项。

1. 剖面图的主要内容

剖面图一般包含以下内容。

- 轴线、轴线编号、轴线间尺寸和总尺寸。
- 被剖墙体及其上的门、窗、洞口，顶界面和底界面的内轮廓，主要标高，空间净高及其他必要尺寸。
- 固定家具和设备、隔断、台阶、栏杆、水池等，它们的定位尺寸及其他必要尺寸。
- 按剖切位置和剖视方向可以看到的墙、柱、门、窗、家具、陈设（绘画、雕塑、盆景、鱼缸等）及电视机、冰箱等，它们的定位尺寸及其他必要尺寸。
- 垂直界面（墙、柱等）的材料与做法。
- 索引符及编号。
- 图名与比例。

2. 剖面图轮廓的画法

剖面图轮廓包括被剖墙体轮廓、楼板和顶棚轮廓、底界面，它们在剖面图中的画法如下。

（1）被剖墙体、楼板和顶棚轮廓

被剖墙体轮廓、楼板和顶棚轮廓要用粗实线表示，并填充表示材料的符号，按统一规定的图例画出墙上的门、窗和孔洞。在比例尺较小的剖面图中，不必画材料图例。断面较窄的钢筋混凝土墙、板，可以涂成黑色。

（2）被剖底界面

作为底界面的楼地面，只要用一条粗实线表示出上表面即可，无须表示厚度、做法和材料。这条粗实线与两边的墙线相接，也可以拉成一条贯通线（即基线），如下图所示。

当所要表示的空间处于底层，并有一侧或两侧与外部空间连通时，如有必要，应分别表示出室内外地坪，并标注标高，交待它们的关系。

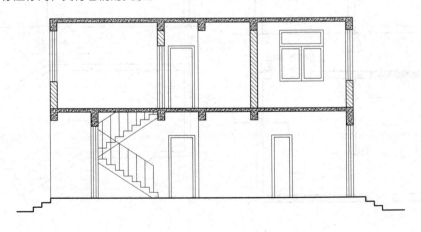

（3）绘制剖面图的问题

在绘制剖面图时，除了剖面图包含的内容和主要轮廓的表达方法外，还应注意如何标注剖切符号以及剖切面选取时的注意事项。

● 要正确标注剖切符号

剖切符号由剖切位置线和剖视方向线组成。剖切位置线与剖视方向线都是短粗线，它们垂直相交，呈曲尺形而不呈十字形，剖切线不应与建筑轮廓相接触。

● 剖切面最好贯通平面图的全宽或全长

剖切面最好贯通平面图的全长，如下左图所示，如果有困难，或者没必要，也要贯通某个空间的全宽或全长，即保证剖面图的两侧均有被剖的墙体，如下中图所示。要避免剖切面从空间的中间起止。因为这种情况下产生的剖面图两侧无墙，范围不明确，容易给人以误解，如下右图所示。

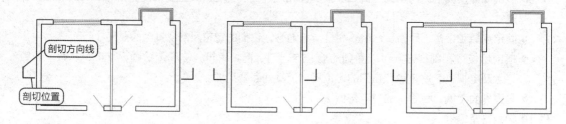

● 剖切面不要穿过柱子和墙体

削切面不要从柱子和表示墙体厚度的中间位置穿过。因为，按这种剖切位置画出来的剖面图，不能反映柱、墙的装修做法，也不能反映柱面与墙面上的装饰与陈设。

● 剖切面转折

剖切面转折时，按制图标准的规定，应在转折处画转折线，并最多转折一次，如下左图所示。按此剖切位置画出来的剖面图，不能在剖切面转折处出现分界线，因为剖切面是假想的，而非实际存在的，如下右图所示。

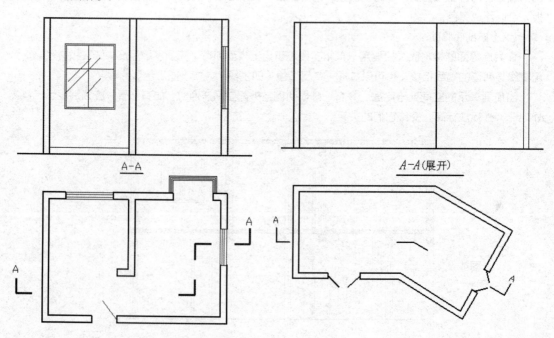

7.4.4 顶棚平面图

顶棚平面图又称天花平面图，其形成方法与平面图的形成方法基本相同，不同之处是投影方向恰好相反。

表示顶棚（顶界面）时，除了使用水平剖面图外，也可使用立面图的图样，也就是所谓的仰视图。两者惟一的区别是：前者画墙身剖面（含其上的门、窗、壁柱等），如下左图所示。后者不画，只画顶棚的内轮廓，如下右图所示。

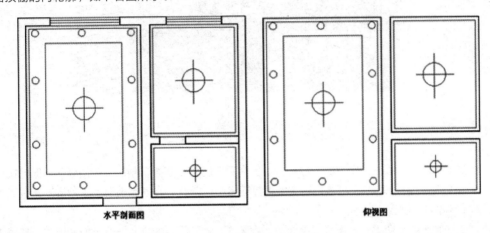

水平剖面图 仰视图

虽然从制图原理上，上述两种图示方法都是合理的，也都是可用的。但按水平剖面图的方法画顶棚平面图，更容易显示所画空间与周围结构和周围空间的关系，当所画空间由多个空间组成时，尤其显得完整。

顶棚平面图（按水平剖面图的画法）应有以下内容。

- 被水平削切而剖到的墙柱和壁柱。
- 墙上的门、窗与洞口。
- 顶棚的形式与构造。
- 顶棚的灯具、风口、自动喷淋、扬声器、浮雕及线角等装饰，它们的名称、规格和能够明确其位置的尺寸。
- 顶棚及相关装饰的材料和颜色。
- 顶棚底面及分层吊顶底面的标高。
- 索引符号及编号。
- 图名与比例。

7.4.5 室内透视图

透视图是根据透视原理，在平面上绘制出能够直观表达设计思想和反映三维空间效果的图形，故也称为效果图或表现图，如下图所示。

透视图通常具有以下特性。

逼真：能客观真实地表达设计意图，形象逼真，附有立体感和空间感，让人看后有种身临其境的真实感。

快速： 绘制在纸面上的透视图具有与立体模型相同的立体效果，并且简单快速、经济实用。

广泛： 由于透视图形象逼真，通俗易懂，无需经过专门的训练就能看懂，易为众人接受。

7.4.6 详图

　　详图是室内设计工程图中不可缺少的部分。因为平面图、立面图、剖面图和顶棚平面图的比例尺多为1:50、1:100、1:200，不可能把所有要素都画清楚，因此，必须有用更大比例绘制某些部件、构件、配件和细部的详图。

　　常说的详图大致有两类：一类是把平面图、立面图、剖面图中的某些部分单独抽出来，用更大的比例，画出更大的图样，成为所谓的局部放大图或大样图；另一类是综合使用多种图样，完整地反映某些部件，构件、配件、节点，或家具、灯具的构造，成为所谓的构造详图或节点图。

　　在一个室内设计工程中，需要画多少详图、画哪些部位的详图，要根据工程大小、复杂程度而定。一般工程应有以下几种详图。

1. 墙面详图

　　用以表示较为复杂的墙面的构造。通常要画立面图、纵横剖面图和装饰大样图，如下图所示。

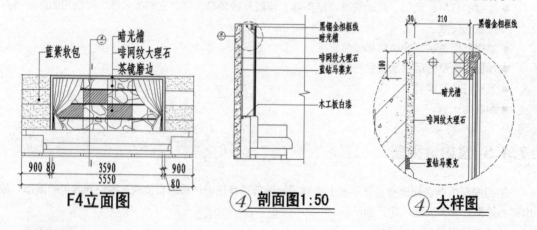

2. 柱面详图

　　用以表示柱面的构造。通常要画柱的立面图、纵横剖面图和装饰大样图，如下图所示。有些柱子，可能有复杂的柱头（如西方古典柱式）和特殊的花饰，还须用适当的示意图，画出柱头和花饰。

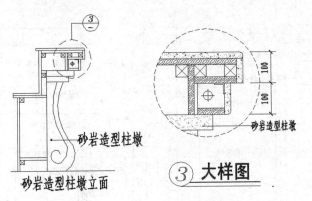

3. 建筑结构配件详图

包括特殊的门、窗、隔断、景窗、景洞、栏杆、窗帘盒、暖气罩和顶棚细部等。

4. 设备设施详图

设备设施详图包括洗手间、洗池、洗面台、服务台、酒吧台和壁柜等。

5. 家具详图

在一般工程中，多数家具都是从市场上直接购买。特殊工程可专门设计家具，以便使家具和空间环境更和谐，更具地方、民族特色。这里所说的家具，包括家庭、宾馆所用的床、桌、柜、椅等，也包括商店和展馆用的展台、展架和货架等。

6. 楼、电梯详图

楼、电梯的主体，在土建施工中就已完成了。但有些细部可能留至室内设计阶段，如电梯厅的墙面和顶棚，楼梯的栏杆、踏步和面层的做法等，如下图所示是栏杆的立面图和详图。

7. 灯具详图

一般工程中，大都从市场上购买成品灯具，只有艺术要求较高的工程，才单独设计灯具，并画灯具图。

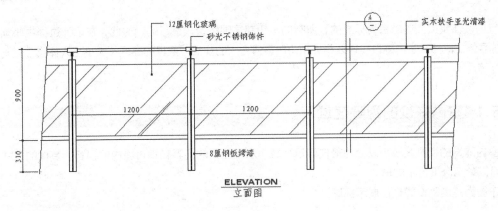

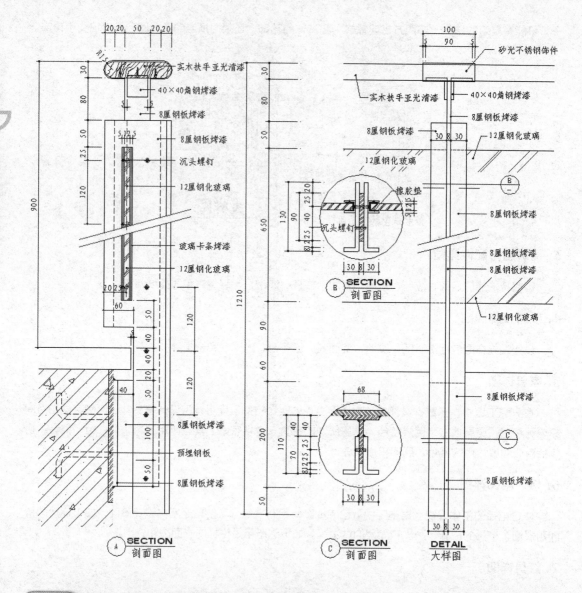

7.5 室内设计中与人相关的设计要点

室内设计是以人的感官为标准的,所有的一切都是围绕着人进行的,因此,在设计过程中必须考虑人的要素。比如,室内陈设在什么距离和角度最适合人的观察,家具的高低、大小与人体尺寸之间的关系等等。

7.5.1 室内陈设的视野区域

室内陈设的视野区域可以分为最佳展示视域、水平面内的视野和垂直面内的视野,具体的尺寸和角度可以参见以下各个图形。

下图为室内陈设的最佳展示视域。

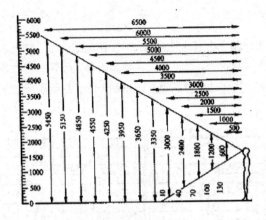

下左图所示为水平面内的视野，下右图所示为垂直面内的视野。

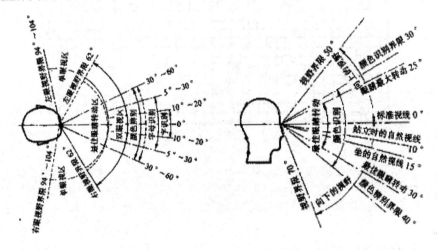

7.5.2 通过人体工学方式确定家具尺寸大小

在进行室内装修设计时，首先要根据人体尺寸和人体动作域的一些基本尺寸数据来进行家具的设计和家具的摆设。人体基础数据主要有下列两个方面，即人体尺寸和人体动作域的有关数据。

1. 人体尺寸

人体尺寸是人体工程学研究的最基本的数据之一。不同年龄、性别、地区和民族国家的人体，具有不同的尺寸。例如我国成年男子平均身高为1697mm，美国为1740mm，独联体国家为1750mm，而日本则为1600mm，如右图所示。

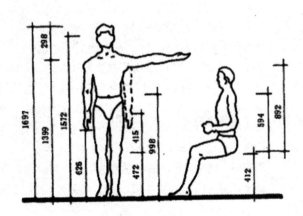

2. 人体动作域

人们在室内进行各种工作和生活活动范围的大小，称为动作域，它是确定室内空间尺寸的重要依据因素之一。以各种计测方法测定的人体动作域，也是人体工程学研究的基础数据。如果说人体尺寸是静态的、相对固定的数据，人体动作域的尺寸则是动态的，其动态尺寸与活动情景状态有关，如下图所示。

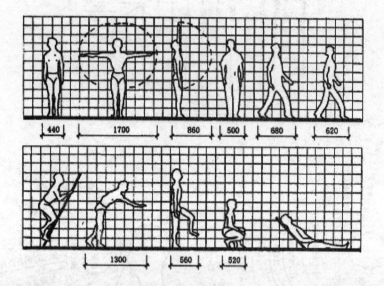

提示 tips 室内设计时人体尺寸具体数据的选用，应考虑在不同空间状态下，人们动作和活动的安全性，以及对大多数人适宜的尺寸，并强调以安全为前提。例如，对门洞高度、楼梯通行净高、栏杆扶手高度等，应取男性人体高度的上限，并适当加上人体动态时的余量。

7.5.3 常见的家具尺寸

在装饰工程设计时，必然要考虑室内空间、家具陈设等与人体尺寸的关系问题，为了方便装饰室内设计，这里介绍一些常用的尺寸数据。

1. 家具常用尺寸（尺寸单位为cm）

家具的常用尺寸说明如下所示。

衣橱： 深度一般为60~66，衣橱门宽度为40~65。

推拉门： 宽度为75~150，高度为190~240。

矮柜： 深度为35~45，柜门宽度为30~60。

电视柜： 深度为45~60，高度为60~70。

单人床： 宽度为90、105、120，长度为180、186、200、210。

双人床： 宽度为135、150、180，长度为180、186、200、210。

圆床： 直径为186、212.5、242.4（常用）。

室内门： 宽度为80~95，医院为120，高度为190、200、210、220、240。

厕所、厨房门： 宽度为80、90，高度为190、200、210。

窗帘盒：高度为12~18，深度单层布为12，双层布16~18（实际尺寸）。

沙发：单人式长度为60~95，深度为40~70，坐垫高为35~42，背高为70~90。

双人式长度为126~150，深度为80~90。

三人式长度为175~196，深度为80~90。

四人式长度为232~252，深度为80~90。

茶几：小型长方形长度为60~75，宽度为45~60，高度为38~50（38最佳）。

中型长方形长度为120~135，宽度为38~50或者为60~75。

正方形长度为75~90，高度为43~50。

大型长方形长度为150~180，宽度为60~80，高度为33~42（33最佳）。

圆形直径为75、90、105、120，高度为33~42。

书桌：固定式深度为45~70（60最佳），高度为75。

活动式深度为65~80，高度为75~78。

书桌下缘离地至少58，长度最少为90（150~180最佳）。

餐桌：高度为75~78（一般），西式高度为68~72，一般方桌宽度为120、90、75。

长方桌：宽度为80、90、105、120，长度为150、165、180、210、240。

圆桌：直径为90、120、135、150、180。

书架：深度为25~40（每一格），长度为60~120。

下大上小型下方深度为35~45，高度为80~90。

活动未及顶高柜：深度为45，高度为180~200。

木隔间：墙厚为6~10，内角材排距长度为（45~60）×90。

2. 室内常用尺寸

室内设计时要注意的常用尺寸说明如下。

（1）墙面尺寸

踢脚线高：80mm~200mm。

墙裙高：800mm~1500mm。

挂镜线高：1600 mm~1800(画中心距地面高度)mm。

（2）餐厅

餐桌高：750mm~790mm。

餐椅高：450mm~500mm。

圆桌直径：二人500mm，三人800mm，四人900mm，五人1100mm，六人1100mm~1250mm，八人1300mm，十人1500mm，十二人1800mm。

方餐桌尺寸：二人700mm×850mm，四人1350mm×850mm，八人2250mm×850mm。

餐桌转盘直径：700mm~800mm。

餐桌间距：（其中座椅占500mm）应大于500mm。

主通道宽：1200mm~1300mm。

内部工作道宽：600mm~900mm。

酒吧台高：900mm~1050mm，宽500mm。

酒吧凳高：600mm~750mm。

3. 商场营业厅

商场营业时的常用尺寸说明如下。需要注意的是作为商场，一定要考虑人流、防火安全等公共事项。

单边双人走道宽：1600mm。

双边双人走道宽：2000mm。

双边三人走道宽：2300mm。

双边四人走道宽：3000mm。

营业员柜台走道宽：800mm。

营业员货柜台：厚为600mm，高为800mm~1000mm。

单靠背立货架：厚为300mm~500mm，高为1800mm~2300mm。

双靠背立货架：厚为600mm~800mm，高为1800mm~2300mm。

小商品橱窗：厚为500mm~800mm，高为400mm~1200mm。

陈列地台高：400mm~800mm。

敞开式货架：400mm~600mm。

放射式售货架：直径2000mm。

收款台：长为1600mm，宽为600mm。

4. 酒店客房

酒店等场所的家具常用尺寸说明如下。

标准面积：大的为25平方米，中等的为16~18平方米，小的为16平方米。

床：高为400mm~450mm，床靠高为850mm~950mm。

床头柜：高为500mm~700mm，宽为500mm~800mm。

写字台：长为1100mm~1500mm，宽为450mm~600mm，为700mm~750mm。

行李台：长为910mm~1070mm，宽为500mm，高为400mm。

衣柜：宽为800mm~1200mm，高为1600mm~2000mm，深为500mm。

沙发：宽为600mm~800mm，高为350mm~400mm，靠背高为1000mm。

衣架高：1700mm~1900mm。

5. 卫生间

卫生间的常用尺寸说明如下。

卫生间面积：3~5平方米。

浴缸长度：一般有三种1220mm、1520mm、1680mm，宽为720mm，高为450mm。

坐便：750mm×350mm。

冲洗器：690mm×350mm。

盟洗盆：550mm×410mm。

淋浴器高：2100mm。

化妆台：长为1350mm，宽450mm。

6. 交通空间

一些交通走廊的常用尺寸说明如下。

楼梯间休息平台净空：等于或大于2100mm。

楼梯跑道净空：等于或大于2300mm。

客房走廊高：等于或大于2400mm。

两侧设座的综合式走廊宽度：等于或大于2500mm。

楼梯扶手高：850mm~1100mm。

门的常用尺寸：宽为850mm~1000mm。

窗的常用尺寸：宽为400mm~1800mm（不包括组合式窗子）。

窗台：高为800mm~1200mm。

7. 灯具

灯具的常用尺寸说明如下。

大吊灯最小高度：2400mm。

壁灯高：1500mm~1800mm。

反光灯槽最小直径：等于或大于灯管直径的两倍。

壁式床头灯高：1200mm~1400mm。

照明开关高：1000mm。

8. 办公家具

办公类家具的常用尺寸说明如下。

办公桌：长为1200mm~1600mm，宽为500mm~650mm，高为700mm~800mm。

办公椅：高为400mm~450mm，长×宽为450mm×450mm。

沙发：宽为600mm~800mm，高为350mm~400mm，背面为1000mm。

茶几：前置型为900mm×400mm×400mm（高），中心型为900mm×900mm×400mm，左右型为600mm×400mm×400mm。

书柜：高为1800mm，宽为1200mm~1500mm，深为450mm~500mm。

书架：高为1800mm，宽为1000mm~1300mm，深为350mm~450mm。

本章主要介绍一些室内设计常用的图例和结构，通过这些图例和结构的绘制，进一步加深绘图命令的应用。

Chapter

室内设计中的常用图例和结构

08

8.1 平面图符号的绘制

平面图中的很多符号都是有规定的，不是随意绘制的，例如本节要讲解标高符号、立面索引和指向符号等。

8.1.1 绘制坐标图例

坐标图例分为测量坐标和施工坐标，测量坐标表示实际坐标，施工坐标是相对坐标。

案例 绘制坐标图例

STEP 01 在命令行输入l并按空格键调用直线命令，绘制两条相互垂直的线段，水平直线长200，竖直直线长100，如下图所示。

STEP 02 按空格键继续使用直线命令绘制线段，AutoCAD命令提示如下：

> 命令: line
> 指定第一点:
> （捕捉上步绘制的直线段的交点）
> 指定下一点或 [放弃(U)]: @50<-45 ↙
> 指定下一点或 [闭合(C)/放弃(U)]:
> （然后通过对象捕捉和对象捕捉追踪确定端点）

结果如下图所示。

捕捉该点但不选中，然后向下拖动鼠标，在交点处单击

提示 tips 在命令行中输入"@50<-45"表示绘制的线段长度为50，与x轴的角度为-45°。在绘制直线前，将对象捕捉和对象捕捉追踪打开。

STEP 03 在命令行输入dt并按空格键调用单行文字命令，在视图指定输入文字的起点，根据命令行提示设置字高为20，旋转角度为0，输入完第一行文字后，在直线的下方单击输入第二行文字，输入完成后在空白处单击，然后按Esc键退出命令，然后使用同样方法绘制施工坐标，结果如右图所示。

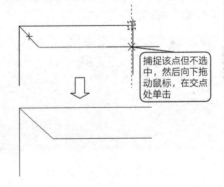

X1610.68	A1610.68
Y2738.32	B2738.32
测量坐标	施工坐标

8.1.2 绘制室内标高符号

根据建筑施工图纸绘制的相关规范，标高的符号要用细实线画出，如下图所示，标高符号为一等腰直角三角形，三角形的直角尖角指向要标注的部位，长横线之上或之下注写标高的数字，标高采用米为单位。

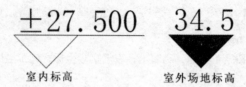

室内标高　　　　室外场地标高

其中室内标高中的±0.00为首层地面相对标高，35.75为海拔绝对标高。室外标高指室外场地的绝对标高。

室外场地标高符号只要在室内标高符号的基础上填充为黑色并将多余线段删除即可。

案例 case　绘制标高符号图案

　Chapter08\绘制标高符号.avi

室内和室外场地标高的具体绘制步骤如下。

STEP 01 在命令行输入l调用直线命令，Auto-CAD命令提示如下：

```
命令: line
指定第一点: (在绘图屏幕上任意一点单击)
指定下一点或 [放弃(U)]: @-42.5<45
指定下一点或 [放弃(U)]: @42.5<135
指定下一点或 [闭合(C)/放弃(U)]: @120,0
指定下一点或 [闭合(C)/放弃(U)]:
                   (按空格键结束命令)
```

绘制完成后结果如下图所示。

STEP 02 在命令行输入t调用多行文字命令，在"文字编辑器"选项卡的"样式"面板中将文字高度设置为20，单击"插入"面板中的"符号"下拉菜单，插入"±"，最后输入标高值，结果如下图所示。

STEP 03 在命令行输入co调用复制命令，将刚绘制好的室内标高复制到绘图区域的空白处，结果如下图所示。

±27.500

STEP 04 在命令行输入tr调用修剪命令，对刚复制的标高进行修剪，结果如下图所示。

±27.500

STEP 05 双击复制对象上的文字，将文字改为 34.5，结果如下图所示。

34.5

STEP 06 在命令行输入h调用填充命令，选择 SOLID为填充对象，在三角形内单击进行填充，填充完毕后按Esc键退出填充命令，如下图所示。

8.1.3 绘制立面索引符号

节点索引符号可用于平、立面造型。无论视点角度朝向何方，索引圆内的字体应与图幅保持水平，详图号位置与图号位置不能颠倒。

案例

绘制立面索引符号图案

立面索引符号的具体绘制步骤如下。

STEP 01 调用"圆"命令（c），绘制一个半径为50mm的圆，如下图所示。

STEP 02 调用"多边形"命令（pol），绘制一个正四边形，AutoCAD命令提示如下：

```
命令: pol
输入边的数目 <5>: 4 ↙
指定正多边形的中心点或 [边（E）]:
（捕捉圆心为正多边形的中心点）
输入选项[内接于圆（I）/外切于圆（C）]<I>:c↙
指定圆的半径:@ 50<45 ↙
```

结果如下图所示。

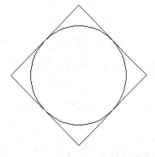

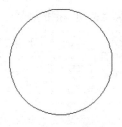

STEP 03 在命令行输入l并按空格键，调用直线命令，连接正方形的对角线，如下图所示。

STEP 04 在命令行输入tr并按空格键调用修剪命令，选择圆和竖直线为剪切边对图形进行修剪，如下图所示。

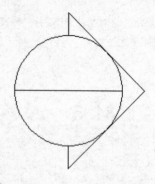

STEP 05 在命令行输入h并按空格键，调用填充命令，选择SOLID为填充图案，在需要填充的区域单击，填充结束后如下图所示。

STEP 06 在命令行输入dt调用单行文字命令，将文字高度设置为20，旋转角度设置为0，输入完成后，在空白处单击，然后按Esc键退出命令，结果如下图所示。

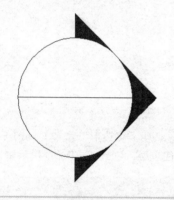

8.1.4 室内设计视图的符号

常用的视图符号有剖切符号、索引符号、详图符号和内视符号。

1. 剖切符号

剖面的剖切符号，应由剖切位置线及剖视方向线组成，均应以粗实线绘制。剖视方向线应垂直于剖切位置线，长度应短于剖切位置线。绘制时剖切符号不宜与图面上的图线相接触。

剖切符号的编号，宜采用阿拉伯数字，按顺序由左至右，由下至上连续编排，并应注写在剖视方向线的端部。需要转折的剖切位置线，在转折处如与其他图线发生混淆，应在转角的外侧加注与该符号相同的编号，如右图所示。

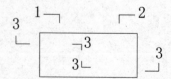

2. 索引及详图符号

索引及详图符号如下表所示，用细实线画出。如详图与被索引的图在同一张图纸内时，在上半圆中用阿拉伯数字注出该详图的编号，在下半圆中间画一段水平细实线；如详图与被索引的图不在同一张图纸内时，下半圆中用阿拉伯数字注出该详图所在的图纸编号；如索引出的详图采用标准图时，在圆的水平直径延长线上加注该标准图册编号；如索引的详图是剖面（或断面）详图时，索引符号在引出线的一侧加画一剖切位置线，引出线的一侧，表示投射方向。

表 索引及详图符号

名　称	符　号	说　明
详图的索引符号	⑤　详图的编号 　　　详图在本张图纸上 ─⑤　局部剖面详图的编号 　　　剖面详图在本张图纸上	详图在本张图纸上
	2/5　详图的编号 　　　详图所在图纸的编号 ─4/3　局部剖面详图的编号 　　　剖面详图所在图纸的编号	详图不在本张图纸上
	J106 3/4　标准图册的编号 　　　标准详图的编号 　　　详图所在图纸的编号	标准详图
详图符号	⑤　详图的编号	被索引的在本张图纸上
	5/3　详图的编号 　　　被索引的图纸编号	被索引的不在本张图纸上

3. 内视符号

　　在房屋建筑中，一个特定的室内空间领域总存在竖向分隔（隔断或墙体）来界定。因此，根据具体情况，就有可能绘制一个或多个立面图来表达隔断、墙体及家具、构配件的设计情况。内视符号标注在平面图中，包含视点位置、方向和编号三个信息，建立平面图和室内立面图之间的联系。内视符号的形式如下图所示。图中立面图编号可用英文字母或阿拉拍数字表示，黑色的箭头指向表示立面的方向。

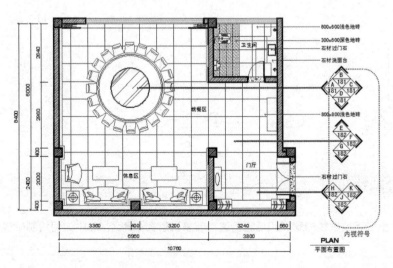

8.2 绘制定位轴线

确定建筑的开间或柱距，进深或跨度的线称为定位轴线。它是施工定位、放线的重要依据。

8.2.1 轴线绘制的规定

在建筑制图中，定位轴线有自身规定的画法及编号方法，具体规定如下。

● 定位轴线用细点划线表示，如下图所示。

● 为了看图和查阅的方便，定位轴线需要编号。横向编号采用阿拉伯数字，从左向右依次注写；纵向编号采用大写的拉丁字母，从下向上依次注写。为了避免和横向的阿拉伯数字1、0、2相混淆，纵向的编号不能用I、O、Z这3个拉丁字母，如下图所示。

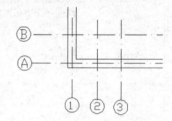

提示 tips 如果字母数量不够使用，可增用双字母或单字母加数字注脚，如AA、BA……YA或A1、B1……Y1。

● 如果一个详图同时适用于几根轴线时，应将各有关轴线的编号注明，如下图所示，（a）图表示用于两根轴线，（b）图表示用于三根以上的轴线，（c）图表示用于三根以上连续编号的轴线。

● 对于次要位置的确定，可以采用附加定位轴线的编号，编号用分数表示。分母表示前一轴线的编号，为阿拉伯数字或大写的拉丁字母；分子表示附加轴线的编号，一律用阿拉伯数字顺序编写，如下图所示，a图表示在3号轴线之后附加的第一根轴线；b图表示在B轴后附加的第三根轴线。

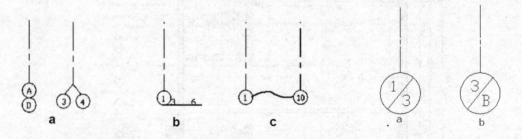

8.2.2 绘制轴线

上一节介绍了定位轴线的意义和规定，这一节来讲解在AutoCAD中如何绘制轴线，如何给轴线添加编号。

案例 case 绘制室内设计中的轴线符号

具体操作步骤如下。

STEP 01 输入（la）命令打开"图层管理器"，在弹出的"图层管理器"中新建图层，并设置各个图层的属性，包括图层名称、线型、颜色、线宽等，创建完成后双击轴线图层，将它置为当前层，如下图所示。

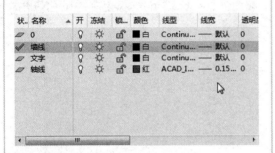

STEP 02 在命令行输入lt弹出线型管理器对话框，将全局比例因子设置为30，如下图所示。

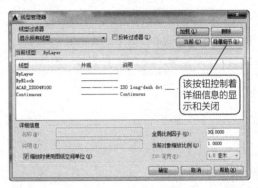

STEP 03 在命令行输入l并按空格键调用直线命令，以坐标原点为起点，绘制一条长度为8000的竖直线，如下图所示。

STEP 04 在命令行输入o并按空格键，调用偏移命令，复制垂直轴线，根据每间房间的开间（开间就是房间在垂直的宽度）来决定偏移的距离，如下图所示。

STEP 05 当竖直轴线绘制好之后，在命令行输入l并按空格键绘制一条水平轴线，轴线的起点为（-500,500），长度为14150，如下图所示。

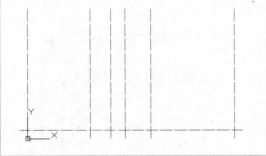

STEP 06 重复步骤4，将绘制好的水平轴线向上偏移，偏移距离如下图所示。

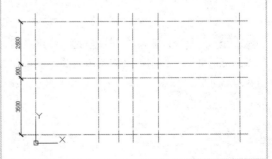

8.2.3 绘制轴线编号

轴线绘制完毕后，为了看图和查阅的方便，需要给定位轴线进行编号。

 案例 绘制轴线编号图案

Chapter08\绘制轴线编号

STEP 01 将文字层置为当前层，然后在命令行输入c，调用圆命令，以（0，-200）为圆心，绘制一个半径为200的圆，结果如下图所示。

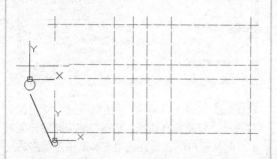

STEP 03 单击确定，然后捕捉圆心为插入点，如下图所示。

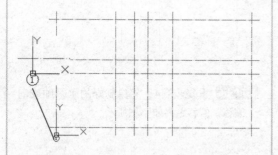

STEP 02 在命令行输入att并按空格键，调用属性定义对话框，并对对话框进行如下图所示的设置。

STEP 04 输入b并回车，弹出"块定义"对话框，单击"拾取点"按钮，然后捕捉圆心，选择"删除"选项，然后单击"选择对象"按钮，选择圆和文字创建图块，然后单击"确定"完成图块创建，如下图所示。

STEP 05 在命令行输入i并按空格键，弹出"插入"对话框，选择刚创建的图块为插入对象，如右图所示。

STEP 06 单击确定，然后指定合适的插入点，并根据提示输入编号，如下图所示。

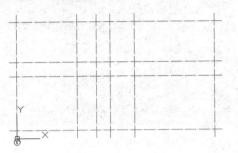

STEP 07 重复步骤5~6插入其他轴线的编号，结果如下图所示。

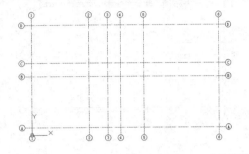

STEP 08 单击选中坐标系，然后按住坐标系的坐标原点，将坐标系移动到其他文字，如右图所示。

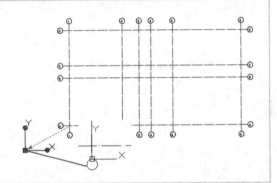

提示 tips 除了多次插入并根据提示输入不同编号来创建轴线编号外，还可以插入一次，然后通过复制命令将编号复制到其他轴线的相应位置，然后双击编号，在弹出的"增强属性编辑器"中对编号文字进行修改。

8.3 绘制墙体和柱子

墙体和柱子是建筑绘图和室内制图中必不可少的部分，前面介绍了如何绘制轴线，以及怎样给轴线添加编号，这一节以上一节绘制的轴线为开间来绘制墙体和柱子。

8.3.1 绘制墙线

这一节来绘制墙体，墙体的厚度为240mm。

案例 case 绘制标高符号图案

具体的绘制过程如下。

STEP 01 选择"墙体"图层将它置为当前层，在命令行输入ml并按空格键调用多线命令，命令行提示及操作如右所示：

```
命令: ml
当前设置: 对正 = 无，比例 = 20.00，样式 = STANDARD指定起点或 [对正 (J) /比例 (S) /样式 (ST)]: j ↙
输入对正类型 [上 (T) /无 (Z) /下
```

绘制完成后结果如下图所示。

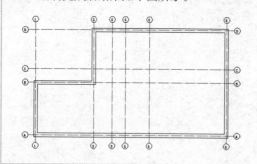

（B）] <无>: z　当前设置: 对正 = 无，比例 = 20.00，样式 = STANDARD

　　指定起点或 [对正（J）/比例（S）/样式（ST）]: s　　（设置比例，即多线的宽度）

　　输入多线比例 <20.00>: 240✓

　　当前设置: 对正 = 无，比例 = 240.00，样式 = STANDARD

　　指定起点或 [对正（J）/比例（S）/样式（ST）]:

　　（用鼠标捕捉轴线的交点开始绘制墙线）

STEP 02 重复步骤1继续绘制墙体，结果如右图所示。

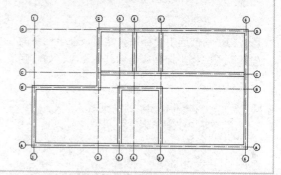

8.3.2 绘制柱子

　　墙体绘制完成后，来绘制柱子，柱子的平面图是400×400的实体截面，绘制柱子的方法有两种，一种是通过二维实体填充命令（solid/so）来绘制，另一种是通过绘制正方形，然后对正方形填充进行绘制。这里采用二维实体填充命令来绘制。

案例

绘制柱子图案

　　具体绘制如下。

STEP 01 在命令行输入so调用二维实体填充命令，命令提示如下：

命令: SOLID 指定第一点:　　（捕捉A点）
指定第二点: @0,-400✓
指定第三点: @400,400✓
指定第四点或 <退出>: @0,-400✓
指定第三点:

结果如下图所示。

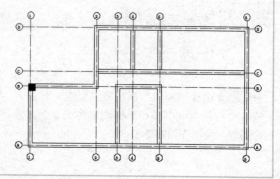

STEP 02 复制上步绘制的柱子，将它们复制到其他墙体的合适位置，最后效果如右图所示。

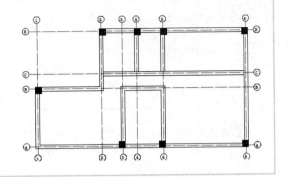

提示 tips 使用"二维实体填充"命令绘图时，指定点的顺序必须是"之"字形的，相同的四个点，指定的顺序不同，绘制的结果也是大不相同的。

8.4 绘制门窗

门窗为人提供进出的通道，起着通风采光、防火防盗的作用，是现代家居设计中不可或缺的部分，同时对现代家居设计也起着画龙点睛的作用。

8.4.1 室内设计中的门窗尺寸要求

一般住宅建筑中，窗的高度为1.5m，加上窗台高0.9m，则窗顶距楼面2.4m，还留有0.4m的结构高度。在公共建筑中，窗台高度由1.0m～1.8m不等，开向公共走道的窗扇，其底面高度不应低于2.0m，窗的高度则根据采光、通风、空间形象等要求来决定，但要注意过高窗户的刚度问题，必要时要加设横梁或"拼樘"。此外，窗台高低于0.8m时，应采取防护措施。

供人通行的门，高度一般不低于2m，但也不宜超过2.4m，否则有空洞感，门扇制作也需特别加强。如造型、通风、采光需要时，可在门上加腰窗，其高度从0.4m起，但也不宜过高。供车辆或设备通过的门，要根据具体情况决定，其高度宜较车辆或设备高出0.3m～0.5m，以免车辆因颠簸或设备需要垫滚筒搬运时碰撞门框。至于各类车辆通行的净空要求，要查阅相应的规范。

门的宽度根据不同用途宽度也不相同，具体见下表所示。

表 常见门的宽度尺寸

门的宽度（m）						
住宅				公共建筑		
户门	卧室门	厨房门	卫生间门	单扇门	双扇门	多扇门门扇宽度
0.9~1.0	0.8~0.9	0.8	0.7~0.8	1.0	1.2~1.8	0.6~1.0

8.4.2 绘制门的平面图例

门的种类很多，有单扇门、双扇门、弹簧门，推拉门等等，本节就具体来介绍这些门如何绘制。

1. 绘制单扇门

绘制单扇主要用到矩形、圆、分解和修剪等命令。

案例 case例 绘制单扇门图案

 Chapter08\单扇门.avi

单扇门的具体绘制步骤如下。

STEP 01 在命令行输入rec并按空格键调用矩形命令，绘制40mm×1000mm的矩形，如下图所示。

STEP 02 在命令行输入c并按空格键调用圆命令，捕捉矩形左下角点作为圆心点，绘制半径为1000mm的圆，如下图所示。

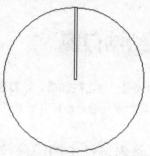

STEP 03 在命令行输入x并按空格键调用分解命令，选择绘制的矩形将它分解。

矩形顶端有一条多余的线

底部有一段圆弧没有修剪掉

STEP 04 在命令行输入tr并按空格键调用修剪命令，命令提示如下：

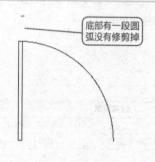

> 命令: TRIM 当前设置:投影=UCS, 边=无 选择剪切边...
>   选择对象或 <全部选择>:
>   （按空格键选择所有图形为剪切边）
>   选择要修剪的对象，或按住 Shift 键选择要延伸的对象，或
>   [栏选(F)/窗交(C)/投影(P)/边(E)/删除(R)/放弃(U)]: e✓
>   输入隐含边延伸模式 [延伸(E)/不延伸(N)] <不延伸>: e （设置修剪模式为延伸模式）
>   …… （对图形进行修剪，结果如左图所示）
>   选择要修剪的对象，或按住 Shift 键选择要延伸的对象，或[栏选(F)/窗交(C)/投影(P)/边(E)/删除(R)/放弃(U)]: r✓ （不退出命令，输入r对图形中没有修剪掉的多余元素进行删除）
>   选择要删除的对象或 <退出>:找到 1 个，总计 2 个
>   选择要删除的对象:
>   （按空格键，将多余的线段删除）
>   选择要修剪的对象，或按住 Shift 键选择要延伸的对象，或
>   [栏选(F)/窗交(C)/投影(P)/边(E)/删除(R)/放弃(U)]:   （按空格键结束命令）

修剪完成并将多余线段删除后，如下图所示。

提示 tips

本例绘制的单扇门是有门厚且完全打开时的形状。在实际设计过程中，有些需要半开，有些只需简单表示不需要门厚，有些还需要画出避门器、门框等细节。单扇门的各种表达形式如下图所示。

半开门	60 度开门	全开表示门厚	全开表示无门厚	全开有门框细节

提示 双扇门的绘制非常简单，先绘制相应尺寸的单扇门，然后将单扇门进行镜像即可，如下图所示。

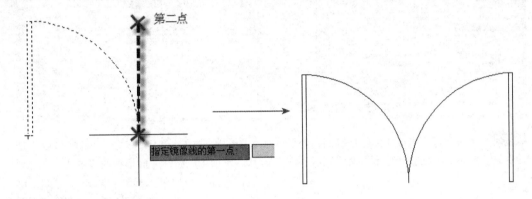

第二点

指定镜像线的第一点

2. 绘制弹簧门

弹簧门是在双开门的基础上通过镜像得到另一半，然后通过修剪将不需要的线删除，并将看不见的部分改为虚线线型即可。

案例 绘制弹簧门图案

Chapter08\绘制弹簧门图案.avi

STEP 01 打开原始文件，如下图所示。

STEP 02 在命令行输入mi并按空格键调用镜像命令，然后捕捉点a和点b作为镜像线上的两点，镜像后结果如下图所示。

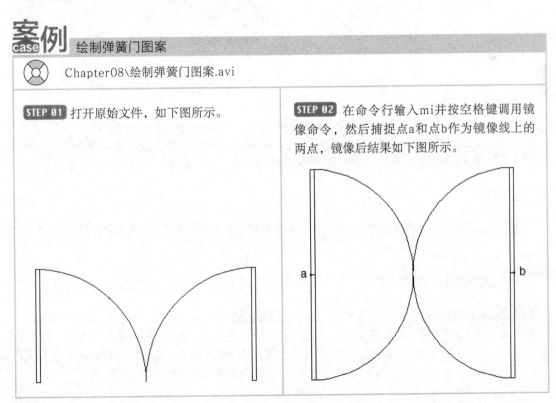

a　　　　　　　　　　　　　　　b

STEP 03 在命令行输入lt调用线型管理器对话框，单击"加载"按钮，弹出加载或重载对话框，如下图所示。

STEP 04 选择"ACAD_ISO002W100"单击确定按钮加载该线型，回到"线型管理器"对话框后将全局比例因子改为10，如下图所示。

STEP 05 在命令行输入tr并按空格键调用修剪命令，修剪镜像图像的矩形，结果如下图所示。

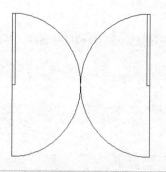

STEP 06 选中镜像后的对象，然后单击"默认"选项卡"特性"面板中的"线型"下拉列表，选择"ACAD_ISO002W100"，如下图所示，将该线型加载给选择图形，结果如下图所示。

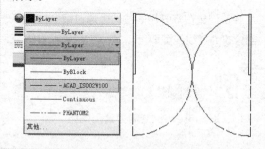

提示 tips
AutoCAD中除了在图形管理器中添加线型外，还可以通过线型管理器来加载线型，图层管理器中加载的线型直接加载到某个图层上，而线型管理中加载的线型是加载在整个绘图环境中，可以通过选择对象直接将对象的线型进行更改，但并不改变该对象的图层。

3. 绘制推拉门

除了单扇门、双扇门和弹簧门外，推拉门也非常常用，本节就来讲解如何绘制推拉门。

案例 case
绘制推拉门图案

STEP 01 调用"矩形"命令（rec），绘制900mm×35mm的矩形，如下图所示。

STEP 02 在命令行输入co并按空格键调用复制命令，选择上步绘制的矩形为复制对象，以矩形的左下端点为复制基点，以矩形的上边中点为复制的第二点，结果如下图所示。

STEP 03 在命令行输入pl并按空格键调用多段线命令，用多段线绘制指示门的推拉方向的箭头，命令行提示及操作如下：

> 命令: PLINE
> 指定起点:
> 当前线宽为 0.0000
> 指定下一个点或 [圆弧(A)/半宽(H)/长度(L)/放弃(U)/宽度(W)]: @200,0 ✓
> 指定下一点或 [圆弧(A)/闭合(C)/半宽(H)/长度(L)/放弃(U)/宽度(W)]: w ✓
> 指定起点宽度 <0.0000>: 15 ✓
> 指定端点宽度 <15.0000>: 0 ✓
> 指定下一点或 [圆弧(A)/闭合(C)/半宽(H)/长度(L)/放弃(U)/宽度(W)]: @100,0 ✓
> 指定下一点或 [圆弧(A)/闭合(C)/半宽(H)/长度(L)/放弃(U)/宽度(W)]: （按空格键结束命令）

结果如下图所示。

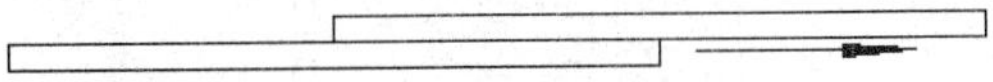

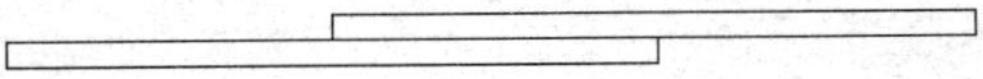

STEP 04 在命令行输入mi并按空格键调用镜像命令，将绘制的矩形和箭头对象进行镜像，结果如下图所示。

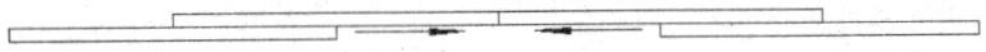

提示 tips AutoCAD中除了用多段线绘制箭头以外，还可以用"引线（qleader）"命令绘制，在命令行输入引线的快捷命令"le"，然后根据提示选择引线的起点和端点，当命令行提示指定文字时，按Esc键退出即可。当命令行提示指定第一个引线点时，输入"s"并按空格键，在弹出的"引线设置"对话框中可以对引线进行设置。相对来说，用"引线"创建箭头要比"多段线"更简单。

除了"引线"命令可以绘制箭头外，"多重引线（mld）"命令也可以创建箭头，方法和"引线"类似。

4. 绘制门的立面图

在不同的视图中门的表达方式也不相同，接下来介绍如何绘制门的立面图。

案例 case 绘制门立面图图案

STEP 01 在命令行输入ml并按空格键调用多线命令绘制门的外框，命令提示如下：

> 命令: MLINE
> 当前设置: 对正 = 上，比例 = 20.00，样式 = STANDARD
> 指定起点或 [对正(J)/比例(S)/样式(ST)]: s ✓
> 输入多线比例 <20.00>: 50 ✓
> 当前设置: 对正 = 上，比例 = 50.00，样式 = STANDARD
> 指定起点或 [对正(J)/比例(S)/样式(ST)]:
>   (任意单击一点作为多线的起点)
> 指定下一点: @0,1800 ✓
> 指定下一点或 [放弃(U)]: @1100,0 ✓
> 指定下一点或 [闭合(C)/放弃(U)]: @0,-1800 ✓
> 指定下一点或 [闭合(C)/放弃(U)]:
>   (按空格键结束命令)

结果如下图所示。

STEP 02 在命令行输入l并按空格键调用直线命令，绘制一条水平直线作为地平线，如下图所示。

STEP 03 在命令行输入rec并按空格键调用矩形命令，命令行提示及操作如下：

命令: RECTANG
指定第一个角点或 [倒角(C)/标高(E)/圆角(F)/厚度(T)/宽度(W)]: fro 基点:
（捕捉图中的端点）
<偏移>: @100,−110 ✓
指定另一个角点或 [面积(A)/尺寸(D)/旋转(R)]: @800,−300 ✓

结果如下图所示。

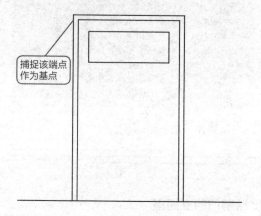

捕捉该端点作为基点

STEP 04 单击"默认"选项卡"修改"面板中的"矩形阵列"按钮，然后选择上步绘制的矩形为阵列对象，按空格键确定选择后在弹出的阵列创建选项卡下进行如右图所示的设置。

列数:	1	行数:	4
介于:	1200	介于:	−410
总计:	1200	总计:	1350
列		行 ▼	

STEP 05 设置完成后单击"关闭"按钮，将阵列创建选项卡关闭，结果如下图所示。

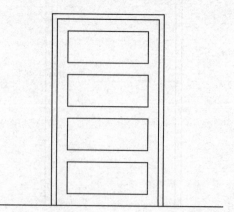

STEP 06 在命令行输入l并按空格键调用直线命令，绘制两条直线，如下图所示。

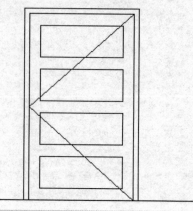

8.4.3 室内设计中窗户的设计要求

住宅卧室、起居、厨房等房间窗地面积比值应不小于1/7，楼梯间的窗地比应大于等于1/12。卫生间的通风开口面积不应小于该房间地板面积的1/20；厨房的通风开口面积不应小于该房间地板面积的1/10，并不得小于0.6m²。

考虑到开关窗时，人在保持身体平衡的前提下，探身并伸开手臂的有效作用范围，凸窗窗台宽度不宜超过700mm。当窗台较宽且选用平开窗需要探身开关窗时，其高度不宜设定在400mm～450mm范围内，因为该高度的窗台正好卡在膝关节处，起不到支撑身体的作用，探身开关窗易使人跌跪于窗台上，会发生危险。

当住宅建筑的窗台低于900mm时要采用护栏或者在窗下部设相当于护栏高度的固定窗，作为防护措施以确保居住者的安全。平开窗的开启扇，其净宽不宜大于0.6m，净高不宜大于1.4m；推拉窗的开启扇，其净宽不宜大于0.9m，净高不宜大于1.5m。厅卧窗上沿距楼地面高度宜为2300mm或以上；未设阳台的起居厅大窗开启扇最少有两扇，以便于空调室外机安装。同一立面上不同房间的窗，其形式要能够形成一定的节奏、韵律。

下图列出了各种窗在图中的表现形式。

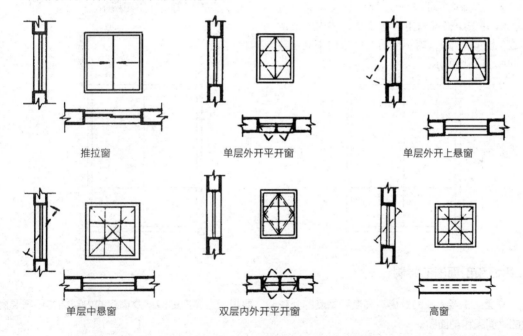

| 推拉窗 | 单层外开平开窗 | 单层外开上悬窗 |
| 单层中悬窗 | 双层内外开平开窗 | 高窗 |

8.4.4 绘制窗户的三视图

窗户的种类虽然很多，但是绘制的方法大致都差不多，这节以推拉窗的三视图为例来介绍窗户的绘制。

1. 绘制窗户的立面图

推拉窗的立面图很简单，主要用矩形、偏移等命令来绘制，具体绘制方法如下。

案例 CASE 绘制窗户的立面图案

STEP 01 在命令行输入rec并按空格键，调用矩形命令，以坐标原点为第一个角点，绘制一个1200×1500的矩形，如下图所示。

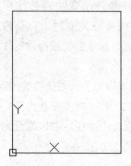

STEP 02 在命令行输入o并按空格键调用偏移命令，将矩形向内侧偏移50，如下图所示。

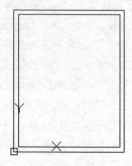

STEP 03 在命令行输入x并按空格键调用分解命令，选择内部的矩形进行分解。在命令行输入o并按空格键调用偏移命令，将内矩形的底向上偏移400，内矩形的左侧边向中间偏移550，如下图所示。

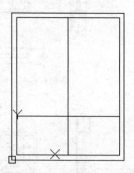

STEP 04 在命令行输入tr并按空格键调用修剪命令，图形修剪后如下图所示。

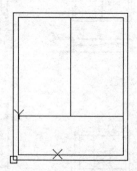

2. 平面和剖面图的绘制

立面图主要反映的是窗户高度和宽度的外轮廓，要想知道窗户的厚度及窗户的内部结构还需要窗户的平面图和剖面图。

案例 CASE 绘制窗户的平面和剖面图案

STEP 01 在命令行中输入l命令并按回车键调用直线命令，绘制一个300mm、250mm、300mm的窗垛，选中绘制的窗垛，单击"默认"选项卡"图层"面板中的"线宽"下拉列表，选择线宽0.3mm，如下图所示。

STEP 02 将线宽更改后，结果如下图所示。

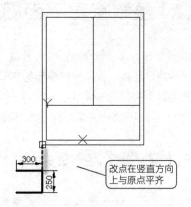

STEP 03 在命令行输入l并按空格键，绘制一条长1200的水平直线，如下图所示。

STEP 04 在命令行输入o并按空格键，将上步绘制的直线分别向下偏移100、150、250，结果如下图所示。

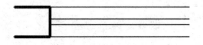

STEP 05 在命令行输入mi并按空格键调用镜像命令，选择窗垛为镜像对象，以水平直线的两个中点之间的连线为镜像线上的两点进行镜像，如下图所示。

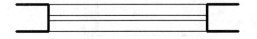

STEP 06 复制一上步完成后的整个窗户平面图，在命令行输入s并按空格键调用拉伸命令，从右向左用交叉窗口选择要拉伸的部分，如下图所示。

STEP 07 并按住端点向右拉伸300，结果如下图所示。

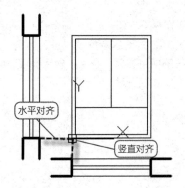

STEP 08 在命令行输入ro并按空格键调用旋转命令，将拉伸后的窗户平面图旋转90°作为剖面图，然后在命令行输入m并按空格键调用移动命令，将剖面图移动合适的位置（注意视图的对应关系，如图中的虚线所示），结果如下图所示。

提示 tips 绘制三视图要注意视图之间的对应关系，即主视图和左右视图等高，主视图（就是这里的立面图）和俯视图（就是这里的平面图）等长。
AutoCAD中改变线宽后，需要单击状态栏的"＋（显示/隐藏线宽）"按钮，将线宽显示才能看到线宽。

8.5 绘制家具平面图

家具设计充斥着整个室内设计领域，成为整个室内空间环境功能的主要构成要素和体现者。在室内设计中占的比重很大，一般使用的房间，家具占总面积的35%~40%，在家庭住宅的小居室中，可达到房间面积的55%~60%。

家具设计是在室内空间的墙、地、顶棚确定后，或在界面的装修过程中完成，如床、沙发、衣柜等。

8.5.1 绘制双人床家具

床是卧室家具的最主要成员，是睡卧、休息的主要工具。一般单人床的尺寸为1000mm×2000mm或1200mm×2000mm，而双人床为1500mm×2000mm或1800mm×2000mm。

绘制双人床图例时，先绘制出床的外轮廓，然后绘制被子，一般来说被子会被掀起一个角。

案例 绘制双人床家具图案

Chapter08\双人床家具.avi

STEP 01 在命令行输入rec命令，绘制一个1500mm×2000mm的矩形作为床的外轮廓，如下图所示。

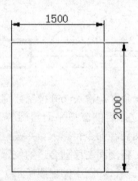

STEP 02 输入x调用命令将矩形分解。输入o将矩形顶边向下偏移50、485、775其他三条边分别偏移25，结果如下图所示。

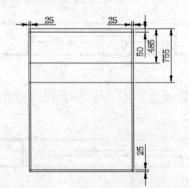

STEP 03 在命令行输入f调用圆角命令，设置圆角半径为35，对偏移后的线段进行圆角，在中间段的被子使用圆角命令时，输入t，选择"不修剪"，如右图所示。

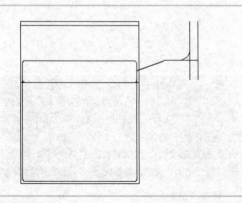

STEP 04 在命令行输入tr调用修剪命令，将上步中未修剪的圆角部位进行修剪，结果如下图所示。

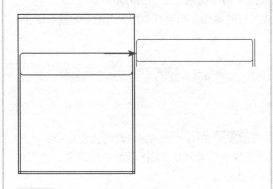

STEP 05 在命令行输入l调用直线命令绘制被子的反角，反角的位置及大小不做明确规定，绘制完成后结果如下图所示。

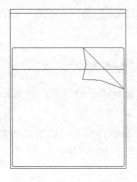

STEP 06 在命令行输入tr调用修剪命令，把反角遮住的部分修剪掉，结果如下图所示。

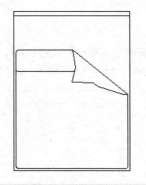

STEP 07 在命令行输入sketch并按空格键调用"草图"命令，将枕头绘制出来，如下图所示。

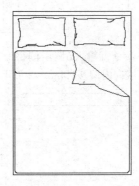

提示 tips 使用草图命令时单击鼠标左键开始，松开左键，移动鼠标进行绘制，再次单击左键为结束，当图形满意时按空格键确定生成该图形，重画按Esc键。

8.5.2 绘制沙发家具

国际上对沙发尺寸的定义是宽×深×高，单位为mm。

1. 宽度

宽度是指两个扶手外围之间的最大距离，用公式可表示为：宽度=座宽+扶手宽度×2。
沙发的单人、二人、三人就是根据宽度和座宽来决定的。

2. 深度

深度是指包括靠背在内的沙发前后的最大距离，而座深是指除靠背外的深度。深度用公式可表示为：深度=座深+后靠的厚度。

一般沙发的深度在750~1000，座深在550~700。

3. 高度

高度是指沙发从地面到沙发最高处的距离，而座高是指地面到座位表面的距离。

欧美大款沙发的座高在430~470之间，亚洲人身材的原因，高度在400~450之间就可以了。

案例 绘制双人沙发图案

 Chapter08\绘制双人沙发.avi

STEP 01 在命令行输入pl调用多段线命令绘制沙发的外轮廓，如下图所示。

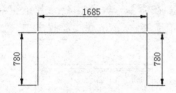

STEP 02 在命令行输入f调用圆角命令，设置圆角半径为300，对多段线进行圆角，结果如下图所示。

STEP 03 在命令行输入o调用偏移命令，将圆角后的多段线向内偏移135mm，如下图所示。

STEP 04 在命令行输入调用直线命令，捕捉多段线的端点绘制直线，将图形封闭，如下图所示。

STEP 05 在命令行输入f调用圆角命令，设置圆角半径为50，对扶手进行圆角，如右图所示。

STEP 06 在命令行输入a并调用圆弧命令，命令提示如下：

```
命令: ARC
  指定圆弧的起点或 [圆心(C)]: （捕捉A点）
  指定圆弧的第二个点或 [圆心(C)/端点(E)]: e↙
  指定圆弧的端点:           （捕捉B点）
  指定圆弧的圆心或 [角度(A)/方向(D)/半径(R)]: r↙
  指定圆弧的半径: 350↙
命令: ARC
  指定圆弧的起点或 [圆心(C)]: （捕捉C点）
```

```
  指定圆弧的第二个点或 [圆心(C)/端点(E)]: e↙
  指定圆弧的端点:           （捕捉D点）
  指定圆弧的圆心或 [角度(A)/方向(D)/半径(R)]: r↙
  指定圆弧的半径: 250↙
命令: ARC
  指定圆弧的起点或 [圆心(C)]: （捕捉E点）
  指定圆弧的第二个点或 [圆心(C)/端点(E)]: e↙
  指定圆弧的端点:           （捕捉F点）
  指定圆弧的圆心或 [角度(A)/方向(D)/半径(R)]: r↙
  指定圆弧的半径: 500↙
```

结果如右图所示。

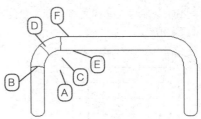

STEP 07 在命令行输入mi调用镜像命令，将上步绘制的三条圆弧沿靠背的中心线进行镜像，结果如下图所示。

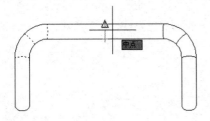

STEP 09 单击"默认"选项卡"修改"面板中的"矩形阵列"按钮，将绘制的水平直线进行矩形阵列，在弹出的"创建阵列"选项卡上进行如下图所示的设置。

列数:	1	行数:	4
介于:	2122.5	介于:	150
总计:	2122.5	总计:	450
列		行	

STEP 11 重复步骤9，将竖直线向两侧阵列，阵列的间距为150，结果如下图所示。

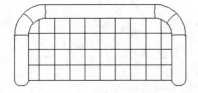

STEP 08 在命令行输入l调用直线命令，在沙发的扶手内侧捕捉两个端点绘制一条水平直线，然后在捕捉直线的中点和内侧靠背的中点绘制一条竖直直线，结果如下图所示。

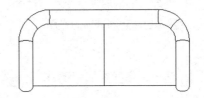

STEP 10 结果如下图所示。

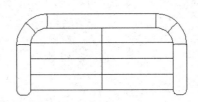

STEP 12 选择"格式>点样式"菜单命令，弹出"点样式"对话框，选择"⊠"样式的点，设置点大小为5%，如下图所示。

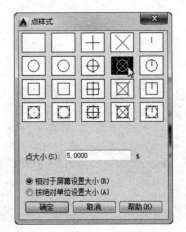

199

STEP 13 在命令行输入po调用点命令，绘制一个点，如下图所示。

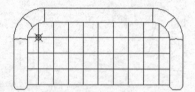

STEP 14 重复步骤10，将绘制的点进行阵列，结果如下图所示。

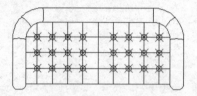

8.5.3 绘制座椅家具

人的一生有30%的时间是坐着度过的，可见椅子对人生活的重要性，不仅如此，一把漂亮时尚的椅子，对室内也能起到装饰的作用。

案例 绘制座椅图案

Chapter08\坐椅.avi

STEP 01 在命令行输入c调用圆命令，绘制一个半径为320的圆，如下图所示。

提示 设计座椅时首先要考虑使用空间，比如体育馆的座椅、电影院的座椅和办公室的座椅、家里待客的座椅就完全不同。但无论哪种，都要尽量严格按照人机工程学的要求，遵循设计要点进行设计，具有重要的现实意义。比如对电脑座椅的设计来说，坐姿H点、眼椭圆、膝部包络线和胃部包络线的设计，都是在设计过程中要随时关注的人机工程学的设计要点。

STEP 02 在命令行输入xl调用构造线命令，命令提示如下：

```
命令: XLINE
指定点或 [水平(H)/垂直(V)/角度(A)/二等
分(B)/偏移(O)]: a↙
输入构造线的角度 (0) 或 [参照(R)]: 45↙
指定通过点:      (捕捉圆心并单击选取)
指定通过点:      (按空格键结束命令)
命令: XLINE
指定点或 [水平(H)/垂直(V)/角度(A)/二等
分(B)/偏移(O)]: a↙
输入构造线的角度 (0) 或 [参照(R)]: -45↙
指定通过点:
(捕捉圆心或上步绘制的构造线的中点并单
击选取)
指定通过点:      (按空格键结束命令)
```

结果如下图所示。

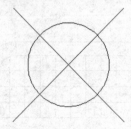

STEP 03 在命令行输入o调用偏移命令，将圆向外侧分别偏移60和105，将构造线像两侧分别偏移25，结果如下图所示。

STEP 04 在命令输入tr调用修剪命令，对座椅进行修剪，最后结果如下图所示。

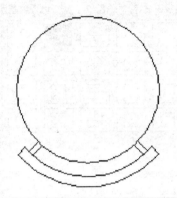

8.6 绘制厨卫类平面施工图

在绘制室内设计图纸时，最常用到的厨卫设备平面图例主要有洗盆、炉灶、浴缸和马桶等图例，本节将介绍这些常用图例的绘制方法。

8.6.1 绘制燃气灶平面图

燃气灶又叫炉盘，按气源讲，燃气灶主要分为液化气灶、煤气灶、天然气灶。按灶眼讲，分为单灶、双灶和多眼灶。按结构分燃气灶又可分为台式灶和嵌入式灶。

案例 case例　绘制燃气灶剖面图案

 Chapter08\绘制燃气灶剖面图案.avi

STEP 01 在命令行输入rec调用矩形命令，绘制一个740×450圆角半径为40的矩形，命令提示如右，结果如下图所示。

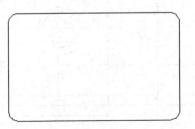

```
命令：_rec
指定第一个角点或 [倒角（C）/标高（E）/
圆角（F）/厚度（T）/宽度（W）]：f✓
指定矩形的圆角半径 <0.0000>：40 ✓
（输入圆角半径）
指定第一个角点或 [倒角（C）/标高（E）/
圆角（F）/厚度（T）/宽度（W）]：
（在绘图区域任意拾取一点）
指定另一个角点或 [面积（A）/尺寸（D）/
旋转（R）]：@740,450✓
（输入另外一个角点的相对坐标）
```

STEP 02 选择"格式>点样式"菜单命令，选择如下图所示的点样式。

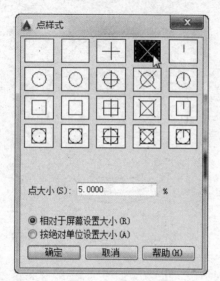

STEP 03 在命令行输入x调用分解命令，将矩形分解。然后在名利行输入div调用等分点命令，将圆角矩形长边进行4等分，宽边进行3等分，结果如下图所示。

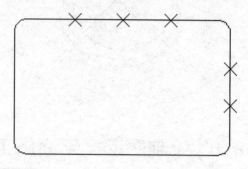

STEP 04 在命令行输入l调用直线命令，绘制三条竖直线两条水平线，这些线都通过等分点，结果如下图所示。

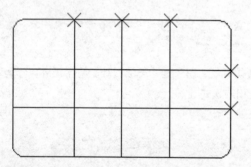

STEP 05 过水平直线与垂直直线的交点绘制几个同心圆作为灶口，结果如下图所示。

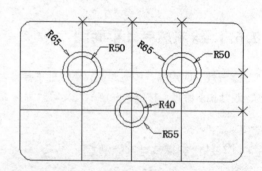

STEP 06 在命令行输入o调用偏移命令，将矩形内第二条水平直线向下偏移100mm和131mm，偏移结果如下图所示。

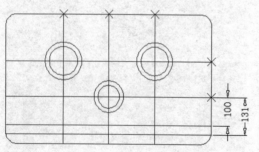

STEP 07 在命令行输入c调用圆命令，绘制三个半径为20的圆，如下图所示。

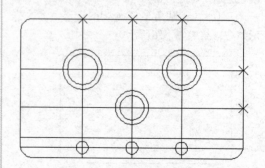

STEP 08 圆内使用"圆心"绘制椭圆的方法绘制一个椭圆作为开关上的把手，绘制好后平移复制到炉具上相应的位置，命令行提示及操作如下：

命令: ELLIPSE
指定椭圆的轴端点或 [圆弧(A)/中心点(C)]: c↵
指定椭圆的中心点：　（捕捉圆心）
指定轴的端点：　（捕捉圆与竖直线的交点）
指定另一条半轴长度或 [旋转(R)]: 8↵
......
　　（重复上述步骤绘制另外两个椭圆）

结果如下图所示。

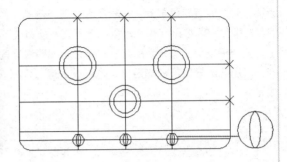

STEP 09 在命令行输入o调用偏移命令，将大圆向外偏移15，小圆向内偏移15，如下图所示。

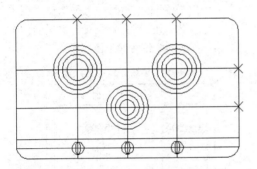

STEP 10 在命令行输入tr把多余的线修剪掉，如下图所示。

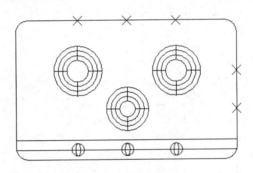

STEP 11 把剩余的点、直线和第9步中偏移的圆删除掉，然后选中燃气灶支架的投影线，单击"默认"选项卡"特性"面板中的"线宽"下拉列表，选择0.3mm线宽，如下图所示。

STEP 12 修改后结果如下图所示。

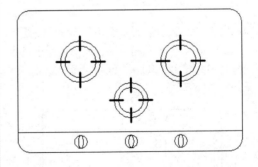

提示 等分点是节点，因此在绘制直线前，首先将"对象捕捉"模式设置为"节点"，另外绘制的直线和矩形的边垂直，因此捕捉模式也要选择上"垂足"。

8.6.2 绘制洗手盆平面图

不论什么格局的厨房，清洗中心的水槽以及各个操作台面的最佳宽度为800mm。同时厨房的洗涤槽不应太靠近转角布置，一般在厨房洗涤槽的一侧保留最小的案台空间为400mm，而另一侧保留的最小案台空间为61mm。水槽的下面最好放置洗碗机和垃圾桶。

洗涤槽按材质可分为陶瓷洗涤槽、玻璃钢洗涤槽、不锈钢洗涤槽、钢板搪瓷洗涤槽、人造石洗涤槽。家用洗涤槽以不锈钢最多，本例就是通过CAD绘图命令绘制不锈钢洗涤槽平面图，具体操作步骤如下。

案例 绘制洗手盆图案

 Chapter08\绘制洗手盆图案.avi

STEP 01 在命令行输入rec调用矩形命令，绘制三个圆角半径为30的矩形，各角点的坐标如下图所示。

STEP 02 在命令行输入c调用圆命令，绘制三个半径为20的圆（上侧同一水平的三个圆）和两个半径为25的圆（下侧同一水平的两个圆），各圆的圆心位置如下图所示。

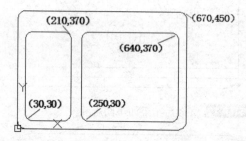

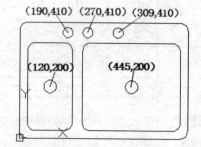

STEP 03 在命令行输入rec调用矩形命令，绘制一个20mm×130mm的矩形，矩形的两个角点坐标分别为（320,410）和（340,280），结果如下图所示。

STEP 04 选中绘制的矩形，按住夹点拖动鼠标，将绘制的矩形向左右各拉伸12.5，结果如下图所示。

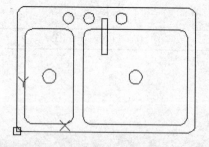

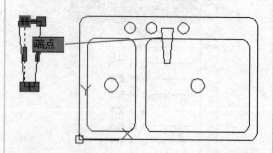

STEP 05 在命令行输入f调用圆角命令，对拉伸后的图形进行圆角，圆角半径为20，结果如下图所示。

STEP 06 在命令行输入ro调用旋转命令，捕捉左侧圆弧的圆心为旋转基点，将水龙头的旋钮旋转30°，如下图所示。

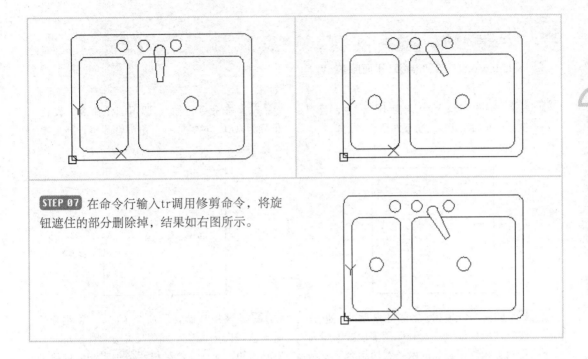

STEP 07 在命令行输入tr调用修剪命令，将旋钮遮住的部分删除掉，结果如右图所示。

8.6.3 绘制淋浴房平面图

现代家居对卫浴设施的要求越来越高，许多家庭都希望有一个独立的洗浴空间，但由于居室卫生空间有限，只能把洗浴设施与卫生洁具置于一室。淋浴房充分利用室内一角，用围栏将淋浴范围清晰地划分出来，形成相对独立的洗浴空间，如下图所示。

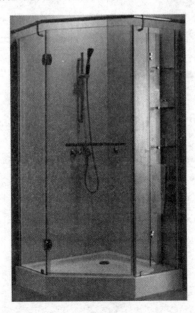

淋浴房的主要优点是节省空间，防止水溅到地面上，保持地面干净清洁，淋浴房除了本身功能外，还是一个很好的装饰品。

案例 case 绘制淋浴房平面图案

 Chapter08\绘制淋浴房平面图案.avi

STEP 01 在命令行输入rec调用矩形命令，绘制一个900×900的矩形，如下图所示。

STEP 02 在命令行输入f调用圆角命令，设置半径为700，对矩形右上角进行圆角，结果如下图所示。

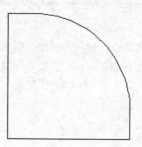

STEP 03 在命令行输入x将倒圆角后的图形分解，然后在命令行中输入pe调用多段线编辑命令，将圆弧和连接圆弧的两条线段组合为一条多段线，命令行提示及操作如下：

```
命令: pedit
选择多段线或 [多条（M）]: m↵
选择对象: 找到 3 个，总计 3 个
选择对象: 是否将直线、圆弧和样条曲线转
换为多段线? [是（Y）/否（N）]? <Y> y↵
输入选项 [闭合（C）/打开（O）/合并
（J）/宽度（W）/拟合（F）/样条曲线（S）/
非曲线化（D）/线型生成（L）
/反转（R）/放弃（U）]: j↵
合并类型 = 延伸  输入模糊距离或 [合并
类型（J）] <0.00>: 多段线已增加 2 条线段
输入选项 [闭合（C）/打开（O）/合并
（J）/宽度（W）/拟合（F）/样条曲线（S）/
非曲线化（D）/线型生成（L）
/反转（R）/放弃（U）]:
```

STEP 04 调用"偏移"命令（o），将组合后的多段线向内偏移，偏移尺寸分别为30mm、36mm和71mm，然后将两条垂直线向内侧偏移70，结果如下图所示。

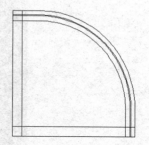

STEP 05 在命令行输入c调用圆命令，捕捉图形左下角端点为圆心绘制一个半径为300mm的圆，如右图所示。

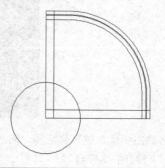

STEP 06 在命令行输入tr对图形进行修剪，结果如下图所示。

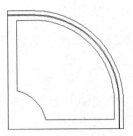

STEP 07 选择"格式>点样式"菜单命令，在弹出的"点样式"对话框中将点样式设置为"×"。然后在命令行输入div调用定距等分命令，将圆弧进行4等分，如下图所示。

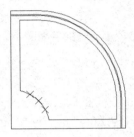

STEP 08 在命令行输入ray并按空格键调用射线命令，绘制五条射线，射线的起点为垂直线的交点，然后分别通过各个等分点和圆弧的两个端点，结果如下图所示。

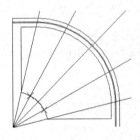

STEP 09 在命令行输入o调用偏移命令，将圆弧向内侧偏移200，将等分点删除后如下图所示。

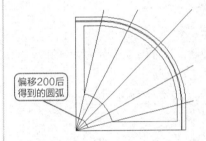

偏移200后得到的圆弧

STEP 10 在命令行输入f调用圆角命令，设置圆角半径为50，对图形进行圆角，如下图所示。

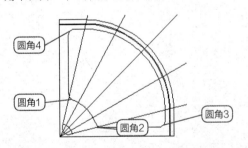

圆角4
圆角1
圆角2
圆角3

STEP 11 在命令行输入tr调用修剪命令，对图形进行修剪，并将等分点删除后如下图所示。

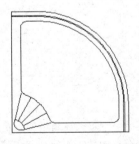

STEP 12 在命令行输入br并按空格键调用打断命令，对图形中的线进行打断，结果如右图所示。

提示 tips 圆角时注意先对圆角1和圆角2进行圆角，再对圆角3和圆角4进行圆角。第12步也可以通过改变线型和线型比例将实线转变成虚线。

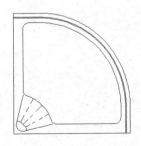

8.6.4 绘制座便器平面图

座便器又称马桶，是卫生间的必备器具，马桶主要由水箱、马桶前端和冲水手柄组成，这里以连体马桶为例来介绍马桶的画法。

 案例 绘制座便器的平面图案

Chapter08\绘制座便器.avi

STEP 01 在命令行输入rec绘制一个角点在原点，圆角半径为50的480mm×220mm的矩形，如下图所示。

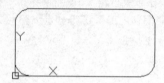

STEP 02 在命令行输入o调用偏移命令，将上步绘制的矩形向内侧偏移35，如下图所示。

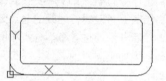

STEP 03 在命令行输入c调用圆命令，以（240，-230）为圆心，绘制一个半径为180的圆，结果如下图所示。

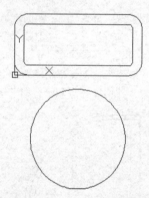

STEP 04 在命令行输入el调用椭圆命令，以圆心为椭圆中心绘制一个椭圆，椭圆的长轴和短轴如下图所示。

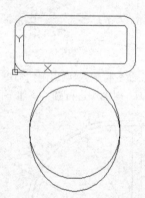

STEP 05 在命令行输入tr调用修剪命令，将椭圆的上半部分和圆的下半部分修剪掉，结果如右图所示。

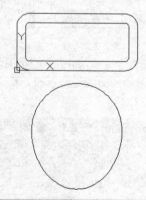

STEP 06 单击"默认"中的"绘图"的"圆"中的"相切、相切、半径"按钮，绘制两个与圆和圆角相切，半径为400的圆，如下图所示。

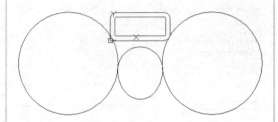

STEP 08 在命令行输入c调用圆命令，绘制两个半径为7.5的圆，作为马桶盖的安装孔，圆心位置如下图所示。

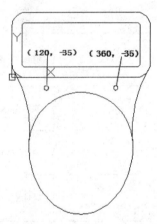

STEP 07 在命令行输入tr调用修剪命令，对图形进行修剪，结果如下图所示。

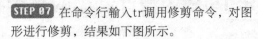

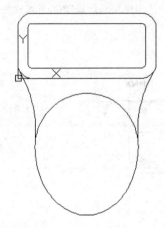

STEP 09 在命令行输入rec调用矩形命令，绘制两个40×25和30×25的矩形作为冲水开关，具体位置如图所示。

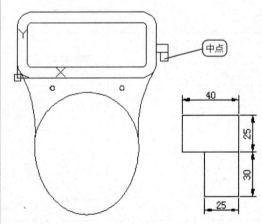

STEP 10 在命令行输入tr调用修剪命令，对绘制的矩形进行修剪，修剪完成后结果如右图所示。

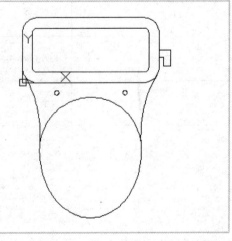

8.7 室内设计制图的常用材料图案

　　室内设计中经常应用规定的图案来表示材料。为了方便读者，现将常用的材料图案汇集，见下表所示。

表 常用建筑与室内材料图例

图　例	名　称	图　例	名　称
	自然土壤		素土夯实
	砂、灰土及粉刷		空心砖
	砖砌体		多孔材料
	金属材料		石材
	防水材料		塑料
	石砖、瓷砖		夹板
	钢筋混凝土		镜面、玻璃
	混凝土		软质吸音层
	砖		硬质吸音层
	钢、金属		硬隔层
	基层龙骨		陶质类
	细木工板、夹芯板		石膏板
	实木		层积塑材

在室内装潢设计中，好的室内平面配置图是优秀设计图中非常重要的一部分。可以说，一个好的室内设计师，没有很好的配置经验，不可能将室内装潢设计得很好。绘图能力仅仅考验的是设计师对软件的熟练运用程度。

本章讲解如何根据不同室内区域来进行相应的配置。

Chapter

09

客厅、卧室装潢
设计的配置技巧

9.1 客厅的设计和布置

客厅是专门接待客人的地方，现行的设计中，往往把客厅和起居室混为一体，也就是说，大部分人的客厅，是兼具接待客人和日常生活起居作用的。客厅，往往最显示一个人的个性和品位。在家居装潢中，人们越来越重视对客厅的打扮。

9.1.1 客厅设计的基本要素

一般来说，客厅设计有以下几个要素。

1. 空间要素

客厅要求空间宽敞化和最高化。宽敞化可以给人带来轻松愉快的心情。客厅是家居中最主要的公共活动空间，不管是否做人工吊顶，都必须确保空间的高度，这个高度是指客厅应是家居中空间净高最高者（楼梯间除外）。这种最高化包括使用各种视错觉处理。

2. 家具选择与布置

客厅的布置可将重点放在家具的选择、电视背景墙与壁柜的布置上。

沙发是客厅中用来日常休息、闲谈及会客的家具，它占据了一个很重要的地位。根据客厅的大小选择沙发的款式、大小、颜色，在沙发对面的墙壁上可以做一种重点装饰，如文化墙，照片墙等等，沙发的布置以及装饰品的布置如下图所示。

壁柜可以与电视等娱乐家电融合在一起，如果空间较大，可以单独设计电视背景墙，一般家庭会把客厅当成影视娱乐中心，所以电视等娱乐设施一般摆放在客厅最瞩目的位置，电视及背景墙的设计如下图所示。

　　组合柜也是客厅的重要家具之一，空间较大的客厅适合用比较高和宽的柜子，而小客厅则适宜用矮小的柜子，因为大客厅用小柜子就会显得虚疏空洞，而小客厅用大柜子则会感觉压迫拥挤。

　　在平面空间和立面空间上客厅的家具有疏散和组合空间的作用，所以每种家具也有了明确的空间意义，如活动集中、通道疏导、空间缓冲、空间界限等等，家具的布置如下图所示。

3. 照明

　　客厅对照明的照度要求不高，但整个环境应该比较明亮。专家建议，客厅中一般照度取200Lx～300Lx就比较合适，但最好有所变化，比如看电视时，有30Lx～50Lx就够了。

　　传统客厅中，落地灯总是用于在不同的地方进行局部照明，这种风格使人感到自在和轻松，也以光区的明暗界定了不同的活动区域，并打破了明亮房间的整体耀眼感。而现在的客厅则采用造型美观的多灯花式吊灯来做一般照明，厅的面积较大时，便在房间顶上四周再增加一些筒灯或在顶四周设置一圈暗槽灯，或墙壁上安装一些壁灯。另外，为了令客厅光线更柔和均匀，不妨在客厅全部采用间接照明方式，即在顶部四周或两个边做成暗槽，槽内放荧光灯（由于光源和灯具设置在暗槽内，故灯具不必追求美观，直接用普通简易荧光灯即可），光通过顶部或墙壁漫反射到厅内。在采用间接照明时，平顶、墙壁最好用光洁而漫反射系数较高的白色青面材料。客厅的灯具布置如下图所示。

4.装修材质

在客厅装修中，必须确保所采用的装修材质，尤其是地面材质能适用于绝大部分或者全部家庭成员。如家庭有老人和小孩的，不宜采用太光滑的瓷砖。性情淡雅的人不宜采用夸张的壁纸等等。

5.交通

客厅的布局应是最为顺畅的，无论是那种风格样式的客厅，都应确保进入客厅或通过客厅的顺畅。

9.1.2 客厅家具布置与人体尺度的搭配关系

客厅除了整体布局方案外，还应根据人体尺度选择和布置家具，下表是沙发与人体尺度之间的关系。

表 沙发与人体尺度之间的关系

沙发布置情况	图 例	
双人沙发	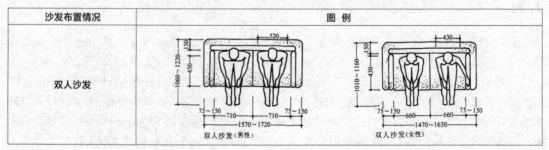	

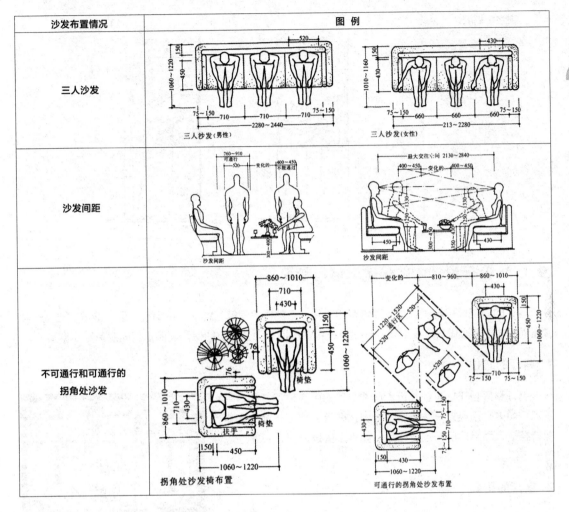

沙发布置情况	图　例
三人沙发	三人沙发（男性）　三人沙发（女性）
沙发间距	沙发间距　沙发间距
不可通行和可通行的拐角处沙发	拐角处沙发椅布置　可通行的拐角处沙发布置

下表是壁柜与人体尺度的关系。

表　壁柜与人体尺度之间的关系

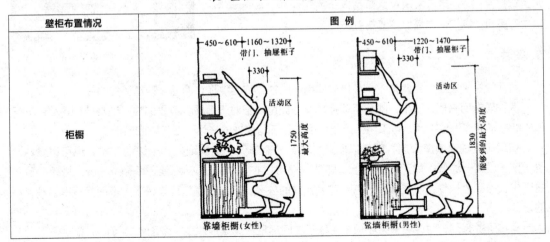

壁柜布置情况	图　例
柜橱	靠墙柜橱（女性）　靠墙柜橱（男性）

215

壁柜布置情况	图 例
酒柜	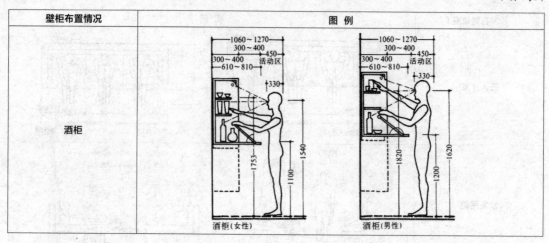 酒柜(女性)　　酒柜(男性)

9.1.3 客厅设计中的传统风俗与禁忌

国人的传统风俗与禁忌是一种特有的文化，虽然很多理解与科学并不相符，但只能把它当做一种文化而不能把它当做科学来对待。在设计过程中可以作为参考，能保留则保留，能避免则尽量避免。

1. 客厅的方位

客厅最好位于前半部靠近大门或屋子的中央位置，如右图所示。如果必须经过一条走廊才能到达客厅，那么走廊一定要保持整洁，而且照明一定要充足。如果是夹层屋设计，客厅应位于下层。

2. 客厅的格局

客厅的格局最好是正方形或长方形，座椅区不可冲屋角，沙发不可压梁。如果有突出的屋角，可摆设盆景或家俱化解。如果客厅呈L形，可用家俱将之隔成两个方形区域，视为两个独立的房间，靠门的墙最好不要有壁柜。

3. 梁柱

客厅的柱子主要分为两种，一种是与墙相连的柱，称为墙柱，而另一种是孤立的柱。

墙柱通常用书柜、酒柜、陈列柜等将其遮掩即可。相对于墙柱，孤立的柱子则难处理得多，如果孤立的柱子距离墙壁不远，可采用木板或矮柜把柱子与墙连成一体，如下左图所示。

如果孤立柱离墙壁太远，则可以以孤立柱为分割线，一边铺地毯、一边铺石材，也可以做成台阶，使一边高一边低，如下左图所示；此外，还可以在孤立柱的四周围上薄薄的木槽，槽里可放些易于生长的室内植物。总之客厅不宜有过多孤立的柱子，下右图就是孤立柱子太多而又没有合理化解的设计。

有柱子就有梁，为避免横梁压顶，两柱子之间尽量避免摆放沙发，取而代之可以放置柜子。

一边铺地毯一边铺实木，而且一边高一边低

矮柜把柱子与墙连在一起

有多处孤立的柱子

4. 家具布置和天花板布置

客厅沙发最忌一套半，或是一方一圆两组沙发的并用。客厅中心点不能放置火炉，不论是电暖气还是其他的引火工具，都不要放到客厅的中心点。

客厅天花板不宜采用灰暗或镶镜子，如下左图所示。

5. 客厅装饰物

客厅装饰不宜有尖锐物品，例如刀剑、火器、动物标本等都不应该挂在墙上，如下右图所示。客厅中的鱼缸、盆景有美化环境的功用，使室内更富生机，但鱼种则以色彩缤纷的单数为好。

天花板不要镶镜子

不宜用动物标本做装饰

6. 色彩

客厅颜色的最佳选择为乳白色、象牙色和白色，这三种颜色与人的视觉神经最适合。油漆家具宜采用木材原色或多种色调搭配，但不宜用红色，古风俗中红色视为凶兆；也不宜过多使用蓝色和绿色，这两种颜色过多容易让人产生低沉消极情绪。

9.2 卧室的设计和布置

卧室对室内设计来说尤为重要，因为人有三分之一的时间都在卧室度过，卧室的布置应该非常讲究。同时卧室也是整套房子中最私密的空间，是一个完全属于主人自己的房间，所以，设计卧室时首先应考虑的是舒适和安静。

9.2.1 卧室的设计与要点提示

根据卧室的主次不同，设计的要求和所包含的家具也不同。此外，次卧还可以分为儿童房、老人房、客房等。

1. 主卧室

主卧室的设计主要有六方面的要素：地面、墙壁、吊顶、家具、灯饰和色彩。

地面：卧室地面应具有保暖性，一般宜采用中性或暖色调，材料有地板、地毯等。

墙壁：墙壁装饰宜简单，床头部的主体空间可以设计一些有个性化的装饰品，选材宜配合整体色调，烘托卧室气氛。

吊顶：以简洁、淡雅、温馨的暖色系为好。

家具：卧室必备的家具有床、床头柜、衣柜、低柜（电视柜）、梳妆台等。卧室的窗帘一般应设计成一纱一帘，使室内环境更富有情调。

灯饰：卧室的灯光照明以温馨和暖黄色为基调，床头上方可嵌筒灯或壁灯，也可在装饰柜中嵌筒灯，使室内更具浪漫舒适的温情。

色彩：色彩应以统一、和谐、淡雅为宜，对局部的原色搭配应慎重。绿色系活泼而富有朝气，粉红系欢快而柔美，蓝色系清凉浪漫，灰调或茶色系灵透雅致，黄色系热情中充满温馨气氛。

主卧室的装修效果如下图所示。

2. 儿童房

儿童房的结构一般要包括休息区、学习区、娱乐区及衣物储藏区，这些区域也可兼用。儿童房的设计要点如下。

地面：宜用木质地板，不宜用光滑的瓷砖地板，也不宜铺设过多地毯，以免孩子玩耍摔伤。

墙壁：墙上可以挂一些玩具、图画、小艺术品等，也可以放置一些孩子自己设计或动手做的东西。

家具：儿童卧室的家具应小巧、简洁、安全，色调应鲜明活泼，布置应符合儿童的活动规律。从安全角度和孩子成长角度考虑，儿童房不宜有过多的电气，尤其是年龄较小的儿童，以防不小心触电。例如：不宜放置电视机、组合音响之类的娱乐电器，以免影响学习和休息。此外，儿童房不宜设置大镜子，玻璃柜门，热水瓶之类的易碎品，以防意外事故。

灯饰：考虑到儿童房除了休息还要兼顾学习，所以儿童房的照明以明亮为主，床头可以放置台灯。

色彩：色彩宜明快、清洁，最主要是根据孩子的喜好进行搭配。

儿童房的设计如下图所示。

3. 老人房

老年人卧室应考虑有良好的朝向，保证通风和采光，如果是多层住宅，老人房宜设置在一层。老人房的设计要点如下。

地面：宜采用木质地板，不宜采用瓷砖地板和铺设地毯，以免老年人行走滑倒。

墙壁：墙壁装饰宜古朴典雅，不宜时髦刺激。摆放一些有纪念意义的物品，能唤起老人们的自豪心情。

家具：家具宜少不宜多，宜矮不宜高，布局和陈列的样式应以古典厚重为主，床板宜硬不宜软，床不临窗或正对门，以避免过堂风。门把手、窗、抽屉、柜门、灯具开关都应设在老人不须垫高或弯腰就能方便操持的部位上。

灯饰：灯光宜明亮而不耀眼。

色彩：室内总色调宜沉静和谐，不宜浮华。

此外，老人房布置些常青花草、盆景、恰情养性的啼鸟，更有益于老年人的身心健康。老人房的装修效果如下图所示。

9.2.2 卧室的装修风格

现在流行的装修风格主要有现代前卫风格、现代简约风格、新古典风格、雅致主义风格、中式风格、欧式风格、美式乡村主义以及地中海风格等8种。

1. 现代前卫风格

依靠新材料、新技术加上光与影的无穷变化，追求无常规的空间解构，大胆鲜明对比强烈的色彩布置，以及刚柔并举的选材搭配。通过夸张、怪异的表现手法达到另类的视觉效果，如下左图所示。

2. 现代简约风格

这类装修的特点是简洁明快、实用大方。现代简约风格讲求形式服从功能。所以吊顶、主题墙等占用空间、没有太多实用价值的形式能省则省，如下右图所示。

3. 新古典风格

新古典风格更多是采用现代技术、现代材料来表现绚丽、舒适的贵族生活。这种风格具备古典与现代的双重审美效果，完美地结合也让人们在享受物质文明的同时得到精神上的慰藉，如下左图所示。

4. 雅致主义风格

这种风格注重品位、强调舒适温馨。雅致主义的设计强调色彩柔和、协调，配饰大方稳重，注重实用和舒适，对户型的要求则相对较低，如下右图所示。

5. 中式风格

在设计上主要秉承唐、宋、明、清时期设计理念的精华，并适当将现代设计理念掺杂进去，给传统家居文化注入新的气息。这类设计风格讲求整体效果，在强调主人文化品位和自身修养的同时，注重生活的舒适性，如下左图所示。

6. 欧式风格

这种风格主要体现的是豪华、动感、多变。欧式古典风格造价高、工期长、专业程度要求高，所以更适合在别墅、大户型中运用，如下右图所示。

7. 美式乡村风格

　　这种风格突出了生活的舒适和自由。特别是在墙面色彩选择上，自然、怀旧、散发浓郁泥土芬芳的色彩是美式乡村风格的典型特征。这种风格对空间环境要求比较高，所以更适合在别墅、大户型中运用，不适于中小户型，如下左图所示。

8. 地中海风格

　　这类设计的特点是色彩选择上自然柔和，充分利用每一寸空间，集装饰与应用于一体，如下右图所示。

9.2.3　卧室布局方案与人体尺度的关系

　　卧室除了整体布局方案外，还应根据人体尺度选择和布置床、衣柜、梳妆台等家具的位置，具体参见下表。

表　卧室家具与人体尺度之间的关系

家具布置情况	图　例
单人床和双人床空间尺度	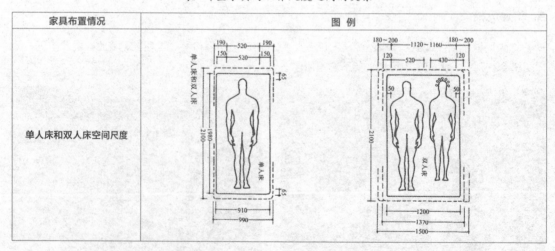

家具布置情况	图 例
成人用双人床的空间尺度	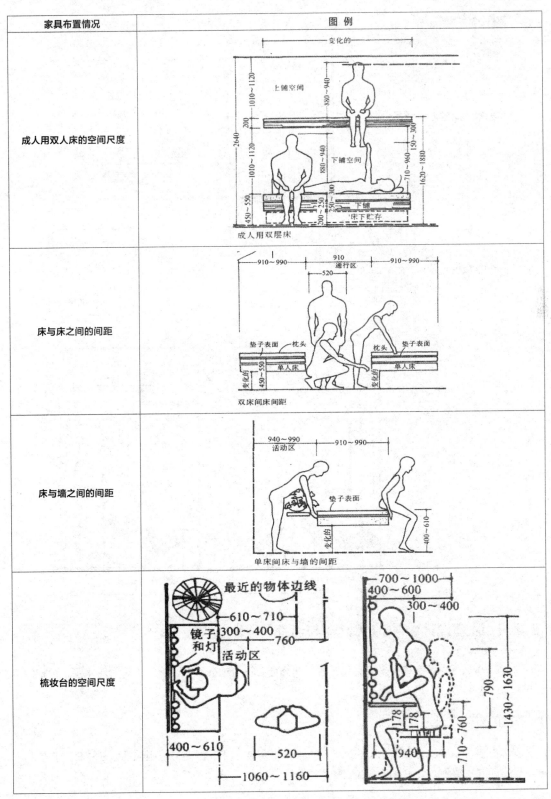
床与床之间的间距	
床与墙之间的间距	
梳妆台的空间尺度	

家具布置情况	图 例
小衣柜与床之间的距离	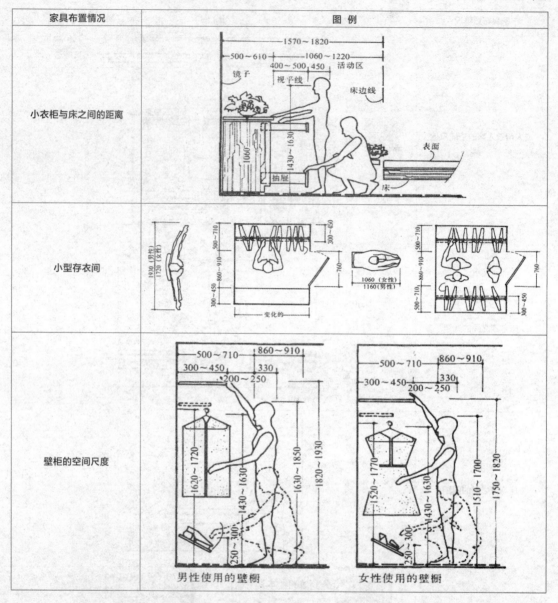
小型存衣间	
壁柜的空间尺度	男性使用的壁橱　　女性使用的壁橱

9.2.4 卧室设计中的传统风俗与禁忌

中国传统风俗对卧室有很多讲究和禁忌，比如床头不可在横梁下、房门不可对着镜子、卧室门不可正对卫生间等等。

1. 卧室的方位

卧室在整个住宅的方位以东、东南、东北和西北为吉，南、西南方位则被视为凶，其他方位为一般。卧室朝向宜朝阳，且主人房宜选取最大的卧室。

2. 卧室的格局

卧房形状适合方正，不适宜斜边或是多角形状。斜边容易造成视线上的错觉，多角容易造成压迫。如果建设中有斜边或多角形状的房间宁可移做它用，也不可做卧室，如下左图所示。

3. 卧室房门

卧室房门的禁忌最多，房门不正对大门、不正对卫生间的门、不正对厨房的门、不正对室内的镜子、不正对睡床或床头，如下图所示。

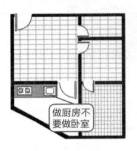
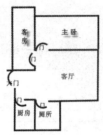

4. 窗户

卧室的窗户应高于门，尤其禁忌与床同高，如下左图所示。卧室窗户宜朝南开，靠床的墙最好不要开窗户，如果有窗户也不宜太大，而且最好有窗帘遮挡。

5. 床

卧室的床头不宜有壁柜，泰山压顶，容易给人造成压抑感，如下右图所示。

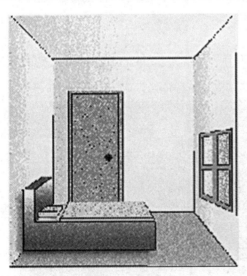

床头不能有镜子，如果有梳妆台，最好不要正对着床，如下左图所示。床不能位于横梁下方，头顶横梁是大忌，如下右图所示。

此外，床下不宜堆放杂物，床头忌讳不靠墙壁，容易使人平躺时不容易看见头顶上，所以床头宜靠墙、避免露空，而减少安全感。另外床头不可紧贴窗口等。

6. 卧室的家具与摆设

卧室的家具要方方正正，最忌讳用倒三角形家具，如下左图所示；卧室不宜有过多电气、沙发或植物等摆设，如下右图所示。

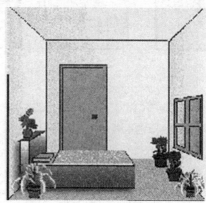

7. 卧室的灯具及其他

床中心正上方的屋顶装有吊灯称为"吊灯压床"，因此，尽量保持床中心正上方屋顶空旷，在床边使用光线柔和的落地灯或台灯，如下图所示。

　　另外，卧室灯光以暖色柔和为主。此外，卧室的柱角不要太多，如下左图所示。卧室禁忌悬挂凶器等，如下右图所示。

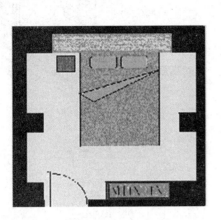 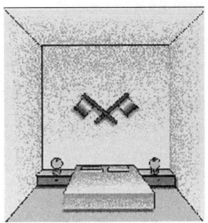

9.3　阳台的设计和布置

　　阳台是建筑物室内的延伸，是居住者呼吸新鲜空气、晾晒衣物、摆放盆栽的场所，其设计需要兼顾实用与美观的原则。

9.3.1　阳台的设计与布置

　　阳台就性质而言一般分为工作阳台和观景阳台，也可以合二为一。工作阳台一般用以堆放杂物，洗衣晾衣等等；而观景阳台一般用于休闲娱乐，种植植物饲养动物，锻炼身体等。整体来说，阳台都可以起到缓解夏季阳光强度，降温增湿，净化空气，降低噪音的作用。工作阳台和观景阳台如下图所示。

阳台的结构一般有悬挑式、嵌入式和转角式三类。

● 悬挑式阳台就是外阳台，靠悬挑梁板承重。阳台有三个面能与室外环境接触，如右图所示。

● 嵌入式阳台就是内阳台，无悬挑梁板。阳台只有一个方向可享受到室外环境，如下图左所示。

● 转角式阳台只能设置在房屋大角处，能同时接受到两个朝向的采光和自然通风，享受到开阔视野景致。但对高层建筑的抗扭转极为不利，如下右图所示。

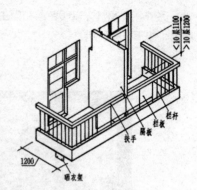

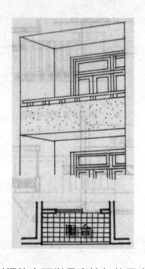
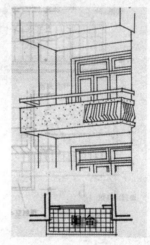

阳台可以是封闭的也可以是直接与外界空气接触的，封闭和不封闭各有利弊。

阳台封闭的好处是遮尘、隔音、保暖，并且扩大了居室的实用面积，安全性更高。阳台不封闭的好处在于采光好，并且利于空气流通等优点。

下表以不封闭阳台为例，列出了建筑面积与阳台面积的关系。

表 建筑面积与阳台面积的关系

建筑面积	<90㎡	90~140㎡	>140㎡
阳台面积	≤12㎡	≤15㎡	≤18㎡

提示 tips
（1）不封闭的悬挑式阳台进深（阳台最外边至主体结构外缘的垂直距离）不大于0.6米时，不计算建筑面积；大于0.6米时，计算一半建筑面积。（2）不封闭的嵌入式阳台和转角式阳台进深（从结构主体外缘向室内垂直延伸的距离）不大于1.5米的，计算一半建筑面积。超过1.5米的，超过部分计算全部建筑面积。（3）经济适用房、廉租房的阳台面积可参照建筑面积90平方米以下户型标准。国家另有规定时，从其规定。

阳台的设计应该注意两个方面：封装质量和隔热。

阳台的封装质量决定着阳台的一切。因为阳台通常都是一面或多面凌空，要受到风吹，其受力要比普通窗户大得多，所以阳台的铝合金窗户的质量要比室内墙壁上的同等门窗好得多。除了所用材料的质量外，还要注意封装质量，如果密封不好，就会漏风，如果碰上大风天，还会将大量的灰尘吹进室内；此外，下雨天还会有渗漏。

装修阳台要注意保温隔热，可以在阳台窗以下使用聚苯板做出保温层，也可以考虑在阳台窗以下使用岩棉做出保温层，用保温隔热效果好的材料形成阳台墙面的保温层，隔断室内外冷热空气的交换。

现代阳台还有一个美化环境的作用，如果阳台空间足够大，可以造个小景或种些植物，但要注意高度最好不要超过160cm，阳台植物不可种植太多橡树、榕树之类的植物，因为这些植物根部穿透力太强，会分解水泥。

9.3.2 阳台设计中的传统风俗与禁忌

阳台饱吸宅外阳光、空气和雨露，是居室纳气的地方，是室内外空气流通的重要通道，也是我国传统风俗中非常讲究的设计之一。

1. 阳台的方位

一般来说，阳台的方位以朝东方或南方为佳。

阳台朝向东方，古人称为"紫气东来"。所谓"紫气"即祥瑞之气。而且日出东方，太阳一早就照射进来，全宅显得既光亮又温暖，全家人也因而精神充沛。

阳台朝向南方，有道是"熏风南来"，"熏风"和暖宜人。

2. 阳台禁忌正对大门或厨房

若是阳台正对大门，可将窗帘长时间拉上作为阻挡。也可以做玄关阻隔大门和阳台之间，或在大门入口处放置鱼缸、盆栽、爬藤植物，如下左图所示。

若是阳台正对厨房，可将阳台落地门的窗帘尽量拉上，或是在阳台和厨房之间的动线上装门，以不影响居住者的行动为准则，以柜子或屏风遮掩。总之，就是不要让阳台直通厨房即可，如下右图所示。

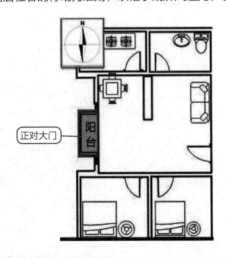
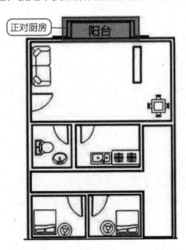

3. 阳台禁忌面对街道

阳台前面有街道直冲，犹如猛虎迎面扑来，是十分不宜的格局。此外，车辆以及噪音会不断经由阳台冲击住户，对住户安静的气氛产生不良影响，非常不利于住户的健康，如下左图所示。

4. 阳台禁忌面对反弓路

所谓"反弓路"就是从阳台外望，看见屋前的街道弯曲，而弯角直冲向阳台。这种格局可以通过种植植物或旋转盆栽，使其内外隔绝。"反弓路"如下中图所示。

5. 阳台禁忌面对锯齿形建筑物

现在很多住宅，为了增加室内空间的采光纳风，多加有大型凸窗，所以外墙容易形成尖相，看起来似一排尖锐的锯齿，如下右图所示。

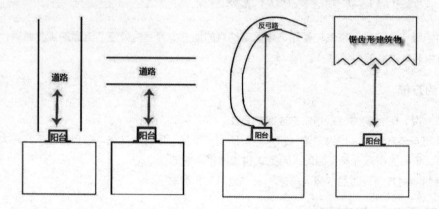

前面介绍了客厅、卧室、阳台等室内装潢的配置技巧，这一章继续介绍厨房、卫生间和玄关的配置技巧。

Chapter

10

厨卫等室内装潢的配置技巧

10.1 厨房的设计和布置

厨房设计是指将橱柜、厨具和各种厨用家电按其形状、尺寸及使用要求进行合理布局，巧妙搭配，实现厨房用具一体化。

10.1.1 我国标准的厨房大小

根据普通住宅套型按其居住空间个数和使用面积（不含阳台、各设备井所占的面积）可以分为四类，各种套型的住宅厨房的最小面积如下表所示。

表 套型使用面积和最小厨房面积列表

套型	居住空间数（单位：个）	使用面积（单位：m²）	厨房最小面积（单位：m²）
一类	2	≥34	≥4
二类	3	≥45	≥4
三类	3	≥56	≥5
四类	4	≥68	≥5

单排布置设备的厨房净宽不小于1.5m，为满足最小面积规定，两室一厅以上的厨房净长不小于3.4m；双排布置设备的厨房其两排设备的净距离不小于0.9m，厨房操作面净长不小于2.1m。

提示 tips 单身公寓或45m²以下的小户型厨房净长至少为2.7m。

10.1.2 厨房的布置

厨房的位置尽量与餐厅相邻，尽量不要占用景观、采光良好的朝向，也尽量不要布置在下风口。

厨房中的家具主要有三大部分：带冰箱的操作台，带水池的洗涤台及带炉灶的烹饪台，这三大厨房家具的布置方式主要有4种，一字型布置、L型布置、U型布置和通道式布置。

提示 tips 如果厨房空间足够，三大厨房家具的布置最好是呈三角形，即L型布置、U型布置和通道式布置。

1. 一字型布置

特点是清洗、配菜和烹调在同一工作面上，工作流线成一条直线。适合用于开间较小的狭窄厨房空间。

优点：节省空间。

缺点：操作距离比较长。

一字型布置主要有两种情况，即经济布置和极限布置。

经济布置面积约5m²，属于常规布置，适合三、四类套型的住宅，可以放置双眼燃气灶和双槽洗涤池。至少留出500mm的配菜操作台，如果放置单眼燃气灶或单槽洗涤池，则至少能留出550mm的操作空间。预留的800mm空间足够放置冰箱了。如下图所示。

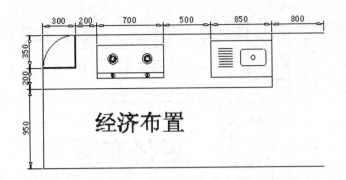

极限布置面积约2.9m²，属于非常规布置，不满足最小面积要求，但提供了基本的"洗、切、炊"等操作空间。极限布置只能放置单眼燃气灶和单槽洗涤池，洗涤池一般用550mm~600mm长度的，这样可以预留出275mm~300mm的"一人单臂"工作空间。如下图所示。

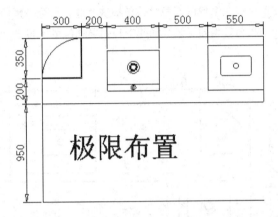

2. L型布置

特点是清洗、配菜和烹调三大工作重心依次布置在相连接的"L"型墙壁空间上，适合用在开间较小的厨房空间，应用最为普遍。

优点：工作距离较短且不重复，能较好地依照"三角形"工作原理，提高效率。

缺点：转角部位空间利用率低，两边工作台的长度不宜相差过大，以免降低工作效率。

L型布置主要有两种情况，经济布置和极限布置。

经济布置面积约4m²，属于常规布置，适合一、二类套型的住宅，可以放置双眼燃气灶和双槽洗涤池。至少留出500mm的配菜操作台，如果放置单眼燃气灶或单槽洗涤池，则至少能留出650mm的操作空间。预留的800mm空间足够放置冰箱了，如下图所示。

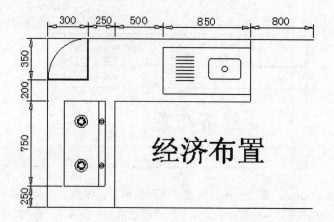

极限布置面积约2.4m²，属于非常规布置，不满足最小面积要求，但提供了基本的"洗、切、炊"等操作空间。极限布置只能放置单眼燃气灶或单槽洗涤池，且至少预留500mm的操作空间，洗涤池与墙壁之间有50mm的距离，是为了让洗涤池中心到墙壁有足够的"一人单臂"工作空间，如下图所示。

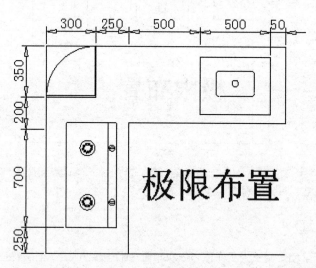

3. U型布置

特点是工作区域有两个转角，空间要求大。水槽一般放在U型底部，并将配菜区和烹饪区分设在两旁，使洗涤池、冰箱和炊具连成一个近似正三角形。适合用在近似正方形的小空间。

优点： 工作距离最短的一种方式。

缺点： 两处转角的利用率低。

U型布置主要有两种情况，经济布置和极限布置。

经济布置面积约4m²，属于常规布置，适合一、二类套型的住宅，可以放置双眼燃气灶和双槽洗涤池。可留出750mm和650mm两个配菜操作区。预留的800mm空间足够放置冰箱了。如下左图所示。

极限布置面积约2.2m²，属于非常规布置，不满足最小面积要求，但提供了基本的"洗、切、炊"等操作空间。极限布置只能放置双眼燃气灶和单槽洗涤池，可预留550mm的配菜操作空间，洗涤池中心与墙壁之间有275mm的距离，是为了有足够的"一人单臂"工作空间。如下右图所示。

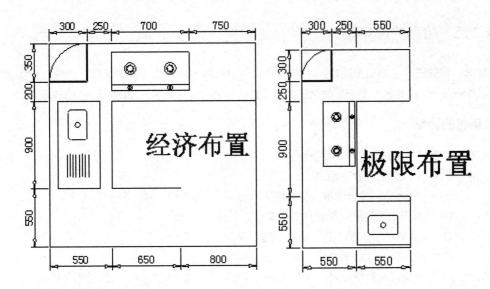

4. 通道型布置

特点是将工作区域平行安排在两边。常将清洁区、配菜区、储备区安排在一起，而烹饪区在另一边，适合进深较小的空间。

优点： 工作距离变短，也基本依照"三角形"工作原理，提高效率。

缺点： 直线行动减少，交叉流线增多，工作时操作者经常需要180°旋转。

通道型布置主要有两种情况，经济布置和极限布置。

经济布置面积约4m^2，属于常规布置，适合一、二类套型的住宅，可以放置双眼燃气灶和双槽洗涤池，洗涤池与墙之间有350mm的空间可以作为存放区，如果将洗涤池换成单槽的，可多出700mm，该空间可以作为放置其他电器的空间。两边各预留800mm空间一边放置冰箱一边作为配菜操作空间，如下左图所示。

极限布置面积约2.1m^2，属于非常规布置，不满足最小面积要求，但提供了基本的"洗、切、炊"等操作空间。极限布置只能放置单眼燃气灶和单槽洗涤池，可预留500mm的配菜操作空间，洗涤池中心与墙壁之间有300mm的距离，是为了有足够的"一人单臂"工作空间，如下右图所示。

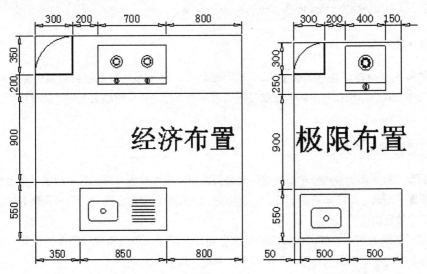

10.1.3 厨房的通风设计

厨房机械的通风主要由全面排风（房间换气）和局部排风（排气罩）组成。此外，在厨房通风中，还要补充一定的新风。厨房的通风应满足《饮食建筑设计规范》JGJ64-89的相关规定。

1. 全面量的计算

厨房机械通风系统排风量热平衡计算公式： $L = Q/0.337(tp-ti)$ （1）

式中，L——必须的通风量、m^3/h；

　　　　tp——室内排风设计温度，可采用下列数值：夏季35℃，冬季15℃；

　　　　ti——室内送风温度，单位：摄氏度（℃）；

　　　　Q——厨房内的总发热量，单位：瓦（W）；

　　　　$Q = Q1 + Q2 + Q3 + Q4$ （2）

式中，Q1——厨房设备散热量，按工艺提供数据计算，如无资料时，可查阅相关资料；

　　　　Q2——操作人员散热量，单位：瓦（W）；

　　　　Q3——照明灯具散热量，单位：瓦（W）；

　　　　Q4——室内外围护结构的冷负荷，单位：瓦（W）。

2. 局部排风量

局部排风量按排风罩面的吸入风速计算，其最小排风量为 $L = 1000P × H × 风速$

式中，L——排风罩排风量，单位：立方米每小时（m^3/h）；

　　　　P——罩子的周边长（靠墙的边长不计），单位：米（m）；

　　　　H——罩口至灶面的距离，单位：米（m）。

排气罩口吸气速度一般不应小于0.5m/s，排风管内速度不应小于10m/s。

排气罩的平面尺寸应比炉灶边尺寸大100mm，排气罩的下沿距炉灶面的距离不宜大于1.0m，排气罩的高度不宜小于600mm。

> **提示** 厨房通风风量估算如下：中餐厨房：n＝40-50h-1；西餐厨房　n＝30-40h-1；在估算出的通风量中，局部排风量按65%考虑，全面排风量按35%考虑。

3. 厨房的补风

厨房的补风送风量应按排风量的80%~90%考虑。厨房补风可直接利用室外新风，补风量的30%作为岗位送风，送风口直接均匀布置在排气罩前侧上方。由于炉膛会倒风，因此厨房内负压值应小于5Pa。

4. 不同厨房对排风的要求

中餐厨房，其烹调的发热量和排烟量一般较大，排风量也较大，排气罩一般选用抽油烟罩。为减轻油烟对环境的影响，可选用消洗烟罩。西餐厨房，虽然要求设备多而全，但烹调量并不大，因此排风量要小于中餐厨房。

蒸煮间对新风的要求较低，但排风效果一定要好，否则，蒸汽将充满整个工作间，影响厨师工作，排气排出的主要是水蒸气，可以不采用净化装置，直接排出。

5. 厨房的通风设备要求

对于可产生油烟的厨房设备间，应设置带有油烟过滤功能的排气罩和除油装置的机械排风系统，设计应优先选用除油烟效率高的气幕式（或称为吹吸式）排气罩和具有自动清洗功能的除油装置，处理后的油烟排放浓度不应大于$2.0mg/m^2$。条件许可时，宜设置集中排油烟烟道。

为了便于清洁，排油烟风管一般采用镀锌铁皮风管，而不采用混凝土风管，当设有混凝土风道时宜内衬镀锌铁皮。

厨房全面通风排风机一般应选用离心风机，且宜选用外置式电机。如果选用轴流排烟风机排风时，噪声太大，影响使用。当该排风机只用作平时全面通风时，可与排烟系统相结合，一机两用。

厨房通风系统风管宜采用1.5mm厚钢板焊接制作，其水平管段应尽可能短；风管应设不小于2%的坡度坡向排水点或者排气罩。排风管室外设置部分宜采取防产生冷凝水的保温措施。

厨房送风口应沿排气罩方向布置，送风口距排气罩不小于0.7m，设在操作间内的送风口，应采用带有可调节出风方向的风口（如旋转风口、双层百叶风口等），全面排风口则应远离排气罩。

10.1.4 厨房的装修材料

厨房装饰材料最重要的是做到防火防水防滑以及易于清洗，木质、防火板、石材是橱柜中的基本材质，在简约主义的阵营中，更可见到后现代的新宠，如铝、碳纤维、塑料、高密度玻璃等等，丰富了厨房世界的组合和诸多实用功能，如防水、耐刮、清爽、透光等。

厨房的墙面要耐水、耐火、抗热，厨房墙面比较常用的材料有塑胶壁纸、有光泽的木板、瓷砖及化石棉板等。厨房天棚可以选择塑料板材及铝塑板吊顶，也可以刷涂料。厨房的墙面和天棚的装饰如下左图所示。

厨房地面大理石及花岗石是经常被使用的天然石材，优点是坚固耐用、永不变形，有良好的隔音效果，但是价格贵、不防水而且吸热，气候较潮湿的地区，不适合采用。人造石材及防滑瓷砖，价格较天然石材便宜，且具有防水性，最适合厨房地面，如果喜欢西式烹调也可以考虑强化木地板，厨房石材地板如下右图所示。

台面有大理石、人造大理石、不锈钢等材质可供选择。水池有不锈钢、塑钢、陶瓷等三种材质可供选择，不锈钢台面和水池如下图所示。

10.1.5 厨房空间、厨房家具与人体的尺度

厨房空间中，厨房中的各项设计一定要考虑实际空间大小，并且根据各个地方的人体差异（比如身高）来进行针对性设计，下面说明厨房内各个空间、家具与人体尺度的关系，如下表所示。

表 厨房与人体尺度之间的关系

家具布置情况	图 例
设备之间的最小距离	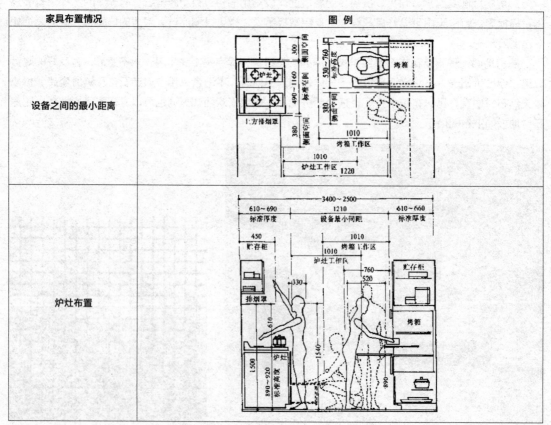
炉灶布置	

家具布置情况	图 例
水池布置	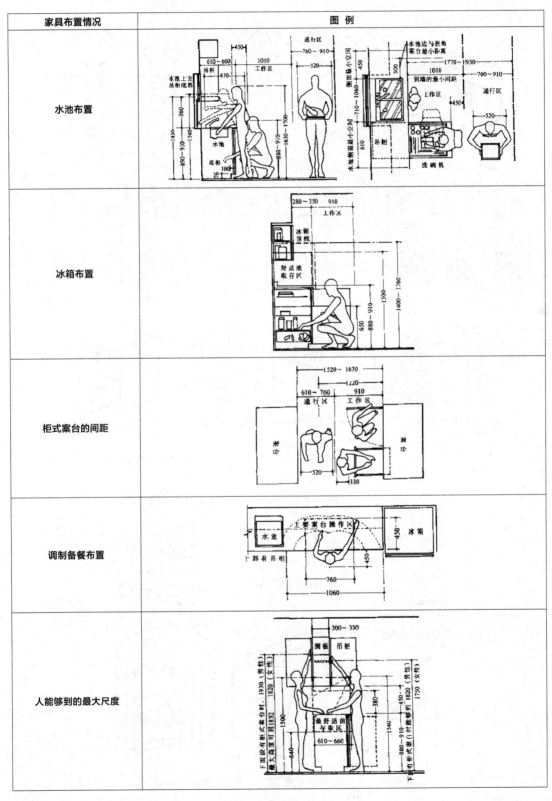
冰箱布置	
柜式案台的间距	
调制备餐布置	
人能够到的最大尺度	

常用厨房设备的外形尺寸如下图所示。

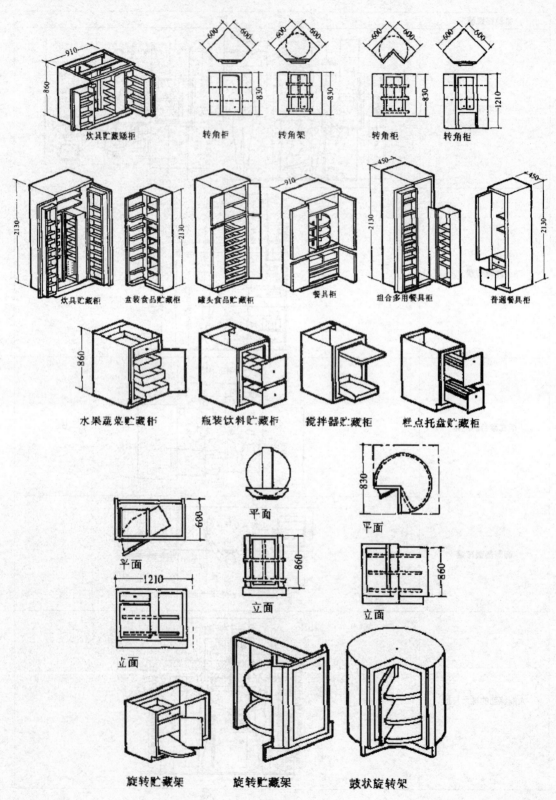

炊具贮藏矮柜　　转角柜　　转角架　　转角柜　　转角柜

炊具贮藏柜　　盒装食品贮藏柜　　罐头食品贮藏柜　　餐具柜　　组合多用餐具柜　　普通餐具柜

水果蔬菜贮藏柜　　瓶装饮料贮藏柜　　搅拌器贮藏柜　　糕点托盘贮藏柜

平面　　平面　　平面

立面　　立面　　立面

旋转贮藏架　　旋转贮藏架　　鼓状旋转架

倾斜打开的柜子

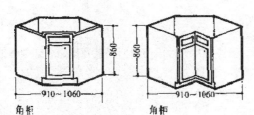

角柜   860   910~1060   860   910~1060   角柜

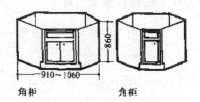

角柜   910~1060   860   角柜

10.1.6 厨房设计中的传统风俗与禁忌

中国传统风俗中素有"食者，禄也"之说，也就是说厨房是家庭财禄的所在。因此，厨房的位置和摆设在中国传统风俗中占有不可或缺的位置。

1. 厨房的朝向

《家相学》认为，炉灶的朝向和套宅大门的方向应一致，即套宅门向南，炉灶方向也应向南。厨房的一面要对着空旷处，万不可完全封闭在房子之中，如下左图所示。

2. 厨房的布局

餐厅和厨房的位置最好相邻，避免距离太远，耗费过多的置餐时间。餐厅不宜设在厨房之中，因为厨房中的油烟及热气较潮湿，人坐在其中无法愉快用餐。此外，厨房地面要平坦切忌比房间地面高。

3. 厨房禁忌两卧夹一厨

厨房不要设置在两个卧室之间，这是《家相学》中的大忌。如下右图所示。

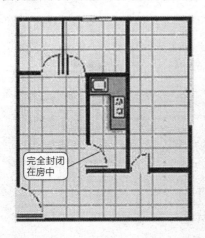

完全封闭在房中

夹在两个卧室之间

4. 厨房禁忌两水夹一火

水火不相容，因此，厨房中的炉灶不可与水太接近，此外，炉灶和洗涤盆之间也要留一块缓冲带，尤其避免两水夹一火，比如炉灶夹在洗涤盆和洗衣机之间。更严格来说厨房不应放置洗衣机，不能在炉灶上凉衣服，如下左图所示。

5. 厨房禁忌横梁压灶

横梁压灶和横梁压床的道理一样，家中的煤气灶上方千万不能有横梁，如果有的话，可以将煤气灶换个位置。如下左图所示。

6. 炉火不可向外

厨房最好不要建在屋子的前面，如果在前面，炉火不能向外。如下中图和下右图所示。

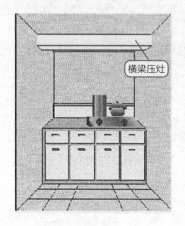

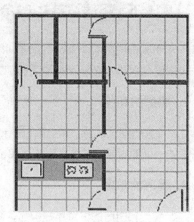

7. 禁忌门路直冲

中国传统的风俗观念中，认为厨灶是一家煮食养命之处，故不宜太暴露，尤其不宜被门路所带引进来的外气直冲。如下左图所示。

8. 禁忌厨厕相对

炉灶是一家煮食的地方，故此地应该讲究卫生，否则便会病从口入，损害身体健康，而厕所藏有很多污物及细菌，故厨房不宜临近厕所，尤其炉口不可与坐厕相对。如下右图所示。

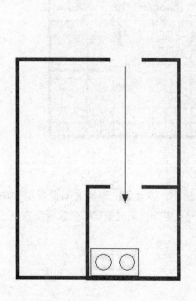
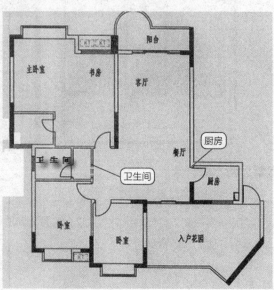

10.2 卫生间的设计和布置

卫生间的作用和功能不需要赘述，是室内设计必不可少的一个环节。

10.2.1 卫生间设计和布置的要点提示

卫生间就是厕所、洗手间、浴池的合称。

1. 卫生间的位置和整体布局

从整体布局来说，卫生间要有隐密性，不宜设在房子中心，不但采光不佳，秽气和潮气容易向四周扩散滋生细菌。也不宜设在走廊尽头，湿气和秽气溢出会顺着走廊扩散到两边的房间。亦不可与房间或厨房相对，这些在前面章节中已经讲过。

多层住宅中，卫生间宜重叠设置，以减少管线长度。不得将卫生间直接布置在下层住户的卧室、起居室、厨房的上层，这是因为卫生间漏水现象普遍，同时会出现管道噪声、水管冷凝水下滴等问题，影响居住质量。

提示 tips　跃层住宅（指住宅有上下两层楼面，卧室、起居室、客厅、卫生间、厨房及其他辅助用房可以分层布置，上下层之间采用户内独用小楼梯连接）中允许将卫生间布置在本套内的卧室、起居室、厨房上层，但应采取可靠的防水、隔音和便于检修的措施。

2. 卫生间的位置和整体布局

卫生间通常应由三个部分组成：便器、洗浴设施、洗漱盆。浴缸高度一般在550mm左右，淋浴用的喷头，离地高度以2m~2.2m为宜。洗漱盆分桌盆和立盆两种，应依据卫生间大小而选择。桌盆的桌面，可选择大理石、人造大理石材质制作。地面要选择防滑材料，如果卫生间只有少部分或根本不暴露在自然光中则可以选择大理石和花岗岩；淋浴间可以铺设塑料防滑垫以免滑倒。卫生间的常备设备如右图所示。

卫生间的设施配备不同面积要求也不相同，具体如下表所示。

表　卫生间的设施配备和面积的关系

设施配备	面积
便器、洗浴器（浴缸或喷淋）、洗面器三件卫生器具。	≥3m²
便器、洗浴器二件卫生器具	≥2.5m²
只有便器	≥1.1m²

3. 卫生间的照明和色彩

卫生间的照明设施要采用防潮、防水、散热和不积水的灯具。一般在5m²的空间里要采用相当于60W当量的光源进行照明。对光线的显色指数则要求不高，白炽灯、荧光灯、气体灯都可以。

如果卫生间包括有化妆功能，则对光源的显色指数有较高的要求，一般只能是白炽灯或显色性较好的高档光源。如三基色荧光灯、暖色荧光灯等。对照度和光线角度要求也较高。最好是在化妆境的两边，其次是顶部。一般也相当于60W以上的白炽灯的亮度。最好在镜子周围一圈都是灯。

卫生间的色彩设计应以给人清洁感为宜。白色往往给人冷的感觉，通常以乳白色、淡绿色、浅粉红色进行系列组合，以创造舒适、温暖的空间气氛。尽量避免激烈的色彩，会使人心烦意乱不能畅快如厕，卫生间也是一个可以让人思考的空间，花哨刺眼的色彩则不能使人思绪轻松。

4. 卫生间的环境设计

住宅中的卫生间最好采用天然采光和自然通风，采光窗与地板面积比不小于1/10，通风口面积不小于地板面积的1/20。无通风窗口的卫生间，必须设置通风道或机械等措施排气，门下留缝或门窗下部设百叶进风。暗卫生间采用人工照明，有条件时也可以通过高窗从邻近房间间接采光，间接采光最好在不要求安静的房间设置。

在卫生间也可以添置一些植物来增加自然情趣，由于卫生间的湿气和冷暖温差加大，所以一定要选择耐湿，喜阴的植物，如蕨类、黄金葛、虎尾兰等。卫生间的植物环境设计如下图所示。

5. 卫生间防水设计

卫生间是住宅中用水最多的空间，应注意防水和排水。设计时应以排为主，以防为辅。地面标高宜低于室外地面10mm~20mm，以免积水外流，并应有不少于5‰的坡度坡向地漏。防水层应做在楼地面面层之下，四周与墙接触，向上翻起，翻起高度一般为高出地面250mm左右。防水层应全封闭，宜选用无缝防水材料。地面、墙面、顶棚应选用防水、光洁、不易滑的材料。

　　卫生间面积小，卫生器具多，施工时应先安装设施后做防水，不得先做防水，再打洞穿孔。穿楼板管道，均宜设套管，高出地面20mm。

6. 卫生间设计与人体尺度

　　卫生间的设计与人体尺度之间的关系主要从便器、淋浴、浴盆、洗漱设备考虑，具体如下表所示。

表　卫生间设计与人体尺度的关系

卫生器具	图　例
便器	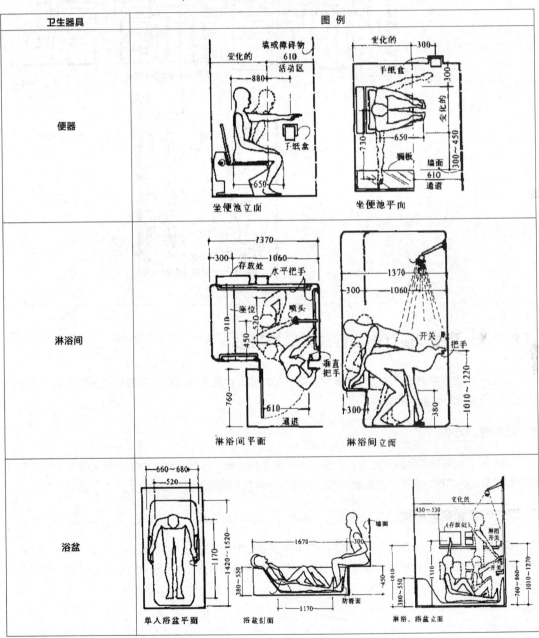
淋浴间	
浴盆	

卫生器具	图 例
洗脸盆	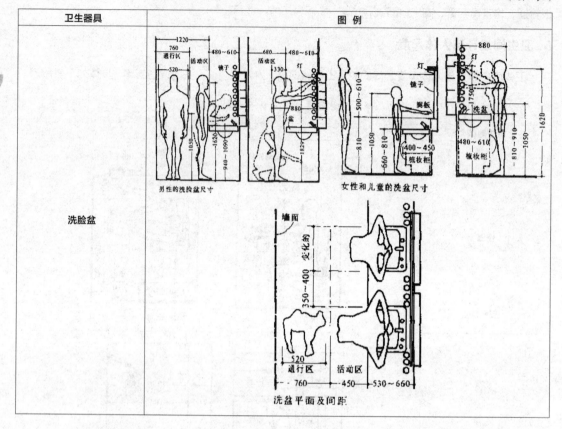

10.2.2 **卫生间设计中的传统风俗与禁忌**

卫生间是居家中最易产生湿气、霉菌、垢气的地方，中国传统风俗认为卫生间一般设置在家居的凶方，以压制凶方对家宅的影响。

1．卫生间的方位

卫生间不宜开在西南或东北方，卫生间重在来水和去水，水气甚重，中国传统风俗中西南或东北两个气象很旺的方位，会有"土克水"的毛病发生。如下左图所示。

2．卫生间禁忌在房中央

《洛书》记载，中央属"土"，倘若卫生间在房屋的中央，则犯了中国五行的"土克水"。此外，卫生间在房屋中央还会对家居造成污染，秽气流到房屋的四面八方，不利于家人的身体健康。如下右图所示。

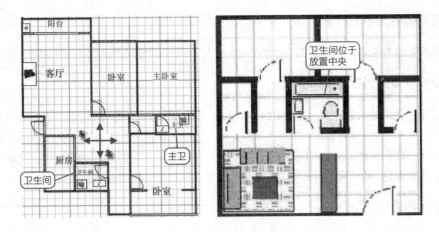

3. 禁忌卫生间通过厨房

先经过厨房才能进入卫生间，就如同人吃下食物，在胃里未经吸收就排出体外，这是中国传统风俗中卫生间设计的大忌。如下图所示。

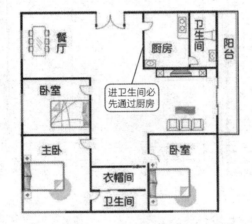

4. 禁忌卫生间正对着卧室门

卫生间的门直对卧室门，卫生间里的负面能量会直冲卧室。这种情况，建议移动其中一道门来错开，或者在不使用时将两个门都关上，如下图所示。

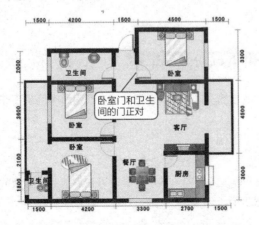

5. 卫生间不宜在走廊的尽头

房子中间如果有走廊，卫生间最好设置在走廊的两侧，不宜设置在走廊的尽头。如下左图所示。

6. 卫生间不宜设计成封闭的

一些住宅的浴厕是全封闭的，没有窗户，只有排气扇，而且排气扇也不是经常开启。按照《家相学》的看法，卫生间中一定要有窗，好得到阳光照射，使空气流通，让卫生间的浊气更容易地排出，保持空气的新鲜。如果完全封闭，又缺少通风设备，对家人健康肯定是不利的，使用一些空气清新剂，只是改变了空气的味道，对空气的质量毫无改善。完全封闭的卫生间如下中图所示。

7. 马桶不能与大门一个方向

马桶不宜与卫生间的门同一方向。如下右图所示。

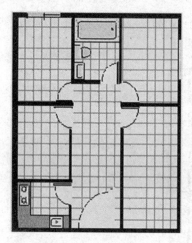 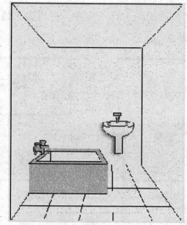 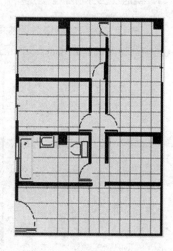

10.3 玄关的设计和布置

玄关原指佛教的入道之门，现在泛指厅堂的外门，也就是居室入口的一个区域。也有人把它叫做斗室、过厅、门厅。是出入房屋的必经之地也是是进入室内换鞋、更衣或从室内去室外的缓冲空间，具有展示性，过渡性和实用性。

10.3.1 玄关设计和布置的要点提示

传统的中国大宅入门的地方都设有玄关，现在的城市套房一般面积不充裕，玄关慢慢变得简化。

1. 玄关的种类

玄关一般有三种形式：独立式、邻接式和包含式。

独立式： 玄关比较狭长，像入门后的一条小廊，可以在靠墙的位置摆放矮柜，柜内放置物品，柜面则可以摆设饰品，如下左图所示。

邻接式：玄关与厅堂相连，可以与厅堂的风格相融合，也可以改造成独立式，如下中图所示。

包含式：玄关包含于厅堂之中，可以添加屏风或植物，既能起分隔作用，又能增加空间的装饰效果，如下右图所示。

2. 玄关设计的元素

玄关的组成元素主要有地板、顶棚、墙面、隔断、饰品和绿化、灯光。

地板：玄关的地板一般跟厅堂相同为宜，这样可以增大视觉空间，也可以自成一体，根据自己的爱好布置成个性的风格。

顶棚：玄关的顶棚一般比较狭小，要把握的原则是简洁、整体统一、有个性，要将玄关的吊顶和客厅的吊顶结合起来考虑。

墙面：玄关的墙面要实用美观，可以简约大方地刷上柔和的单色，也可以根据主题绘制墙体彩绘，或设计木质的壁饰玄关。虽然玄关墙面一般只起到背景烘托的作用，但是也可以设置有趣的挂钩，挂置物品，或者设置有趣的搁物架。总之可以花样百出但是一定不能堆砌重复，色彩要温雅。

隔断：玄关除了起遮挡作用外，另有一项重要功能就是储藏物品。所以如果玄关较小，储物柜可以与隔断结合，一般常有鞋箱、壁橱、风雨柜、更衣柜等，但是作为隔断一定不能沉闷不通透，所以在储物柜的搭配上，尽量以低矮为主，若是高至天花板的柜子一定要通透，可以做成搁板式或者玻璃式、栅格式。

饰品和绿化：在玄关处养上一盆小植物或者摆放一个艺术摆件会多一份灵气和趣味。可以摆上孩子亲手绘制的图画，自己精心料理的植物，或者布置一面照片墙，都可以从不同角度体现主人的学识、品位、修养。不过一定要少而精，于细微之处见精神。

灯光：灯光是渲染气氛的高手，要制造一个有个性风格的玄关，灯光是必不可少的。筒灯、射灯、壁灯、轨道灯、吊灯、吸顶灯等等可以根据不同的位置安排，灯光效果应有重点，不可散乱无章。

10.3.2 玄关设计中的传统风俗与禁忌

中国传统风俗认为，玄关可以防止穿堂风直泄而出，可以防止财气泄露。中国传统风俗中对玄关主要有以下禁忌。

1. 禁忌天花板太高或太低

玄关的天花板高度应适当。传统风俗认为，太低象征居住者受压制，难以出人头地。以现代观点来看，太低会给人带来压抑感，长期居住对身心健康也有害无益。

玄关太高，就会完全阻挡屋外之气，从而隔断了新鲜空气流通和生气，也是不可取的。

玄关一般以2m高度较为适宜，下面可以放置柜子等，柜子的高度在0.8m左右，如右图所示。

2. 下实上虚

玄关的间隔应下实上虚。下面实心，可以防止财气外泄，上虚以通透为主。因此，下面可以采用实体墙或柜子，上面可以用通透的磨砂玻璃或空心的博古架等。如下左图所示。

3. 光线宜明不宜暗

玄关的采光宜明不宜暗。大部分住宅的玄关都没有自然光源，因此除了间隔宜采用较通透的磨砂玻璃之外，还要用室内灯光来补救，例如安装灯具之类的，如下右图所示。

下实上虚

安装灯具来增强光线

4. 玄关禁忌紧挨窗户

玄关一般不要紧挨窗户，在玄关处可配置较大的吊灯或吸顶灯作为主灯，再添置些射灯、壁灯、荧光灯等作为辅助光源。也可以运用一些光线朝上射的小型地灯来做装饰和点缀。如下左图所示。

5. 玄关家具摆放

在玄关处摆放的家具要以不影响主人的出入为原则。如果居室面积偏小，可以利用低柜、鞋柜等家具扩大储物空间。还可通过改装家具来达到一举两得的效果，如把落地式家具改成悬挂的陈列架，或把低柜做成敞开式挂衣柜，增加实用性的同时又节省了空间。如下右图所示。

6. 玄关处的镜子

在玄关处安放镜子，可以拓宽玄关和走廊，但是镜子不能对着大门，传统风俗认为，这样会使从大门进来的吉气、财气反射出去。如下左图所示。

此外，玄关顶上切不可贴镜片，那样会使人感觉头重脚轻，颠倒乾坤。

7. 玄关禁忌杂乱

客厅玄关应该保持整洁清爽，若是在周围堆放太多杂物，会令客厅显得杂乱。客厅玄关处凌乱昏暗，整个居室都会显得挤迫压抑。玄关之上可摆一些装饰品，如下右图所示。

PART 03

室内设计时的
工程量计算

　　本篇主要讲解在室内设计时如何根据业主的设计需求、预算等考虑工程量计算。

　　本篇包括3章（第11~13章），主要讲解了室内装潢设计时需要掌握的现场测量方法，包括家具装潢的测量计算、房屋装修时常用材料（如地板、石材、涂料、窗帘等）的测量计算。

　　另外还根据国家颁布的设计规则，详细说明了室内装潢时的工程量计算方法，包括楼地面、顶棚、墙面、油漆涂料等工程量的计算要点和方法。

　　最后还详细介绍了设计施工时要注意的现场管理技巧，瓷砖、门窗安装、水电施工时的注意事项等。

建筑面积是以平方米为计量单位反映房屋建筑规模的实物量指标，它广泛应用于基本建设计划、统计、设计、施工和工程概预算等各个方面，在建筑工程造价管理方面起着非常重要的作用，是房屋建筑计价的主要指标之一。

本章主要通过房屋测量的方法、面积计算以及面积计算案例分析等几个部分，介绍室内装潢设计中如何对房屋进行测绘和面积计算。

Chapter

11

现场测量和装修常用材料的工程计算

11.1 现场测量工具与技巧

室内装潢的步骤顺序一般为测量→设计绘图→装潢安装→验收交付，如下图所示。

其中测量是所有工作的基础，准确、周密的测量工作不但关系到一个工程是否能顺利按图施工，而且还为施工质量提供了重要的技术保证，为质量检查等工作提供了方法和手段。可以这样说，如果没有测量，工程施工将寸步难行，施工质量将无从谈起。

11.1.1 常用工具及应用说明

室内装潢的主要测量是长度测量，主要应用到的工具有卷尺、绘图纸、铅笔、拍照设备等，下表列举了常用工具图例及使用说明。

表 常用工具图例及使用说明

名　称	图　例	使用说明
卷尺		卷尺的上方数字的刻度单位为英寸，下方刻度数字的单位是厘米（每个格子单位是毫米），1英寸=2.54厘米=25.4毫米。常用卷尺有1m、3m、5m和50m，可根据室内尺寸选择合适的卷尺
三角板		三角板除了测量角度、拐角尺寸外，还可以辅助卷尺测量卷尺难以直接测量的尺寸
绘图板和绘图纸		为了能一边测量一边绘制草图，方便走动绘制，除了绘图纸外，还需要一块绘图板
铅笔		为了现场绘制的草图方便及时修改，一般都用铅笔
拍照设备		现场的每个角落都要拍摄到，一是方便绘制正式图式参考，二是方便和业主沟通或出现其他分歧时作为证据
手电筒		装潢时室内很可能还没有通电，这时就需要用到手电筒来照明阴暗处
橡皮擦		修改草图用

名 称	图 例	使用说明
三色笔		用不同的颜色进行标示，以方便确认各个不同的注意点。如：线路用红色，水管用蓝色，暖装设备管道用黑色
指南针		图上需要标注房间坐落方位及指北针方向，方便装潢时房间的采光方位
计算器		在测量过程中有些尺寸需要计算，尤其当遇见角度或不是整数时就显得非常有用

11.1.2 量具的正确使用及注意事项

用卷尺测量时，注意不要用磨损的零刻度线（零刻度线磨损后可以从其他刻度线量起，比如从5mm、10mm处量起，如右图所示）。

测量时，卷尺（或钢板尺）要与测量物体垂直，如下图所示。

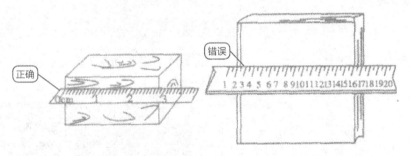

读数时，视线要与刻度线垂直，如下图所示。

室内装潢设计时，遇到普通的墙壁，直接用卷尺测量其长度即可。但是若遇到特殊的拐角不能直接测量其尺寸，或要确定圆柱状的柱子的位置时，就需要用到三角板等辅助工具进行辅助测量。例如测量墙的拐角时，如下图所示。

在测量不规则家具时，也常需要卷尺和三角板配合，如下图所示。

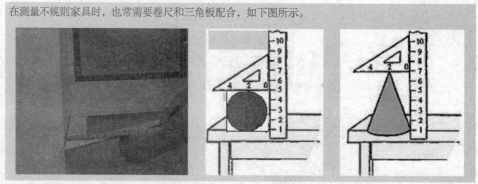

11.2 室内结构测量技巧

室内装潢实地尺度测量的内容主要包括建筑室内的长度和宽度（开间和进深）、层高、梁、门窗、柱子和管道的尺寸和位置等。

1. 室内净高的测量和位置的测量

室内净高是指楼面或地面到上部楼板底面或吊顶底面之间的垂直距离。净高和层高的关系可以用公式来表示：净高=层高−楼板厚度。即层高和楼板厚度的差称为"净高"。

案例 室内净高的测量方法

STEP 01 将卷尺的开头顶到天花板顶。

STEP 02 用拇指按住卷尺，然后用膝盖顶住卷尺向下压。

STEP 03 然后将卷尺延伸到地板即可，如下图所示。

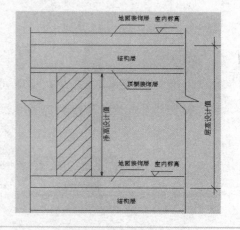

提示

门框和窗框的高度测量方法和室内净高的测量方法相同。

2. 梁的宽度和位置的测量

由于梁离地面的高度比较高，一般人很难拿住卷尺，从卷尺的零度线起测量。这时可将卷尺弯成一个"∏"来进行测量，具体测量方法和步骤如下。

Chapter 11 现场测量和装修常用材料的工程计算

案例 室内梁的宽度和位置的测量方法

STEP 01 将卷尺抽出较长部分水平拉伸。

STEP 02 一手拉住卷尺开头，另外一手握住卷尺末端，将卷尺人为形成一个"∏"形状。

STEP 03 将卷尺拉伸出来的部分顶住梁顶部，如右图所示。

STEP 04 将梁的一边与卷尺的整数数值对齐，然后再推算梁宽的数值，如右图所示。

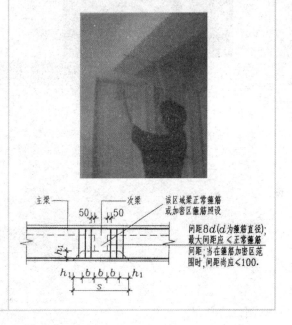

3. 门宽的测量

测量门宽时应将零度线固定在一侧的门框上，然后将卷尺拉伸到门的另一侧边框，具体测量步骤和方法如下。

案例 室内门宽的测量方法

STEP 01 将卷尺抽出，用手将零度线固定在一侧的门框上，如右图所示。

257

STEP 02 另一只手拉住卷尺开头，将卷尺拉伸至门的另一侧门框边，如下图所示。

STEP 03 记录卷尺的尺寸即可，如下图所示。

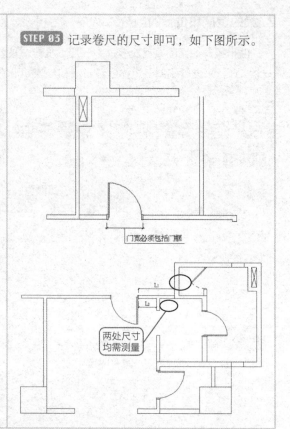

门宽必须包括门框

两处尺寸均需测量

提示 tips

1. 测量的门宽必须包括门框在内，窗户的宽度测量也门的宽度相同，也要包括窗框。

2. 测量门窗时，必须记录门窗的开启方向。

3. 同一道门到两面墙之间的间隔都要测量，如右图所示。

4. 窗台的测量

窗台的高度是指窗洞到地面的距离，该距离不包括窗框的边高。测量窗台的高度时应让卷尺的零度线贴在地面，并用手按住，然后向上拉出卷尺。

案例 case 室内窗台的测量方法

STEP 01 将卷尺抽出较长部分竖直拉伸。

STEP 02 一手拉住卷尺开头，另外一手握住卷尺末端，将卷尺拉伸出来的部分顶住地板。

STEP 03 将卷尺末端与窗框的下边缘对齐，然后再推算梁宽的数值，如下图所示。

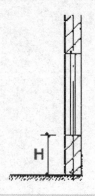

H

平面图中无法看到窗户和窗台的高度，所以测量完窗户和窗台的高度后，应随手记录在草稿旁边，以便日后绘图时使用。当两个人协同测量时，当测量人念出尺寸时，另一位一定要回应并核对他说出的数值，从而将误差降到最低。

5. 圆柱体状建筑物的定位

圆柱体的距离是指圆柱体横截面的圆心到墙内侧面的距离，由于圆柱体的特殊结构，一般很难直接用一个测量工具直接测量出其尺寸，而是需要几个测量工具配合测量，具体测量方法和步骤如下。

案例 case 室内圆柱体建筑物的测量方法

STEP 01 将三角尺（或钢板尺）的一个直角边贴在墙面上。

STEP 02 平行移动三角尺（或钢板尺），使另一个直角边与圆柱体相切。

STEP 03 用卷尺测出墙壁与步骤2中相切位置的距离H，并记录测量的数值。

STEP 04 最后用卷尺围绕圆柱一周，测出圆柱的周长，通过圆周计算公式（$R=C/2 \times 3.14$，其中R是圆的半径，C为圆的周长）计算出圆柱体的半径，然后通过"H+R"确定圆柱体的中心位置即可，如下图所示。

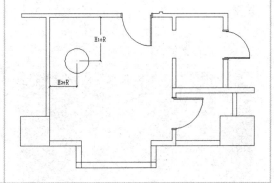

此测量方法常用在圆形柱子、消防栓到墙壁之间的距离，也可以用此方法测量两个圆柱体之间的距离。

11.3 案例：室内家具装潢测量及绘制

测量前首先要仔细勘查房屋的内部环境，包括柱子、门、窗、水电位、石膏线、地脚线、煤气管道、煤气表、给排水管等。

现场勘测之后及时跟客户沟通，了解客户喜欢的装修风格，家具的类型、颜色以及安放位置等。和客户确定最终方案之后，就可以开始现场测量绘制草图了，具体步骤如下。

选择或设计室内家具时要根据室内空间的大小设计家具的体量大小，可参考室内净高、门窗、窗台线、前裙等。如果在大空间选择小体量的家具，显得空荡而且小气，而在小空间内布局大体量家具则显得拥挤和阻塞。此外，在安装家具之前，要提前确定所需的活动空间，并预留和组织好交通路线。

案例 室内净高的测量方法

STEP 01 现场勘测完毕之后，绘制出厨房、卧室的立体和平面草图（只要能大致确定构建的方位，数量等基本情况即可），如下图所示。

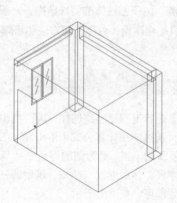 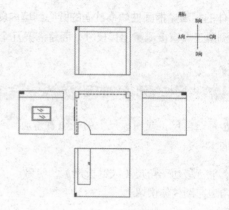

STEP 02 沿墙面的转折处测量房间各段尺寸。如果是装修好的房子，需要进行多点测量,如在水平方向3个不同高度（100mm～150mm，800mm～900mm，1600mm～1700mm），分别各测量1次，确定最后数值，如下图所示。

提示 tips

多次测量的目的是确定房型是否方正，除了水平多次测量确定外，还可以通过测量墙面的对角线来确定房型是否方正，如果两条对角线等长，则说明房型是方正的，否则不方正。

如果是已经装修好或铺设过地板的，可以通过地板砖的砖缝判定房子是否方正，如果每排地板砖的大小、个数相同，砖缝对齐，则说明房型是方正的，否则不方正。

STEP 03 测量天花板、梁柱及窗户的尺寸并在图上准确标出。每个墙角须以墙角为基点向外量取一个整数（如600mm、800mm等），再量出已在两面墙上选定点的对角线长度来判断两面墙是否垂直，常用的测量尺寸及对角线长度如下图所示。

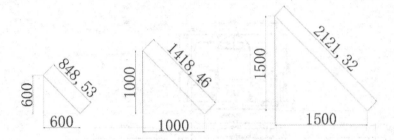

STEP 04 测量开关、插座、给排水管、水表、煤气表、排烟管等的离墙面距离，离地面的高度，以确定它们的位置，如下图所示。

STEP 05 测量给排水管、煤气管等凸出墙面的距离以及管道的尺寸，确定管道的直径同时确定它们的位置，以确定家具设备的放置，如下图所示。

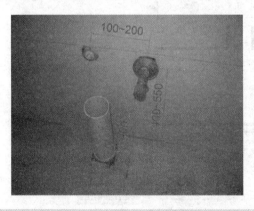

提示 tips 给排水管、煤气管道、踢脚线等对家具安装有影响的尺寸，特别是水表、煤气表等尺寸较大的物件要测量出外围尺寸，包括管道的尺寸、最高点离地高、最低点离地高等。

STEP 06 最后测量各电器及五金配件的尺寸，并把各墙面及原有室内情景用拍照设备拍照记录下来。

STEP 07 一切测量完毕之后，绘制完整准确的总平面图，如下图所示。

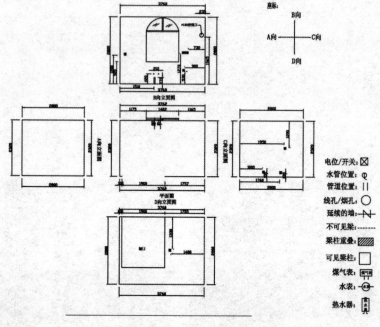

STEP 08 总平面图绘制完毕之后，再绘制各个房间的平面图，如下图所示。

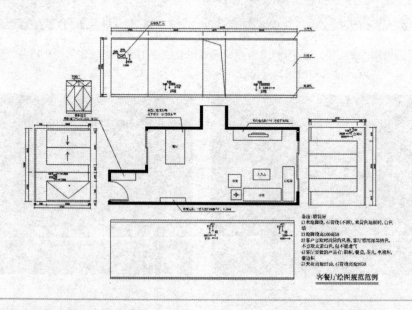

客餐厅绘图规范范例

提示 tips

在设计选择家具时，应考虑安装余量，即：家具设计尺寸=测量尺寸-安装余量。一般，柜身的安装余量为10mm～15mm，台面的安装余量为5mm～10mm。

11.4 房屋装修面积的计算方法

装修面积与房子的实际面积并不同，为了能做到准确的备料和计算出装修费用，在装修之前有必要对房子的装修面积进行计算。

家庭装修中所涉及的项目大致分为墙面、顶棚、地面、门、窗及家具等几个部分。

11.4.1 墙面装修面积计算

墙面（包括柱面）的装饰材料一般包括涂料、石材、墙砖、壁纸、软包、护墙板、踢脚线等。计算面积时，材料不同，计算方法也不同。

项 目	计算方法
涂料、壁纸、软包、护墙板	面积按长度乘以高度，单位以"平方米"计算。长度按主墙面的净长计算；高度：无墙裙的从室内地面算至楼板底面，有墙裙的从墙裙顶点算至楼板底面；有吊顶天棚的从室内地面（或墙裙顶点）算至天棚下沿再加20cm
铺设石材和墙砖	按实铺面积以"平方米"计算，安装踢脚板面积按房屋内墙的净周长计算，单位为米

墙裙就是在四周的墙上距地一定高度（例如1.5m）范围之内全部用装饰面板、木线条等材料覆盖，常用于卧室和客厅。20世纪90年代很流行这种装修风格，现在已经很少见了。

提示 tips 门、窗所占面积应扣除，但不扣除踢脚线、挂镜线（又称"画镜线""挂画器"，全名为千缘悬挂系统，是沿着四壁距天花板大约20cm～30cm墙面上的一道木质或不锈钢轨道，如下右图所示）、单个面积在0.3m²以内的孔洞面积和梁头与墙面交接的面积。

墙裙

挂画器

11.4.2 顶棚装修面积计算

顶棚（包括梁）的装饰材料一般包括涂料、吊顶、顶角线（装饰角花）及采光顶棚等。顶棚施工的面积均按墙与墙之间的净面积以"平方米"计算，不扣除间壁墙（非承重墙）、穿过顶棚的柱、垛和附墙烟囱等所占的面积。顶角线长度按房屋内墙的净周长以"米"计算。

11.4.3 地面装修面积计算

地面的装饰材料一般包括木地板、地砖（或石材）、地毯、楼梯踏步及扶手等。

项　目	计算方法
地面面积	按墙与墙间的净面积以"平方米"计算，不扣除间壁墙、穿过地面的柱、垛和附墙烟囱等所占的面积
楼梯踏板面积	按实际展开面积以"平方米"计算，不扣除宽度在30cm以内的楼梯井所占面积；楼梯扶手和栏杆的长度可按其全部水平投影长度(不包括墙内部分)乘以系数1.15以"延长米"计算

对家具的面积计算没有固定的要求，一般以各装饰公司报价中的习惯做法为准，用"延长米""平方米"或"项"为单位来统计。但需要注意的是，每种家具的计量单位应保持一致。例如，做两个衣柜，不能出现一个以"平方米"为计量单位，另一个则以"项"为计量单位的现象。

11.5 房屋装修常用材料的计算方法

装修的方案不同，所涉及的材料品种也不同，但根据面积计算主材用量的方法却大致相同。本节主要介绍几种常用的装饰材料的规格及计算方法。

11.5.1 地砖材料的计算方法

常见地砖规格有600mm×600mm、500mm×500mm、400mm×400mm、300mm×300mm，如右图所示。

精确计算： 房间面积÷地砖面积=用砖数量

粗略计算： 精确计算×1.1=用砖量

以长4.5m、宽2.5m的房间为例，采用各种型号的地砖用量计算如下表所示。

表 各种地砖计算对比表

房间面积	4.5m×2.5m=11.35m²			
地砖规格	600mm×600mm	500mm×500mm	400mm×400mm	300mm×300mm
精确计算	31.25	45	70.3	125
取值	32	45	71	125
浪费面积	0.75	0	0.7	0

从列表中可以看出选择500mm×500mm和300mm×300mm比较经济。

提示 tips

地面地砖在核算时，考虑到切截损耗，搬运损耗，可加上3%左右的损耗量。铺地面地砖时，每平方米所需的水泥和砂要根据原地面的情况来定。通常在地面铺水泥砂浆层，每平方米需普通水泥12.5kg，中砂34kg。

11.5.2 实木地板和复合地板材料的计算方法

当前室内装修时，如果使用地板来进行装修，一般均选用实木或者复合地板。常见规格如下。

标准规格： 900mm×90mm×18mm

宽板规格： 900mm×120mm×18mm

常用非标规格： 900mm×60mm×18mm，750mm×90mm×18mm，600mm×90mm×18mm

实木地板如下左图所示，复合地板如下右图所示。

下面简要说明一下实木地板和符合地板使用块数的计算方法。

精确计算： 房间面积÷地板面积=使用地板块数

实木地板粗略计算： 精确计算×1.08=使用地板块数

复合地板粗略计算： 精确计算×1.05=使用地板块数

以长5m、宽3m的房间为例，采用各种型号的实木或复合地板用量计算如下表所示。

表 各种实木或复合地板计算对比表

房间面积	5m×3m=15m²				
地砖规格	900mm×90mm	900mm×120mm	900mm×60mm	750mm×90mm	600mm×90mm
精确计算	185.2	138.9	277.8	222.2	277.8
取值	186	139	278	223	278
浪费面积	0.8	0.1	0.2	0.8	0.2

从列表中可以看出选择900mm×120mm比较经济。

提示 tips

木地板的施工方法主要有架铺、直铺和拼铺三种，但表面木地板数量的核算都相同，只需将实木地板的总面积再加上8%左右的损耗量，复合地板的总面积再加上5%的损耗量即可。但对架铺地板，在核算时还应对架铺用的大木方条和基层、面层的细木工板进行计算。核算这些木材可从施工图上找出其规格和结构，然后计算其总数量。如施工图上没有注明其规格，可按常规方法计算数量。架铺木地板常规使用的基座大木方条规格为60mm×80mm、基层细木工板规格为20mm，大木方条的间距为600mm。每100m²架铺地板需大木方条0.94m³、细木工板1.98m³。

11.5.3 地面石材材料的计算方法

地面石材耗量与瓷砖大致相同，只是地面砂浆层稍厚。在核算时，考虑到切截损耗，搬运损耗，可加上1.2%左右的损耗量。铺地面石材时，每平方米所需的水泥和砂要根据原地面的情况来定。通常在地面铺15mm厚水泥砂浆层，其每平方米需普通水泥15kg，中砂0.05m³。

11.5.4 墙面砖材料的计算方法

瓷砖的品种规格有很多，在核算时，应先从施工图中查出各种品种规格瓷片的饰面位置，再计算各个位置上的瓷片面积。然后将各处相同品种规格的瓷片面积相加，即可得到各种瓷片的总面积，最后加上3%左右的损耗量。墙面砖贴图效果如下图所示。

镶贴瓷片有两种工艺，即普通工艺和加胶工艺。两种工艺每平方米所用材料如下表所示。

表 普通工艺和加胶工艺每平方米所用材料

镶贴部位	普通工艺（每m²）	加胶工艺（例如107胶）（每m²）
墙面	普通水泥11kg、中砂33kg、石灰膏2kg	普通水泥12kg、中砂13kg、107胶水0.4kg
柱面	普通水泥13kg、中砂27kg、石灰膏3kg	普通水泥14kg、中砂15kg、107胶水0.4kg

提示 tips 镶贴后需要擦缝处理的白水泥，每平方米瓷片约需0.5kg左右。擦洗瓷片面用的棉维丝用量为每100m²1kg左右。

11.5.5 涂料乳胶漆材料的计算方法

涂料乳胶漆的包装基本分为5升和15升两种规格，如下图所示。

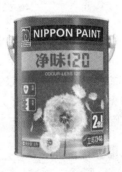

以家庭中常用的5升容量为例，5升的理论涂刷面积为两遍35平方米。

计算方法：(墙面面积+顶面面积-门窗面积)÷35=使用桶数

墙面面积=(长×房高+宽×房高)×2，顶面面积=长×宽

以长5m、宽3m、高2.6m，门窗面积为3.6m²的房间为例，室内的墙、顶涂刷面积计算方法如下所示。

墙面面积：(5m×2.6m +3m×2.6m)×2=41.6m²

顶面面积：5m×3m=15m²

涂料量：(41.6+15-3.6)÷35m²=1.5桶

提示 tips 以上只是理论涂刷量，因在施工过程中涂料要加入适量清水，所以以上用量只是最低涂刷量。

11.5.6 墙纸材料的计算方法

墙纸是室内装修中使用最为广泛的墙面、天花板装饰材料。墙纸图案变化多端，色泽丰富，除了美观外，还有易清洗、施工方便等特点。墙纸图案如下图所示。

常见墙纸规格如下表所示。

表 常用墙纸的规格

	家用			工程用	
宽度（m）	0.53~0.6	0.76~0.9	0.92~1.2	1.37	1.55
长度（m）	10~12	25~50	25~50	30~60	30~60
m²/卷	5~6	19~45	23~60	40~82	46~93

墙纸使用的计算方法：（墙面面积−门窗面积）÷每卷墙纸的面积=使用墙纸的卷数

墙面面积=(长×房高+宽×房高)×2

每卷墙纸的面积=每卷墙纸的规定长×每卷墙纸的规定宽

在计算墙面面积时通常要以房间的实际高度减去踢脚线以及顶线的高度。

考虑到实际使用中墙纸的拼贴和对花，因此要比实际用量多买10%左右的损耗量。

11.5.7 窗帘材料的计算方法

窗帘的主要作用是调节光线、温度、声音和视线，其次才是装饰性。根据窗帘材料和薄厚程度，可分为纱、绸和呢3种。窗帘的结构如下图所示。

普通窗帘多为平开双幅帘，窗帘用料主要分两部分，窗帘和帘头。

计算窗帘用料前，首先要根据窗户的规格来确定成品窗帘的大小。成品帘要盖住窗框左右各0.15m。

窗帘计算方法：双幅窗帘所需布料米数=成品帘宽度×窗帘高度÷布宽

双幅成品帘宽度=(窗宽+0.15×2)×2

提示 tips 这个公式简单理解就是窗帘所需布料的面积除以布料的宽度。

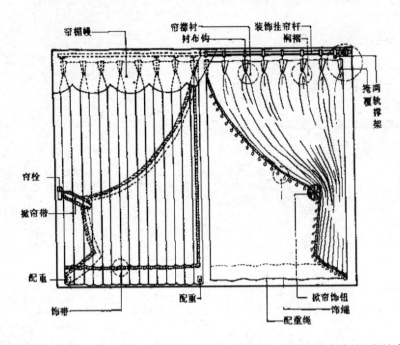

窗帘帘头计算方法：帘头所需布料米数=（帘头宽×3倍褶）×（帘头盒高度+免边）÷布宽

提示 tips 这个公式简单理解就是帘头所需布料的面积除以布料的宽度。免边是指帘头长出帘头盒的部分，一般去0.15m～0.2m左右。

假如窗帘帘头长1.92m，帘头盒高0.18m，布料宽度为1.5m，则帘头所需布料米数为：（1.92m×3）×（0.18m+0.15m）÷1.5m=1.27m。

11.5.8 木线条材料的计算方法

木线条核算就是将相同品种和规格的木线条相加，再加上损耗量。一般线条宽度为10mm～25mm的小规格木线条，其损耗量为5%~8%；宽度为25mm~60mm的大规格木线条，其损耗量为3%~5%。对一些较大规格的圆弧木线条，因为需要定做或特别加工，所以一般都需单项列出其半径尺寸和数量。

木线条安装除了木线条本身外，还要有辅助材料，即钉和胶。每100m木线条大约需要0.5盒钉，小规格木线条通常用20mm钉枪钉。如用普通铁钉（俗称1寸圆钉），每100m需0.3kg左右。木线条的粘贴一般用白乳胶、309胶、立时得等，每100m木线条需用量为0.4kg~0.8kg。

工程量是以物理计量单位或自然计量单位表示的各种具体工程或结构的数量。物理计量单位是以物体的物理属性为计量单位，一般指以公制度量表示的长度、面积、体积、质量等的单位。

自然计量单位则是以施工对象本身自然组成情况为计量单位，如个、件、台、套等。

Chapter

12

室内装潢设计中的
工程量计算

12.1 工程量的计算方法、原则和技巧

在讲解工程量计算之前，先来介绍一下工程量计算的一般原则、依据、步骤和技巧，以方便使用时有相应的依据。

1. 工程量的计算方法

工程量是以物理计量单位或自然计量单位表示的各种具体工程或结构的数量，见下表所示。

表 工程量的项目和计算方法

项 目	计算方法
物理计量	以物体的物理属性为计量单位，一般指公制度量表示的长度、面积、体积、质量等的单位
自然计量单位	以施工对象本身自然组成情况为计量单位，如个、件、台、套等

2. 工程量计算的一般原则和依据

工程量的计算一般遵循以下几个基本原则：（1）口径必须一致；（2）计量单位和计算规则必须一致；（3）必须按图纸计算并列出计算公式；（4）必须注意计算顺序和统筹计算。

工程量的计算有以下3个依据：（1）经审定的设计图纸及设计说明；（2）装饰装修工程量计算规则；（3）装饰施工组织设计与施工技术措施方案。

3. 工程量计算的步骤

工程量的计算步骤如下。

- 阅读施工图纸和施工说明书、施工组织设计或方案、施工合同及招标文件。
- 熟悉工程量计算规则。
- 确定分部工程项目、列出工程子项目。
- 列表计算分部分项（或子项目）工程量。

4. 工程量计算的顺序

工程量计算的顺序见下表所示。

表 工程量的计算项目和适用范围

项 目	适用范围
按顺时针方向先左右后、先上后下、先横后竖	适用于墙面抹灰、装饰墙裙、壁画、镶贴块料、楼地面、天棚吊顶等
按图纸的轴线先外后内	适用于门、窗项目的装饰
按建筑物层次及图纸构建编号顺序	适用于钢筋混凝土构件，如柱、板等的装饰面和铝合金推拉窗等。 优点：避免前后反复查阅图纸、节省时间、提高效率。 缺点：不同构件工程量混在一个计算表中，汇总时麻烦

提示 tips 对于复杂工程，计算墙体、柱子和内外粉刷时，仅按上述顺序计算还可能发生重复或遗漏，这时，可按图纸上的轴线顺序进行计算，并将其部位以轴线号表示出来。如位于A轴线上的外墙，轴线长为①~②，可标记为A：①~②。此方法适用于内外墙挖地槽、内外墙基础、内外墙砌体、内外墙装饰等工程量的计算。

12.2 楼地面的工程量计算

　　楼地面是指楼面和地面，楼地面工程主要包括整体面层、块料面层、橡塑面层、其他材料面层、踢脚线、楼梯装饰、扶手、栏杆、栏板、台阶装饰和零星装饰等。

12.2.1 楼地面装饰的辅助材料及工序

　　楼地面装饰的辅助材料主要包括嵌条材料以及酸洗、打蜡和磨光等相应的材料工具。

> **提示 tips** 为方便介绍和计算，12.2~12.6所有计算规则和计算均按图示尺寸计算，但实际施工过程中应参考《全国统一建筑装饰装修工程量消耗定额》乘以相应的系数，以便准确计算出工程量和核算工程造价。

1. 嵌条材料

　　指用于水磨石的分格、做图案等的嵌条，有铜嵌条、玻璃嵌条、铝合金嵌条和不锈钢嵌条等，如下左图所示。

2. 酸洗、打蜡、磨光

　　指水磨石、菱苦土、陶制块料等用草酸清洗污渍，然后打蜡（蜡脂、松香水、鱼油、煤油等按设计要求调配）和磨光，下右图所示为打蜡磨光操作。

3. 颜料

　　指用于水磨石地面、踢脚线、楼梯、台阶和块料层勾缝所需配置砂浆内添加的耐碱矿物质颜料。

4. 压线条

　　指地毯、橡胶板、橡胶卷材铺设的压线条，常用的有铝合金、铜和不锈钢，如下左图所示。

5. 地毯固定配件

指用于固定地毯的压棍和压棍脚，如下右图所示。

6. 防滑条

指用于楼梯、台阶踏步的防滑设施，有铜质、铁质等，如下左图所示。

7. 扶手固定配件

指用于楼梯、台阶的栏杆、栏杆柱、栏板与扶手相连的固定配件，靠墙扶手与墙相连接的固定件，如下右图所示。

防滑条

扶手固定配件

8. 防护材料

指耐酸、耐碱、耐臭氧、耐老化、防火、防油渗等的材料。

12.2.2 楼地面工程量计算规则

楼地面工程量主要包括地面垫层、整体面层、找平层、块料面层、楼梯面层、台阶、踢脚板和散水、防滑坡道等部分，下面简要说明一下它们的计算规则。

- 整体面层、块料层、橡塑面层、零星装饰项目按设计图尺寸以面积计算。
- 踢脚线按设计图示长度乘高度以面积计算。
- 楼梯装饰按设计图示尺寸的楼梯水平投影面积计算。
- 扶手、栏杆、栏板装饰按设计图以扶手中线长度（包括弯头长度）计算。
- 台阶按设计图示尺寸（包括最上层踏步边沿加0.3m）水平投影面积计算。

12.2.3 楼地面和踢脚线工程量计算

这一节通过两个案例来说明楼地面工程量的计算方法。

案例 楼地面和踢脚线工程量的计算

下图为一室内施工平面图和平面图中门的尺寸表，若室内地面铺设400mm×400mm的大理石，计算铺设大理石的工程量，以及使用的块数。如果室内贴高度为120mm的大理石踢脚线（门框位置不贴），计算大理石踢脚线的工程量。

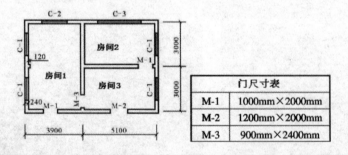

计算方法如下。

1. 铺设大理石工程量计算

铺设大理石工程量以室内地面面积m^2为计量单位，按顺时针方向先左后右，先上后下分别对各个房间工程量进行计算。

房间1的工程量＝（3.9-0.24）×（3+3-0.24）＝21.08m²
房间2和3的工程量＝（5.1-0.24）×（3-0.24）×2＝26.83m²
总工程量＝21.08m²＋26.83m²＝47.91m²

2. 铺设大理石的块数

大理石的计量单位采用"块"计量，大理石用量等于房间面积除以单个大理石面积。
大理石用量＝47.91÷（0.4×0.4）＝299.44（取整300块）

3. 踢脚线工程量

踢脚线工程量以室内周长米为计量单位，按顺时针方向先左后右，先上后下分别对各个房间工程量进行计算。

房间1的工程量＝（3.9-0.24+3×2-0.24）×2=111.84m

房间2和3的工程量＝（5.1-0.24+3-0.24）×2×2=30.48m

上面计算的工程量包含了门，因此要扣除铺设门这一块的工程量，在扣除门的工程量时，有的需要扣除两面，有的需要扣除单面，这是根据上面计算房间工程量时是包含双面还是单面决定的，例如房间1的M-1号门只扣除单面即可，而房间2的M-1则需要扣除双面。

房间1的M-1号门的工程量＝1×1=1m

房间2的M-1号门的工程量＝1×2=2m

M-2号门的工程量＝1.2×1=1.2m

M-3号门的工程量＝0.9×2=1.8m

踢脚线总工程量=111.84+30.48-（1+2+1.2+1.8）=43.32m

12.2.4 楼梯工程量计算

右图为某建筑物内一楼梯施工图，楼梯与走廊连接，采用直线双炮式，墙厚240mm，楼梯铺设大理石，计算其工程量。

计算方法如下。

楼梯装饰按设计图示尺寸的楼梯水平投影面积计算，工程量计量单位采用m²计量，因此，楼梯工程量的计算如下。

楼梯工程量＝（3.1-0.24）×（0.2+2.65+1.38）=12.1m²

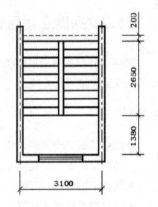

12.3 顶棚的工程量计算

顶棚按构造形式不同分为直接式顶棚和悬吊式顶棚，顶棚的工程量主要包括抹灰、吊顶以及其他装饰等。

直接式顶棚是指直接在楼板底面进行抹灰或粉刷、粘贴等装饰而形成的顶棚，一般用于装修要求不高的房间，其要求和做法与内墙装修相同。

在屋顶（或楼板层）结构下，另吊挂一顶棚，称悬吊式顶棚（简称吊顶）。吊顶可节约空调能源消耗，结构层与吊顶之间可做布置设备管线之用。悬吊式顶棚如右图所示。

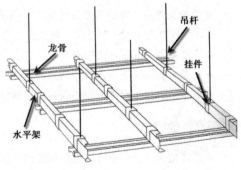

12.3.1 顶棚工程项目简介

下表包括了顶棚等工程项目的内容和相应的详细介绍。

表 顶棚装修工程项目包含内容

项目名称	特 征
抹灰	包括墙基层类型、抹灰厚度、材料种类、装饰线条道数、砂浆配合比等
吊顶	包括吊顶形式、龙骨、基层、面层材料种类、规格、品牌、颜色、压条、嵌缝、防护材料、油漆种类等
灯带	包括灯带形式、尺寸、格栅片材料品种、规格、品牌、颜色、安装固定方式等
送风口、回风口	包括材料品种、规格、品牌、颜色、安装固定方式、防护材料种类等

提示 tips

1. 顶棚的检查孔、检修走道、灯槽应包含在报价内。
2. 顶棚吊顶的平面、跌级以及形状等应在清单中有描述。
3. 顶棚抹灰如果有装饰线时，分别按三道线以内或五道线以内计算，"抹装饰线条"线角的道数以一个突出的棱角为一道线。
4. 基层一般指结构层，面层指装饰层。

12.3.2 顶棚工程量计算规则

顶棚工程量主要包括抹灰、吊顶，以及顶棚其他装饰，它们的工程量计算可以分为顶棚工程量、轻钢龙骨工程量等几大项。

1. 抹灰

● 按主墙间的净面积计算，不扣除间壁墙、垛、柱、附墙烟囱、检查口和管道所占面积。带梁顶棚，梁两侧抹灰面积并入顶棚面积内计算。

● 顶棚中的折线、灯槽线、圆弧形、拱形线等艺术形式，按展开面积算，并入顶棚工程量中。

● 阳台地面抹灰按水平投影面积以平方米计算，并入相应顶棚抹灰面积内。如果阳台带悬臂梁，则其工程量乘系数1.3。

● 雨篷底面或顶面抹灰按水平投影面积以平方米计算，并入相应的顶棚抹灰面积内。若顶面带反沿或反梁或底面带悬臂梁的，工程量乘系数1.2。

2. 吊顶

● 顶棚龙骨按主墙间净面积计算，不扣除间壁墙、检查口、附墙烟囱、柱垛和管道所占面积，扣除单个0.3m²以上的孔洞、独立柱及顶棚相连的窗帘盒所占的面积。

● 顶棚基面、面层均按展开面积计算。

● 龙骨、基层、面层合并列项的项目，工程量按龙骨的计算规则计算。

● 藤条造型悬挂吊顶、织物软吊顶、网架顶棚均按水平投影面积计算。

3. 顶棚其他装饰

● 灯带按设计图示尺寸以框外围面积计算。

● 送风口、回风口按设计图示数量计算。

12.3.3 顶棚工程量计算案例

前面讲解了顶棚工作量的计算规则和方法，下面通过案例来说明顶棚工程量的计算过程和注意要点。

案例 case 顶棚工程量计算

右图所示为一室内顶棚平面图，设计轻钢龙骨石膏板吊顶，表面涂白色乳胶漆，窗帘盒宽200mm，墙厚240mm，计算顶棚吊顶工程量、龙骨、基层和面层的材料消耗量。

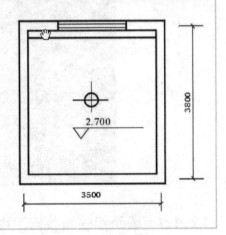

计算方法如下。

1. 顶棚工程量计算

顶棚吊顶工程量等于主墙间的面积减去窗帘盒的工程量。

主墙间面积=（3.5-0.24）×（3.8-0.24）=12m^2

窗帘盒工程量=（3.5-0.24）×0.2=0.65m^2

顶棚吊顶工程量=12-0.65=11.35m^2

2. 轻钢龙骨工程量计算

轻钢龙骨工程量=主墙间的面积=12m^2

3. 石膏板基层工程量

石膏板基层工程量=面层工程量=主墙间面积−窗帘盒工程量=10.95m^2

提示 tips

顶棚的清单工程量计算需要注意的是平面顶棚按设计图示尺寸以水平投影面积计算。做顶棚的清单条目时，按相关附录的特征描述要求进行特征描述。要注意的是对油漆的处理，顶棚油漆可以在顶棚条目中进行描述，也可以单独在油漆部分列清单项。注意单独列项时，在顶棚的特征描述中就不要进行油漆的描述了，以免造成重复。采光顶棚和顶棚设保温隔热吸音层时，应按保温隔热部分相关编码列项。

12.4 墙面和柱面的工程量计算

墙面和柱面装修工程主要包括抹灰（分为一般抹灰和装饰抹灰）、贴面、饰面、隔断、间隔、幕墙等工程。如下图所示为玻璃幕墙。

12.4.1 墙面和柱面装修工程项目简介

下面3个表格包括了墙面、柱面等工程项目的内容、常用名词的含义及抹灰标准要求。

表 墙面和柱面装修工程包含内容

项目名称	包含内容
抹灰	包括墙柱面类型、砂浆配合比、厚度、饰面材料种类、分割缝的宽度、材料种类等
贴面	包括墙、柱类型，砂浆配合比、厚度、安装方式，层面材料品种、规格、品牌、颜色、防护材料、磨光、酸洗、打蜡等
饰面	包括墙柱类型、底层厚度、砂浆配合比、龙骨、隔离层、基层、面层材料种类和规格、防护材料及油漆种类等
隔断	包括骨架、边框材料种类、规格，隔板材料品种、规格、颜色、嵌缝、塞口材料的品种、压条、防护材料、油漆的种类等
幕墙	包括骨架材料的种类、规格、中距，面层材料品种、规格、颜色、固定方式，嵌缝、塞口材料的种类等

表 墙面和柱面装修工程中常用到的名词及含义

名　词	含　义
嵌缝材料	指砂浆、油膏和密封胶等材料
防护材料	石材等防碱背涂处理剂和面层防酸涂剂等
基层材料	指面层内的底层材料，如墙裙、木护墙、木板隔墙等
墙体类型	指墙砖、石墙、混凝土墙、砌块墙及内墙、外墙等
带肋全玻璃幕墙	指带玻璃肋的玻璃幕墙，玻璃肋的工程量应合并在玻璃幕墙内
零星抹灰	小面积（0.5m² 以内）少量分散的抹灰
零星贴面	小面积（0.5m² 以内）少量分散的镶贴块料面层

表 墙面、柱面抹灰标准及要求

遍数	等级	标准	工序	外观质量
二遍	普通	底层和面层各一遍	分成找平、休整、表面压光	表面光滑洁净、接茬平整
三遍	中等	底层、中层、面层各一遍	阳角找方、设置标筋、分层找平、休整、表面压光	表面光滑洁净、接茬平整、压线清晰顺直
四遍	高级	底层和中层各一遍，面层两遍	阳角找方、设置标筋、分层找平、休整、表面压光	表面光滑洁净、颜色均匀、无抹纹压线、平直方正、清晰美观

提示 tips

抹灰的厚度就是各类砂浆厚度的总和，不同砂浆分别列出厚度，如"15+7"即表示两种不同砂浆的各自厚度，同类砂浆列总厚度即可。

12.4.2 墙面和柱面工程量计算规则

墙面和柱面工程量的计算包括墙面按图示尺寸以面积计算、柱面抹灰按设计图以面积计算等。

1. 墙面

● 墙面抹灰按设计图示尺寸以面积计算。

● 墙饰面按设计图示墙净长乘以净高面积计算。

● 墙面镶贴块料按设计图示尺寸以面积计算，其中干挂石材钢骨按设计图示尺寸以质量计算。

2. 柱面

● 柱面抹灰按设计图示柱断面周长乘以高度以面积计算。

● 柱面镶贴块料按设计图示尺寸以面积计算。

● 柱（梁）饰面按设计图示饰面外围尺寸以面积计算，柱墩、柱面并入相应饰面工程量内。

3. 其他

● 隔断按设计图示框外围尺寸以面积计算。

● 零星抹灰、镶贴块料按设计图示尺寸以面积计算。

● 全玻璃幕墙按设计图示尺寸以面积计算，带肋全玻璃幕墙按展开面积计算。带骨架幕墙按设计图示框外围尺寸以面积计算。

12.4.3 墙面和柱面工程量计算案例

前面讲解了墙面和柱面工作量的计算规则和方法，下面通过案例来说明顶棚工程量的计算过程。

案例 case 室内墙面、柱面装修工程量计算

下图所示为一面墙的施工立面图，该墙长3.08m，高2.8m，墙裙高200mm，踢脚线高100mm，此外，有一边长为250mm的方柱和2000mm×970mm的门，如果墙面中级抹刷白色乳胶漆，计算立面墙抹灰工程量。

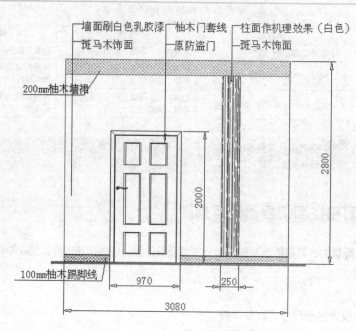

墙面刷白色乳胶漆　柚木门套线　柱面作机理效果（白色）
斑马木饰面　原防盗门　斑马木饰面

200mm柚木墙裙

2800

2000

100mm柚木踢脚线

970　250

3080

计算方法如下。

图中抹灰工作量等于墙面工程量加立柱侧面工程量再减去门洞工程量。

墙面净高=2.8-0.2-0.1=2.5m

墙面工程量=3.08×2.5=7.7m²

立柱侧面工程量=0.25×2.5×2=1.25m²（立柱四个侧面，其中一个和墙连在一起不刷，一个在计算墙工作量时已经计算过了，所以只有两个侧面需要计算）

门洞工程量=0.97×2=1.94m²

总工程量=7.7+1.25-1.94=7.01m²

12.5 门窗的工程量计算

门由门框、门扇、五金配件等组成，窗由窗框、窗扇、五金配件等组成。门窗的结构示意图如右图所示。

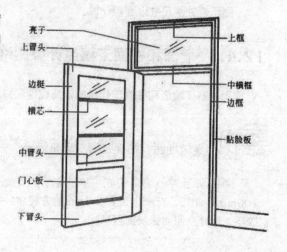

亮子　上框

上冒头

边框　中横框
边框

横芯

贴脸板

中冒头

门心板

下冒头

12.5.1 门窗工程项目简介

下表为门窗装修工程项目中主要包括的内容。

表 门窗装修工程项目包含内容

项目名称	包含内容
门	包括门类型、框截面尺寸、单扇面积、骨架材料、面层材料、规格、颜色、玻璃品种及厚度、五金材料、品种、规格、防护材料及油漆的种类等
窗	包括窗的类型、框、材料及外围尺寸，玻璃品种及厚度，五金材料、品种、规格、防护材料及油漆品种等
窗帘盒、窗帘轨	包括窗帘盒和窗帘轨的材质、规格、颜色、防护材料及油漆种类等
窗台板	包括找平层厚度及砂浆配合比，窗台板材质、规格、颜色、防护材料种类、油漆种类及刷漆遍数等

下表为门窗工程中常用的名词及其含义。

表 门窗工程中常用到的名词及含义

名 词	含 义
门窗类型	带亮子或不带亮子，带纱或不带纱，单扇、双扇，半百叶或全百叶，半玻璃或全玻璃，带门框或不带门框、单独门和开启方式（平开、推拉、折叠）等
木门窗五金配件	包括折页、插锁、风钩、弓背拉手、搭扣、弹簧折页、管子拉手、地弹簧、滑轮、滑轨、门扎头、角铁、木螺丝等
铝合金门窗配件	卡锁、滑轮、铰链、门销、门铰、地弹簧、把手、拉手等

12.5.2 门窗工程量计算规则

门窗装修工程量的计算则包括不同种类门的面积计算方法，以及窗户的计算方法等。

1. 门的计算规则

- 金属平开门、金属推拉门、铝合金门、塑钢门、金属防盗门、金属隔栅门、防火门、玻璃门均按框外围面积计算。
- 夹板装饰门扇制作、木纱门制作安装、金属地弹门安装均按扇外围面积计算。
- 卷闸门安装按其安装高度乘以门的实际宽度计算。安装高度算至滚筒顶点。带卷筒罩的按展开面积计算。
- 防火卷帘门从地面算至端板顶点乘以设计宽度计算。
- 电子感应门、转门、电动伸缩门按樘计算。
- 彩板门按门洞面积计算。

2. 窗的计算规则

- 木组合窗、铝合金窗、塑钢窗、天窗按图示的窗框外围面积计算，其组合缝的填充料，盖口条及安装连接的螺栓等均已包含在定额内，不另计算。角钢、支撑以图示规格计算质量，按铁件计价。
- 钢窗、彩板窗、固定无框窗均按窗洞面积计算。
- 带亮子与框上镶玻璃亮子的工程量应分别计算。
- 如果窗内有部分不装窗扇而直接在框上装玻璃的，框上装玻璃部分的工程量应单独计算。

- 普通窗上带有半圆窗的工程量应分别按半圆窗和普通窗计算。半圆窗的工程量以普通窗和半圆窗之间的横框的上裁口线为分界线。
- 窗台板按实铺面积计算。

12.5.3 门窗工程量计算案例

前面讲解了门窗工作量的计算规则和方法，下面通过案例来说明门窗工程量的计算过程。

案例 case 门窗装修工程量计算

下图为一套三室两厅平面图，M-1为防盗门，门M-4和门M-5的门扇是实木镶板门扇，门M-2、M-3的门扇为实木全玻门。实木门框断面为50mm×100mm。计算防盗门的安装工程量和实木门M-4和M-5的门框和门扇的制作安装工程量。

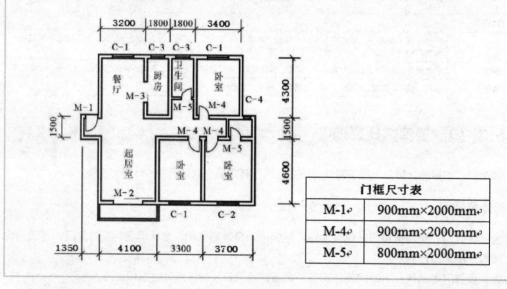

门框尺寸表	
M-1	900mm×2000mm
M-4	900mm×2000mm
M-5	800mm×2000mm

计算方法如下。

1. 防盗门的安装工程量

防盗门的安装工程量等于防盗门的面积，以平方米为计量单位。
防盗门的安装工程量=0.9×2=1.8m²

2. M-4和M-5实木门的门框制作总工程量

M-4和M-5实木门框制作工程量等于门框三个边（有一条边和地面重合，不计算）的长度之和，然后再乘以各自的门框数即可，以米为计量单位。
M-4门框工程量=（0.9+2+2）×3=14.7m
M-5门框工程量=（0.8+2+2）×2=9.6m
M-4和M-5门框总工程量=14.7+9.6=24.3m

3. M-4和M-5实木门扇安装总工程量

M-4和M-5实木门扇安装总工程量等于各自的面积，然后再乘以各自的门扇数即可，以㎡为计量单位。

M-4门扇安装工程量=（2-0.05）×（0.9-0.05）×3=4.97㎡

M-5门扇安装工程量=（2-0.05）×（0.8-0.05）×2=2.93㎡

M-4和M-5门扇安装总工程量=4.97+2.93=7.9㎡

12.6 油漆、涂装、裱糊的工程量计算

油漆、涂装和裱糊根据各自的施工基层和方式不同，各自又分为多种类型，具体如下图所示。

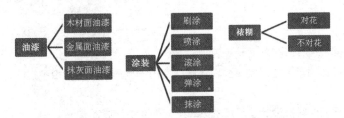

油漆和涂装施工一般需要经过基层处理、打底子、刮腻子、磨光和涂刷等工序。

提示 tips 腻子（填泥）是平整墙体表面的一种装饰型材料，是一种厚浆状涂料，刮腻子是涂料粉刷前必不可少的一道工序。涂施于底漆上或直接涂施于物体上，用以清除被涂物表面高低不平的缺陷，如右图所示为刮涂腻子示意图。

12.6.1 油漆、涂装和裱糊工程项目内容

下表包含了门窗油漆等工程项目的内容和相应的说明。

表 门窗装修工程项目包含内容

项目名称	包含内容
门窗油漆	包括门、窗类型，腻子种类，刮腻子要求，防护材料种类，油漆品种、刷漆遍数等
扶手、板条、线条油漆	包括腻子种类，刮腻子要求，油漆体单位展开面积，油漆体长度、防护材料种类，油漆品种、刷漆遍数等
木材面和金属面油漆	包括腻子种类，刮腻子要求，防护材料种类，油漆品种、刷漆遍数等
抹灰面油漆	包括基层类型、线条宽度、道数，腻子种类，刮腻子要求，防护材料种类、油漆品种、刷漆遍数等
喷刷涂装	包括基层类型、腻子种类，刮腻子要求、涂料品种、喷刷遍数等
线条涂装	包括腻子种类、线条宽度、刮腻子要求、涂料品种、喷刷遍数等
裱糊	包括基层类型、构件部位、腻子种类、刮腻子要求、粘结材料种类、防护材料种类、面层材料品种、规格、品牌、颜色等

12.6.2 油漆、涂装和裱糊工程量计算规则

涂料产品本身带有介绍该产品重量以及涂刷面积的，可根据具体面积配合产品的涂刷面积来计算，但是也要根据实际情况，做相应的预留量，介绍如下。

1. 油漆

- 木隔断按单面外围面积计算。
- 木地板按设计图示尺寸面积以m²计算，空调、壁龛的开口部分并入相应的工程量中。
- 金属面油漆按设计图示构件重量以T计量。
- 抹灰面油漆按设计图示尺寸面积以m²或长度m计算。
- 木扶手工程量按中心线长度以m计算，弯头应计算在扶手长度内。

2. 涂装

- 外墙按设计图示尺寸以实刷面积计算。
- 内墙涂装按设计图示尺寸以实刷面积计算，室内的棚角线所占面积不扣除，棚角线另按相应定额计算。
- 空花格、栏杆刷涂料按设计图示尺寸以单面外围面积计算。
- 线条刷涂料按设计图示尺寸以长度计算。

3. 裱糊

- 裱糊按设计图示尺寸以面积计算。

12.6.3 油漆、涂装和裱糊工程量计算案例

前面讲解了油漆、涂装等工作量的计算规则和方法，下面通过案例来说明油漆、涂装工程量的计算过程。

案例 case 油漆、涂装、裱糊工程量计算

下图所示为一房间装饰图，内墙抹灰面满刮腻子两遍，粘贴对花墙纸，门窗洞口侧面贴墙纸120mm宽，房间净高3.5m、挂镜线刷底油一遍、调和漆两遍；挂镜线以上及天棚刷仿瓷涂料两遍。计算房间挂镜线油漆工程量、挂镜线以上及天棚仿瓷涂料工程量和墙纸裱糊工程量。

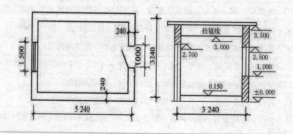

计算方法如下。

1. 挂镜线油漆工程量

挂镜线油漆工程量等于挂镜线正投影四边的周长，即底面周长，以米为计量单位。

挂镜线油漆工程量=[（5.24-0.24）+（3.24-0.24）]×2=16m

2. 挂镜线以上及天棚刷仿瓷涂料工程量

挂镜线以上仿瓷涂料工程量等于挂镜线以上内壁面积，天棚仿瓷涂料工程量等于天棚正投影面面积，即底面面积，以m²为计量单位。

（1）挂镜线以上仿瓷涂料工程量

挂镜线仿瓷涂料工程=底面周长×挂镜线距离顶棚的高度

底面周长=16m（上步计算结果）

挂镜线距离顶棚的高度=3.5-3=0.5m（由左视图标高计算）

挂镜线以上仿瓷涂料工程=16×0.5=8m²

（2）天棚仿瓷涂料工程量

天棚仿瓷工程量=底面面积=（5.24-0.24）×（3.24-0.24）=15m²

3. 墙纸裱糊工程量

对花墙纸总工程量等于内墙壁对花墙纸面积（底面到挂镜线之间的面积）减去门窗洞口对花墙纸面积，再加上垛及门窗侧面对花墙纸面积。

（1）内墙壁对花墙纸面积（底面到挂镜线之间的面积）

内墙壁对花墙纸面积=底面周长×底面到挂镜线之间的高度

底面周长=16m

底面到挂镜线的高度=3-0.15=2.85m（由左视图标高计算）

内墙壁对花墙纸=16×2.85=45.6m²

（2）门窗洞对花墙纸面积

门洞对花墙纸面积=1×（2.7-0.15）（由左视图判断门洞高度）=2.55m²

窗洞对花墙纸面积=1.5×（2.5-1）（有左视图判断窗洞高度）=2.25m²

门窗洞对花墙纸面积=2.55+2.25=4.8m²

（3）垛及门窗侧面对花墙纸面积

门垛对花墙纸面积=1（门的宽度）×0.12（门窗洞贴墙纸的宽度）=0.12m²

门侧面对花墙纸面积=（2.7-0.15）×2（两侧）×0.12=0.61m²

窗侧面对花墙纸面积=1.5×4（四侧）×0.12=0.72m²

垛及门窗侧面对花墙纸面积=0.12+0.61+0.72=1.45m²

对花墙纸总工程量=45.6-4.8+1.45=42.25m²

提示 tips 房屋施工时，在施工顺序上，油漆、玻璃等作业一般在各施工段穿插进行，原则上按"油漆→乳胶漆，金属工程→玻璃"的顺序进行施工。

12.7 工程量清单

工程量清单是工程量计价的基础，是承包合同中的重要组成部分，应作为编制招标控制价、投标报价、计算工程量、支付工程款、调整合同价款、办理竣工结算以及工程索赔等的依据。工程量清单的主要作用如下。

（1）建设工程计价的基础。

（2）工程付款和结算的依据。

（3）调整工程量、进行工程索赔的依据。

（4）为投标人的投标竞争提供一个平等和共同的基础。

因为工程的划分是由分部分项工程构成的，所以每个分部分项又有单独的分项工程清单，例如上面案例中油漆、涂装、裱糊工程量清单如下表所示。

表　油漆、涂装、裱糊工程量清单

序号	项目编码	项目名称	项目特征描述	计量单位	工程量	金额		
						综合单价	总价	备注
1	××	挂镜线油漆	1. 油漆品种、刷漆遍数：刷底油一遍，调和漆两遍	m	16			
2	××	涂装	1. 基层类型：抹灰面 2. 涂料品种、刷涂遍数：仿瓷涂料，两遍	m²	23			
3	××	墙纸裱糊	1. 基层类型：抹灰面 2. 裱糊构件部位：内墙 3. 刮腻子要求：两遍 4. 面层材料品种：对花墙纸	m²	42.25			

提示 tips 工程量清单根据分部分项的内容不同形式也略有不同，读者可参照上表所示的工程量清单列出其他分项清单。

室内装修是一项系统工程，更是一项细致的工程。小到家庭住房的装修，大到医院、学校、博物馆、营业厅等公共空间的室内装修，无论哪一种，都需要在装修前制定好装修工程事项，以及相应的规则。

本章主要讲解装修施工中的过程管理。

Chapter 13

室内装修工程的要点和注意事项

13.1 装饰装修施工现场管理

施工现场管理的目的是为了提高工程质量，增强施工人员的业务素养和安全意识，同时也能给业主留下良好的形象。

13.1.1 装饰装修施工的原则和安全知识

装饰装修工程中的施工原则和安全常识是保证安全的必要措施，否则就会出现各种危险。

1. 施工原则

成品保护的原则： 在交叉作业和平行作业时，已经完成的装饰作品和成品，必须采取严格的保护措施。

工期最短的原则： 组织交叉、平行作业的目的是缩短工期，施工组织要实现的一个基本目标也是用最快的速度、按设计要求完成工程。

安全的原则： 安全是产生效益、保证工期的基础。

降低影响原则： 装修不得影响邻里的正常休息（夜里睡眠时间和中午休息时间），噪音大的工作尽量安排在白天集中完成，夜间尽量安排噪音小的工作。

2. 工地的安全常识

在工地上时，需要时刻保持安全意识，如防火、防毒以及在高空作业时必须注意的安全常识等。

（1）防火：一般油漆涂料都是易燃易爆的化学品，尤其在涂装过程中，大量可燃气体挥发到空气中，非常容易出现燃烧或者爆炸事故。所以在涂料施工中，必须注意以下问题。

- 保证空气流通，防止溶剂蒸气聚集。
- 禁止使用明火烘烤或加热油漆。
- 防止静电火花，尽量避免物品剧烈摩擦，尽量不穿化纤衣物等。

（2）防毒：大多数油漆涂料都有一定的毒性，所以在涂料施工中必须注意安全防护。

- 保证空气流通，防止溶剂蒸气聚集。最好不要在施工现场吃饭。
- 若油漆涂料进入口中、眼中，必须及时用清水冲洗后送医院治疗。
- 如大量吸入溶剂蒸气，出现不适症状时，必须迅速脱离现场，呼吸新鲜空气。待症状消失后，方可重新施工。

（3）高空作业安全常识：在进行高空作业（凡在坠落高度基准面2m以上）时，必须进行必要的安全防护，比如，系安全带和戴安全帽。

提示 tips

1. 施工前最好通知居委会或附近邻里施工日期。
2. 装修时间最好安排在上午8点到中午12点，下午14点到18点，尽量减小对邻里的影响。

13.1.2 拆除及保护工作的注意事项

拆除是装饰装潢的前奏，装饰装潢是美化，而拆除往往是"破坏"，因此，在拆除时要注意做好保护工作。

1. 拆除前首先确认拆除项目

拆除前要与业主和具体施工人员到现场协商确认，并在拆除项目中标明尺寸和做上记号，如下左图所示。

2. 拆除前需确认管道位置

拆除前一定要确认好所有管道及线路的分布位置，在施工前一定要把水源关好，并切断安全系统、警报器，如下右图所示。

3. 给出室内需继续使用的原装潢的保护方案

屋内原装的材质要加一层保护板进行保护，防止颜色的渗透以及重物的敲击。如没有撤离的家具需用棉布或包装纸包裹，空调、热水器、灯具等标明位置尺寸，等到完工后重新安装，家具保护如下图所示。

4. 电梯间及走道的保护

电梯间的保护需要在拆除前请木工师傅用保护板将电梯间包贴好，以免进出废料及垃圾把电梯损毁或刮伤，在大门到电梯之间的走道上必须铺设保护板，以防推车进出时损伤地面，电梯和走道的保护如下图所示。

5. 瓷砖拆除时的注意事项

瓷砖的下面是一层泥沙然后才是混凝土，在拆除瓷砖时应把瓷砖下的泥沙一起清除，这样可以降低日后瓷砖剥落的几率。

6. 拆除完工退场前需再次确认是否已拆除完全

拆除完工前必须确认是否全部拆除完毕，如果有遗漏返工，不仅要再花上一笔费用，而且还会拖延工期。

提示 tips

1. 拆除前要确认垃圾的清运路径及垃圾车的停放位置，避免废料阻塞走道。
2. 垃圾应当及时清运，避免隔夜影响第二天施工和影响周围环境。
3. 垃圾最好打包处理，避免拆除下来的带钉子的尖锐物伤害施工人员或周围的人。

13.1.3　装潢工程的施工顺序

统筹制定施工计划，合理安排施工顺序，往往能事半功倍，下图所示为室内装饰装潢中的一般施工顺序。

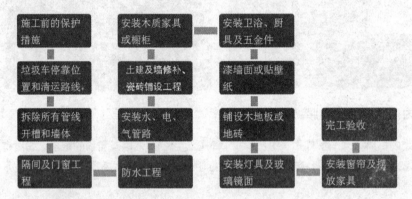

13.2　拆除和砌筑施工

一千个人心中有一千个哈姆雷特，每个人心中都有一个完美的室内装饰和结构，对于那些不符合自己要求或审美观点的结构就要改造，而改造分两步，一是拆除，二是砌筑。

13.2.1　拆除施工注意事项

拆除改造涉及安全问题，所以拆除过程中必须要注意哪些是可以拆除的，哪些是不能拆除的。

1. "砖混"结构建筑

砖混结构是指建筑物中竖向承重结构的墙、柱等采用砖或者砌块砌筑，横向承重的梁、楼板、屋面板等采用钢筋混凝土结构。砖混结构是以小部分钢筋混凝土及大部分砖墙承重的结构。

对于"砖混"结构的建筑，凡是预制板墙一律不能拆除，也不能开门开窗，特别是厚度超过240mm的承重墙，更是不能轻易拆除和改造，如下图所示。

提示 tips 若不小心拆除了"砖混"结构的承重墙，要根据墙的长度，及时用"型钢（工字钢）"加固，然后再用混凝土或方木做一道梁支撑。

2. 室内的梁柱不能拆除

梁柱是用来支撑楼板的，拆除或改造就会造成楼板下掉，相当危险，因此梁柱绝不能拆除或改造，如下左图所示。

提示 tips 梁柱一旦受损，应当及时加固，如下右图所示。

3. 墙体中的钢筋不能拆

墙体中的钢筋就如人体的筋骨，如果在埋设管线时，将钢筋破坏，将会影响到墙体和楼板的承受力，如遇地震，这样的墙体堪忧，如下左图所示。所以，在开槽走线时，承重墙尽量不要开槽，要避开钢筋。

4. 阳台边的矮墙不能拆除或改变

一般房间与阳台之间的墙上都有一门一窗，这些门窗可以拆除，但窗以下的墙不能拆，因为这段墙是"配重墙"（如下右图所示）。它就像秤砣一样起着挑起阳台的作用，如果拆除这堵墙，就会使阳台的承重力下降，导致阳台下坠。

墙体中钢筋被损坏

配重墙，不能拆

5. 混凝土中的门窗框不宜拆除

门窗框若是嵌在混凝土中的，不宜拆除（如右图所示），如果拆除或改造，就会破坏建筑结构，降低安全系数，拆除的同时也破坏了洞口的结构，重新安装门窗也比较困难。

嵌在混凝土中的门窗不宜拆

13.2.2 砌筑施工注意事项

室内结构改变简单说就是拆了砌，上面介绍了拆，接下来我们来讨论砌。

1. 严禁干砖上墙

因为干砖吸水性强，如果干砖上墙或现浇现用，水泥砂浆中的水分极易被砖吸收，使得水泥砂浆失去粘合力和强度，如果是贴砖，则会出现空鼓现象，所以施工用砖、砌块应提前两天浇水湿润，不要现浇现用，更严禁干砖上墙，如下左图所示。

2. 砂浆应随拌随用

砂浆晾晒时间长会失水变硬，失去粘合力和强度，因此和砌砖要求不同的是，砂浆应随拌随用，砂浆要在拌和后3小时内用完。如果施工期间最高气温超过30℃时，砂浆应在两小时内使用完毕，如下右图所示。

砌之前要提前把砖用水浇湿

砂浆要随拌随用

3. 铺浆法砌筑注意事项

铺浆法就是铺上一段砂浆，然后将砖挤入一定厚度的砂浆后将砖放平。铺浆法采用分块施工，每一砌筑块必须一边铺底浆，一边摆砖、灌竖缝、振捣等。

因为一次铺浆长度过长，砂浆失水会影响质量，所以当采用铺浆法砌筑时，铺浆长度不得超过750mm。施工期间温度超过30℃时，铺浆长度不得超过500mm。如下左图所示为铺浆法砌筑，但是这个铺浆长度显然太长了。

4. 注意控制每天的砌筑长度

如果每天砌筑过高，砌块的重量会把砂浆挤压出来，导致灰缝不符合要求，所以每天砌筑高度应不超过1.8m，如下右图所示。如果遇到连续阴雨天，还会影响砂浆的稠度，每日砌筑高度应不超过1.2m。

为防止砂浆损毁流失，每天收工或雨天停工前，砌筑顶面应摆一层干砖或用草帘等材料覆盖。

提示 tips 当工地昼夜平均气温低于5℃或最低气温低于-3℃时，即可按冬季施工处理。

13.2.3 砌筑材料

砌筑材料是指用来砌筑、拼装或用其他方法构成承重或非承重墙体或构筑物的材料。砌筑材料主要包括：（1）传统石材、砖、瓦及砌块；（2）现代各种空心砌块及板材；（3）砌筑砂浆。砌筑常用的材料有水泥、沙、添加剂等。

1. 水泥

水泥按不同的分法有不同的种类，如下图所示。

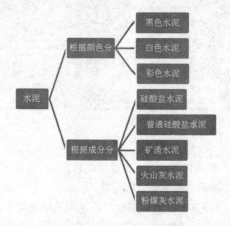

黑色水泥多用于砌墙、墙面批烫、粘贴瓷砖，如下左图所示；白色水泥大部分用于填补砖缝等修饰性用途，如下中图所示；彩色水泥多用于水面具有装饰性的装修项目和一些人造地面，如下右图所示。

提示 tips 从成分上来讲，我们常用的是普通硅酸盐水泥和硅酸盐水泥。

2. 沙

沙是水泥沙浆里的必需材料。如果水泥沙浆里面没有沙，那么其凝固强度几乎为零。沙根据分法不同有不同的种类，如下图所示。

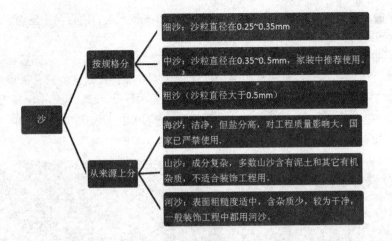

1. 要分辨是否海沙，主要是看沙里面是否含有海洋细小贝壳，如有就是海沙，否则就不是。
2. 一般从市面上购买回来的沙都不能直接使用，需要过筛后才可使用。

3. 添加剂

水泥沙浆添加剂的作用是加强砂浆粘力和弹性，常见的添加剂有107胶（聚乙烯醇缩甲醛）和白乳胶（聚醋酸乙烯乳液）。由于107胶含毒，污染环境，目前国内一些城市已经禁止使用。白乳胶价格相对较高，但因其无毒，且性能比107胶好，所以推荐使用白乳胶。

4. 水泥砂浆调配比例

一般来说，家装中的水泥、沙浆比例约为1:3（水泥:沙），水的用量应以现场视感为主，不宜太干，也不能太稀。其中添加剂的比例不宜超过40%。详细配比介绍如下。

（1）砌各种隔断墙和各类砌体使用1:2的水泥砂浆。

（2）墙面抹灰以及封闭管道、线路、修补等，使用1:1水泥砂浆。

（3）贴墙砖使用2:1水泥砂浆，不能使用纯水泥贴墙砖。

（4）铺地砖要使用1:3水泥砂浆，并且砂浆不能过稀。

（5）地面找平使用1:1水泥砂浆，并且要求用纯水泥收浆。

（6）贴外墙砖使用2:1水泥砂浆，水泥砂浆中应加入胶水，并用纯水泥勾缝。

13.3 瓷砖的铺设

瓷砖看起来比较美观，而且易清洁、易保养，是最大众化的装饰材料。但是，如果对瓷砖铺贴工作不谨慎，极易导致瓷砖空鼓、开裂或脱落。

13.3.1 瓷砖的分类

瓷砖按工艺可分为抛光砖、玻化砖、釉面砖、仿古砖、陶瓷锦砖、通体砖。

抛光砖（如下左图所示）：抛光砖是通体砖的一种，就是通体砖表面经过抛光、打磨处理形成的一种光亮的砖，抛光砖坚硬耐磨，而且表面要比通体砖光洁，适合用于室内、客厅的地板铺设，但不适用于厨房、卫生间常涉及用水的空间铺设。

玻化砖（如下右图所示）：玻化砖是一种强化的抛光砖，因制造工艺的原因，其致密程度比一般地砖高，质地比抛光砖更耐磨，且表面光洁，不需要抛光处理。玻化砖吸水率低，边直度、弯曲强度、耐酸碱性优于普通釉面砖、抛光砖和一般大理石。玻化砖的常见规格有400mm × 400mm、500mm × 500mm、600mm × 600mm、800mm × 800mm、900mm × 900mm、1000mm × 1000mm。

釉面砖（如下左图所示）：釉面砖的耐磨性不如抛光砖和玻化砖，但表面可以做各种图案和花纹，比抛光砖色彩和图案更加丰富。釉面砖主题可以分为陶体和瓷体，用陶土烧制的背面呈红色，瓷土烧制的背面呈灰白色。釉面砖一般用于厨房和卫生间。

仿古砖（如下右图所示）：仿古砖又称古典砖、复古砖等。仿古砖属于普通瓷砖，与瓷片基本相同，复古砖实质上是上釉的瓷砖，与普通釉面砖相比，主要表现在釉料的色彩上，仿古砖仿造以往的样式做旧，用带着古典的独特韵味吸引人们的眼光，为体现岁月的沧桑、历史的厚重，营造出怀旧的氛围。

陶瓷锦砖（如下左图所示）：陶瓷锦砖又称马赛克，规格多、薄而小，质地坚硬，耐酸、耐碱、耐磨、不渗水，抗压力强，不易碎，色彩多样，用途广泛。

通体砖（如下右图所示）：通体砖的表面不上釉，而且正反两面的材质和色泽一致，因此得名，通体砖与普通砖相比的主要特点是耐磨性好、吸水率低。

13.3.2 瓷砖铺设时的注意事项

瓷砖铺设工艺很重要，比如说工序上，先铺设墙砖后贴地砖，无论是安全还是卫生上都有考虑。瓦工上，经验要老道，一般只需要1～2人，好的瓦工一天也就是贴5～6平方米，慢工出细活。在窗台、角落需要细小对角的地方，很费时间。

在铺贴瓷砖的时候应该特别注意以下几点。

1. 拉毛

拉毛就是贴砖之前把墙面弄得粗糙些，这样能增大水泥和墙面的接触受力面积。具体做法是用电钻在墙面上多钻些坑出来，拉毛深度5mm~10mm，拉毛痕迹之间的间距为30mm左右，如下左图所示。

2. 清理基层

基层必须清理干净，不得有浮土、灰尘、油污等，如下右图所示。石灰膏、乳胶漆、壁纸等一定要清理干净，否则水泥砂浆与基层黏结不牢，容易导致空鼓、脱落等现象。

铺贴前清理基层

3. 找平

对于平整度差的地面或垂直度差的墙面，在铺贴瓷砖之前要用水泥砂浆先进行找平处理，如下左图所示。

4. 弹线

铺贴前应先弹线，弹线应从门口开始，在地面弹出与门道口成直角的基准线，以保证进口处为整砖，非整砖置于阴角或家具下面，弹线应弹出纵横定位控制线，如下右图所示。

5. 预铺

在铺贴前一定先预铺。如果等铺到一定程度再发现瓷砖排砖效果不好，比例不协调，拆下重新铺贴，会造成不必要的损耗和浪费，如下左图所示。

6. 铺贴前瓷砖应浸泡

瓷砖黏贴前必须浸水浸泡，以砖体不冒泡为宜，如下右图所示。

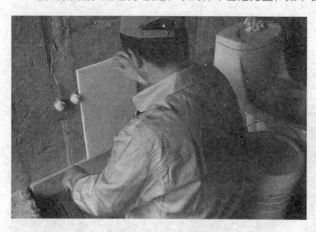

7. 勾缝

瓷砖进行勾缝处理一般在瓷砖干固（瓷砖铺贴后24小时即可）之后进行为宜，如果瓷砖没有完全干固就进行勾缝（如下左图所示），会造成瓷砖高低不平、松动、容易脱落等。

瓷砖在进行勾缝的时候，首先需要清理瓷砖砖缝中的灰尘杂质，然后将勾缝剂挤压填充至砖缝中，注意填充的时候，一定要挤压填充饱满，勾缝过后，及时的清理砖面的勾缝材料。下右图是添加勾缝剂前后的对比。

13.4 油漆粉刷施工

油漆粉刷是装修中必不可少的一道工序，不管是高级装修，还是普通装修，都离不开这道工序，油漆粉刷的作用一是保护表面，二是修饰。

13.4.1 涂料的分类和品种

涂料种类有很多，按不同的分类方法有不同的种类。下面简要说明一下。

（1）按涂料的形态可分为水性涂料、溶剂性涂料、粉末涂料、高固体份涂料等。

（2）按施工方法可分为刷涂涂料、喷涂涂料、辊涂涂料、浸涂涂料、电泳涂料等。

（3）按施工工序可分为底漆、中涂漆（二道底漆）、面漆、罩光漆等。

（4）按功能可分为装饰涂料、防腐涂料、导电涂料、防锈涂料、耐高温涂料、示温涂料、隔热涂料、防火涂料、防水涂料等。

（5）按用途可分为建筑涂料、罐头涂料、汽车涂料、飞机涂料、家电涂料、木器涂料、桥梁涂料、塑料涂料、纸张涂料等。

（6）家用油漆可分为内墙涂料、外墙涂料、木器漆、金属用漆、地坪漆等。

（7）按漆膜性能可分为防腐漆、绝缘漆、导电漆、耐热漆等。

（8）按成膜物质可分为醇酸、环氧、氯化橡胶、丙烯酸、聚氨酯、乙烯等。

我们装修中常用到的漆按其使用区域可分为墙漆、木器漆和金属漆三种。

1. 墙漆选购注意事项

墙漆包括外墙漆、内墙漆和顶面漆，这些漆主要是以水为稀释剂的乳胶漆，比如多乐士、立邦漆等都属于墙漆的一种。选购注意事项如下。

（1）用手轻扇罐口处，闻闻是否有刺激性味道或香精气味，味道明显的不能选择。

（2）如果产品出现严重的分层现象，表明质量较差。

（3）用棍轻轻搅动，抬起后，涂料在棍上停留时间较长、覆盖均匀，说明质量较好。

（4）用手蘸一点，待干后，用清水很难洗掉的为好。

（5）用手轻捻，越细腻越好。

2. 木器漆

木器漆是指用于木制品上的一类树脂漆，有聚酯、聚氨酯漆等，可分为水性和油性。按光泽可分为高光、半哑光、哑光。按用途可分为家具漆、地板漆等。主要有硝基漆、聚氨酯漆等，在家具和地板中非常常见。按照状态又可分为水性漆和油性漆。

水性漆是以清水作为惟一的稀释剂，不含苯、甲醛等有毒物质，是国家指定的环保用漆。油性漆又称油脂漆，其特点是易于生产、价格低廉、涂刷性好、涂膜柔韧，渗透性好。缺点是干燥慢，涂膜物化性能较差，现大多已被性能优良的合成树脂漆所取代。

木器漆的作用主要有以下几点。

（1）使得木质材质表面更加光滑。

（2）避免木质材质直接被硬物刮伤，产生划痕。

（3）木器漆可有效防止水分渗入到木材内部造成腐烂。

（4）木器漆可有效防止阳光直晒木质家具造成干裂。

提示 tips 一些特殊家具和地板装修不采用油漆，而是采用纯植物油或者打蜡技术，比如红木家具通过打蜡也可以保证家具表面的光泽性和防氧化性，一些门窗使用环保桐油，一些儿童家具品牌则使用纯植物油。

3. 金属漆

金属漆是用金属粉，如铜粉、铝粉等作为颜料所配制的一种高档建筑涂料。具有金属闪光质感，能够提高建筑物的档次，充分彰显高贵、典雅的气质。一般有水性和溶剂型两种。由于金属粉末在水和空气中不稳定，常发生化学反应而变质，因此其表面需要进行特殊处理，致使用于水性漆中的金属粉价格昂贵，使用受到限制，主要以溶剂型为主。

主要是磁漆，分为金属烤漆和钢琴烤漆，在选购家具时最常见的是金属烤漆。钢琴烤漆在板式家具和橱柜中常见，光泽度、致密性和质地都非常好，有很好的耐磨和防划伤性。

金属漆的优点是色彩美丽，防水性好，缺点是耐磨性和耐高温性一般。

提示 tips 有一种所谓的"钢琴漆"，其实是在PVC上喷了一层高亮清漆而已，成本微不足道，而且耐久度极差。除了"亮"外，跟钢琴烤漆一点不沾边。

13.4.2 油漆粉刷的注意事项

油漆粉刷的注意事项很多，比如，金属面油漆时要做防锈处理，粉刷墙体时，最好提前2~4小时洒水，墙体表面要湿润、无浮水等，另外，冬天和夏天施工要求也不一样，下面就具体介绍一下油漆粉刷施工中常见的注意事项。

1. 色差

中、深色乳胶漆施工时尽量不要掺水，否则容易出现色差，如下左图所示，下面色深，上面色浅，色差明显。

2. 涂刷的遍数要合适

一般来说，如果墙面的底色较浅，天花板及墙面涂刷两次就可以了，但如果底色较深，而准备刷的涂料颜色又较浅的话，则应该根据涂料颜色的遮盖程度多刷几遍，但并不是涂料刷的遍数越多越好，如果涂料刷的遍数太多，会出现起皮、开裂的现象，如下右图所示。

3. 油漆粉刷时注意保护五金件和开关、插座面板

在油漆粉刷之前，应该把容易被刷上的门锁、合页、把手、开关、插座的面板等部位用纸或棉布包裹起来，对它们进行保护，如下左图所示。

4. 石膏板接缝处粉刷

粉刷时石膏板接缝处要贴上绷带，以防粉刷后接缝处开裂，如下右图所示。

贴上胶带纸
保护合页

接缝处
贴绷带

5. 高温季节粉刷注意事项

高温期间进行外墙装饰施工时要避免阳光直接暴晒，应安排早晨西边、下午东边、傍晚南北边的方法岔开施工，施工时应遮阳防晒。

6. 冬季粉刷注意事项

冬季为防腻子冰冻，在调腻子时，适量掺入一点催干剂，或在使用的水里掺入1/4的酒精，并且最好用热水调。

调制石灰浆时，适量加入一点食盐，可加强石灰浆的防冻性能；调制粉浆，改用温热水调拌，可以提高粉浆的自身温度。

为了防冻，油漆、刷浆时，可在室内设置一个火炉，以提高室内温度，促使墙面干燥。

提示 tips
1. 刷油漆时，必须等前一道油漆干透后才能进行下一道施工。
2. 亮光、丝光的乳胶漆要一次完成，因为后补的容易出现色差。

13.5 门窗及窗帘安装的注意事项

门窗不仅是家庭的"脸面"，还起着吸收光照，室内外空气对流等作用，好的门窗装饰不仅起到不透风、不渗漏，还要起到对室内修饰的作用，所以人们对门窗的装潢装饰要求极其看重。

1. 门窗安装前准备工作

门窗安装前必须先做好预留的洞口，严禁采用边安装边砌口或先安装后砌口的方法，必须在洞口内外粉饰前安装，如下左图所示。

2. 根据预留洞口大小选择门窗

选择的门窗必须符合房屋预留门窗洞口的尺寸，使门窗的外框和房屋预留门洞口弹性连接牢固，禁止将门窗的外框直接埋到房屋墙里面，如下右图所示。

门窗洞必须提前做好

3. 门窗的固定

对于不同的部位要用不同的材料和方法来固定，下面简要说明。

（1）混凝土墙洞口应采用射钉（如下左图）或塑料膨胀螺栓（如下右图）固定。

（2）砖墙洞口应采用塑料膨胀螺栓固定，不得固定在砖缝处，严禁使用射钉固定。

（3）对于空心砖，加气砌块（蒸压加气混凝土砌块）墙体应预埋木砖、铁板、混凝土块。

（4）固定间距不得大于600mm，端部间距不得大于180mm。

4. 安装过程中对门窗的保护注意事项

安装过程中严禁除去门窗保护膜，及时清理门窗表面的水泥、砂浆等污垢，但严禁使用硬质材料铲刮门窗表面，如下左图所示。

5. 塑料门窗安装或五金配件安装注意事项

在安装塑料门窗或五金配件时，要将螺钉钉入进内衬增强型钢或者是内衬局部加强钢板上，使钉入的螺钉最少要钉过塑料型材的两层壁厚。

提示 tips

对于铝合金门窗的安装来说要采用与其配套的五金配件来进行连接安装。

6. 避免门窗渗漏

门窗渗漏主要是推拉窗下滑槽内积水，并渗入窗内，或者是门窗框与四周的墙体连接处渗漏，为避免此种情况在安装时要检查好门窗是否合格，还得将框体与墙体安装时用密封胶嵌填密封。门窗渗漏如下右图所示。

严禁除去表面保护膜

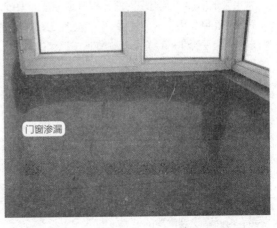

门窗渗漏

提示 tips

13.6 水电施工注意事项

现代生活中一刻也离不开水和电，所以装修时必须要考虑周全，别因为装修时的一点小疏忽，影响了以后的日常生活。

13.6.1 水路制作注意事项

在进行水路制作时，一定要注意以下几项，否则后期一旦出现损坏很难修复。

1. 走顶不走地

水管走吊顶一旦出现问题，挑开顶棚就能发现渗水原因，而且容易检修。如果走地，暂时觉得施工简单，而且少用了不少管线，但为以后维修埋下了隐患，一旦管路受损，水在地面四处流，发现湿的地方也未必是漏水的地方，给维修造成很大的麻烦，所以管路设计尽量走顶不走地，如下图所示。

提示 tips

给水改造国家禁止使用镀锌管和UPVC管。

2. 横平竖直，走竖不走横

为了避免日后在墙上开壁橱或钉钉子时影响到管路，所以管路设计要求横平竖直。

因为管路都是暗埋的，所以不可避免要在墙上开槽，而且水管埋入墙内后，管壁与墙表皮间距不小于10mm，如果纵向开槽，很可能会破坏墙体的应力，降低墙体的抗震能力，所以管路一般从顶上走横路，再竖着走到需要的位置，如下图所示。

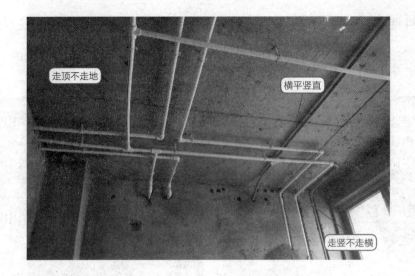

电路也同样要求横平竖直、走竖不走横。

3. 左热右冷

左热右冷是行业习惯，安装家具的人员都会默认左热右冷，为了配合其他家具（如热水器、洗水槽）的安装，所以设计时要按左热右冷的习惯设计水路，且一般冷热不同槽，如下图所示。

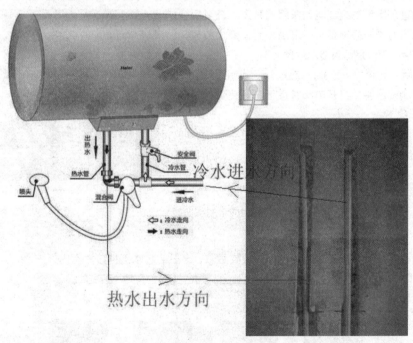

4. 水表、阀门安装位置

水表、阀门离墙面的距离要适当，要方便使用和维修。此外，水表安装位置要方便读数，阀门安装前要检查是否有破损、砂眼、裂纹等，如下左图所示。

5. 连接配件使用

连接配件的安装要保证牢固、无渗漏。墙体内、地面下尽可能少用或不用连接配件,以减少渗漏隐患点,如下右图所示。

便于读数

阀门不要有沙眼、裂纹

少用或不用连接配件

6. 水压测试

水压测试的步骤如下。

● 试压前应关闭水表后阀门(避免打压时损伤水表),进行室内管路系统打压。

● 将试压管道末端封堵缓慢注水,同时将管道内气体排出。充满水后进行密封检查。

● 加压宜采用手动泵或电动泵缓慢升压。升至规定试验压力(一般水路0.8MPa)后,停止加压,观察接头部位是否有渗水现象。

● 稳压后,半小时内压力降不超过0.05MPa为合格。

● 水压测试过后,打开总阀并逐个打开堵头,看接头是否堵塞。

● 试压结束,必须做好原始记录,并签字确认。如右图所示。

13.6.2 防水注意事项

防水工程应该在隐蔽工程施工完成并验收后做,一般的防水工程分为室内外防水,室外防水为外墙及屋顶的防水,而室内防水包括卫生间、厨房、阳台、窗台及地下室防水。

防水工程施工的基本步骤如下图所示。

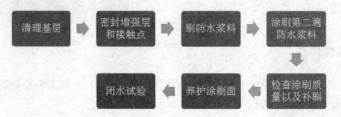

清理基层 ➡ 密封增强层和接触点 ➡ 刷防水浆料 ➡ 涂刷第二遍防水浆料 ⬇ 检查涂刷质量以及补刷 ⬅ 养护涂刷面 ⬅ 闭水试验

1. 清理基层

涂刷防水层的基层表面应无尘土、杂物等，表面残留灰浆硬块及高出部分应刮平。对管根周围不易清扫的部位，应用毛刷将灰尘等清除，如下左图所示。

2. 采用涂膜防水

涂膜防水是在自身有一定防水能力的结构层表面涂刷一定厚度的防水涂料，经常温胶联固化后，形成一层具有一定坚韧性的防水涂膜的防水方法，下右图是涂抹聚氨酯防水材料。

提示 tips 涂膜防水由底漆、防水涂料、胎体增强材料、隔热材料和保护材料组成。

3. 施工缝、变形逢、后浇带的做法

施工缝（如下左图）、变形缝（如下右图）、后浇带（如下图最下）常采用止水带的做法，止水带常用钢板止水带和BW橡胶止水带效果较好，操作也比较简单，但埋设部位必须符合设计要求。

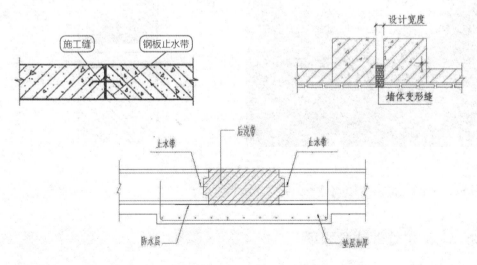

施工缝： 施工缝指的是在混凝土浇筑过程中，因设计要求或施工需要分段浇筑，而在先、后浇筑的混凝土之间所形成的接缝。施工缝并不是一种真实存在的"缝"，它只是因先浇筑混凝土超过初

凝时间，而与后浇筑的混凝土之间存在一个结合面，该结合面就称之为"施工缝"。

　　变形缝： 建筑物在外界因素作用下常会产生变形，导致开裂甚至破坏，变形缝是针对这种情况而预留的构造缝。变形缝可分为伸缩缝、沉降缝、抗震缝三种。

　　后浇带： 后浇带是按照设计或施工规范要求，在基础底板、墙、梁相应位置留设的临时施工缝。其目的是为防止现浇钢筋混凝土结构由于温度、收缩不均可能产生的有害裂缝。

4. 排水管、落水斗安装

　　屋面排水管、落水斗应安装在排水坡度的最下方，且应略低于周围基层的表面，才能确保排水畅通，否则这些部分会造成长期积水，影响防水层的耐久性。

5. 阴阳角处理

　　在涂膜防水中，由于采用重复涂抹方法施工，因此在阴角部位能够获得比一般部位更厚的涂膜层，所以在转角处的半径不做规定。而阳角与阴角相反，涂膜有偏薄的倾向，作为防水层，这是断面最薄弱的部位，所以有必要做成圆角，如下左图所示。

提示 tips 为了保险，有些重要工程，也有用增强纤维布或密封橡胶条一类材料，事先对阴阳角进行加固。

6. 穿墙管道的防水处理

　　在管道穿过防水结构处，要预埋套管，在套管上加焊止水环，要满焊严密，止水环数量按设计规定安装穿管时，先将管道穿过预埋管件，并将位置找准，做临时固定，然后一端用封口钢板将套管焊牢，再将另一端套管和穿管之间的缝隙用防水密封材料嵌填密实，并将封口钢板封堵严密，如下右图所示。

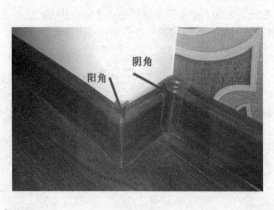

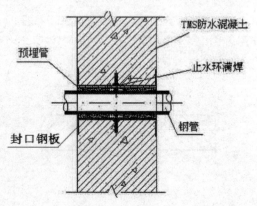

提示 tips 防水施工完成后要做两次蓄水试验。

13.6.3 漏水处理注意事项

　　之所以有防水，是因为有漏水，造成漏水的原因很多，这里我们只简单介绍几种常见的漏水修补办法。

1. 屋顶、地面漏水

造成屋顶、地面漏水的常见原因有：

● 施工质量差。

● 保护层或防水层遭到破坏。

● 防水材料本身质量问题等。

屋顶、地面漏水修补的施工步骤如下图所示。

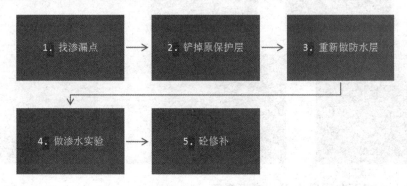

提示 新的防水层做好后，在24小时后做渗水实验，实验没问题后才可以修补砼（混凝土）。

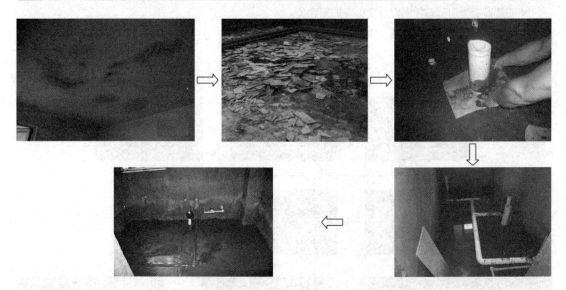

2. 墙面漏水——表面湿润，不成股流下

造成这种漏水的常见原因有：

● 施工人员没有按施工要求及规范施工。

● 在浇筑楼板时没有充分将混凝土振平捣实，有空鼓、蜂窝、麻面等质量问题。

● 水泥混凝土本身质量问题。

修补的施工步骤如下图所示。

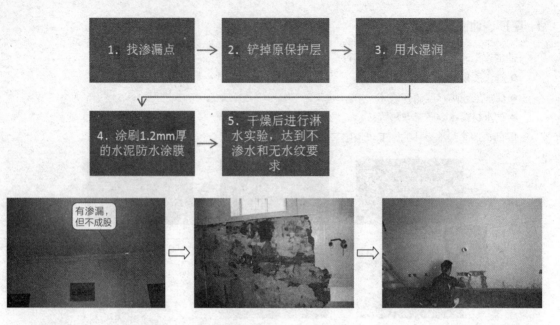

3. 墙面漏水——表面有明显水波，成股流下

造成这种漏水的常见原因有：

● 浇捣混凝土时没有控制好温度，养护不到位。

● 钢筋的配比与结构不合理，楼顶的载荷过重造成。

● 由变形缝或后浇带造成。

修补的施工步骤如下图所示。

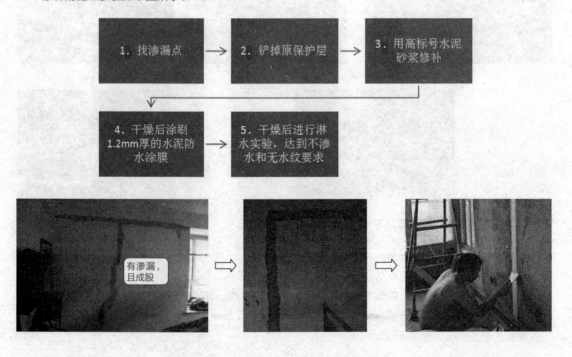

4. 窗户漏水

造成窗户漏水的常见原因有：

● 窗户制作或安装不规范，例如，没有打排水孔。

● 窗户和外墙窗台之间的缝隙密封不严造成漏水。

● 安装人员失误造成。

修补的施工步骤如下图所示。

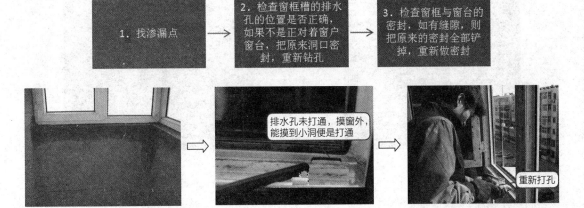

13.6.4 电路、照明施工注意事项

水电装修是大问题，也是装修过程中的一对孪生兄弟，上面介绍了水路的施工注意事项，下面来介绍电路的施工注意事项。

1. 宜用铜线，忌用铝线

由于铝线的导电性能差，使用中电线容易发热、接头松动甚至引发火灾，所以选用电线时宜选用铜线，忌用铝线。

2. 忌直接在墙上挖槽埋线

在施工中应采用正规的PVC套管安装电线（如下左图），且PVC电线管内电线截面面积不得超过电线管截面面积的40%，忌直接在墙壁上挖槽埋电线（如下右图），以避免漏电和引发火灾。

3. 火线零线规定

所有单向插座应该按"左零线右火线中间地线"或"上火线下零线"原则连接，如下左图所示。

提示 tips

1. 电线颜色必须严格按电气工程施工规范执行，相（火）线应统一，零线宜为蓝色线，地线必须为黄绿双色线。

2. 强电弱电不能穿在同一根管子里，如下右图所示。

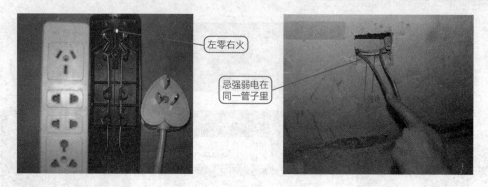

左零右火

忌强弱电在同一管子里

4. 灯具安装注意事项

灯具安装的注意事项如下。

（1）软线吊灯时，灯具要在0.5kg以内，如下左图所示。

（2）若灯具在0.5kg~3kg时应采用吊链，且软电线编叉在吊链内，使电线不受力，如下中图所示。

（3）灯具重量大于3kg时，应将灯具固定在螺栓或预埋吊钩上，如下右图所示。

5. 强电开关、插座安装

强电开关、插座安装注意要点。

（1）插座的右极接相（火）线，左极接零线，上接地线，如下左图所示。

（2）插座的安装高度应符合设计规定，当设计无规定时，应符合下列要求：暗装用插座距地面不应低于0.3m，如下中图所示。特殊场所暗装插座不应小于0.15m。在儿童活动场所应采用安全插座，采用普通插座时，其安装高度不应低于1.8m。

（3）相同型号并列安装及同一室内开关安装高度一致，且控制有序不错位。并列安装的插座距离相邻间距不小于20mm，如下右图所示。

提示 tips　空调电源一般采用三角插座，在儿童可触摸的高度内应用带保护阀的插座，卫生间、清洗间、浴室应采用带防水的插座，安装高度不低于1m，并且要远离水源。

13.7 厨卫施工注意事项

　　厨房和卫生间有三多，一是处理家中事物最多，例如洗澡、上厕所、洗衣服、做菜等复杂事情都在这两个地方解决；二是管道最多，水管、线路都要从这里经过；三是出现问题最多，这两个地方是出现堵塞、漏水的重灾区。

13.7.1 厨房装修注意事项

　　厨房是家居装修的重点部位，而厨房中管道、燃气、灯具、抽油烟机等尤为重中之重。

1. 不要把燃气灶放置在木制地柜上

　　厨房装修中尽量不要把燃气灶放置在木制地柜上，更不能将燃气总阀门包在木制地柜中，如下左图所示。一旦地柜着火，燃气总阀门在火中就难以关闭，其后果将不堪设想。

2. 保证燃气管道和设备的安全

　　装修时注意电力管线及设备与燃气管线水平净距不得小于100mm，电线与燃气管交叉净距不少于30mm，如下右图所示。

不要把燃气灶放在木质地柜上

电气设备距离燃气管路太近

3. 厨房灯具注意事项

厨房的灯具宜采用防水灯具，如防雾灯，如下左图所示。线路的接头应严格用防水的绝缘胶布认真处理（如下右图所示），以免水汽结露进入，造成短路，发生火灾。

用防雾灯

用防水和绝缘胶布处理

4. 抽油烟机安装注意事项

抽油烟机安装应该和橱柜同时进行，高度以使用者身高为准，另外，相对于传统油烟机，近距式油烟机对人体更健康，如下左图所示。如果是抽油加药泵烟机与灶台的距离不宜超过600mm。

提示 tips 中式吸油烟机比欧式的吸力更强。

5. 厨房窗帘

为方便清理油污，厨房的窗帘应采用铝合金烤漆镀膜的百叶窗，尽量不使用布艺窗帘。如下图右所示。

传统油烟机　　　　　　近距式油烟机

易碰头，且有部分油烟容易吸入体内

油烟流动方向

300
600

300
600

采用铝合金烤漆镀膜

6. 厨房瓷砖

厨房地面瓷砖应选择防滑的瓷砖，为方便打扫卫生，防止积藏污垢，瓷砖的接口要小。不要使用马赛克铺地。以免滑倒摔伤，造成身体伤害。

提示 tips 在厨房使用大量木制品时，应注意厨房的通风与换风系统的完善，避免水汽长期聚留在地板与墙面上，使木制品开裂变形，甚至腐烂。

13.7.2 卫生间装修注意事项

卫生间装修应特别注意防水和卫浴设备的安装和固定。

1. 地面坡度

卫生间地面的坡度要在铺砖之前考虑好（下左图中缺少坡度标注），这里特别需要注意的是，国标的坡度一般都比较保守，并不能够达到迅速排水的效果，所以建议设置坡度稍高于国标坡度。

2. 地漏

地漏最好位于砖的一边，如果在砖的中间位置的话，无论砖怎么样倾斜，地漏都不会是最低点，如下图所示。

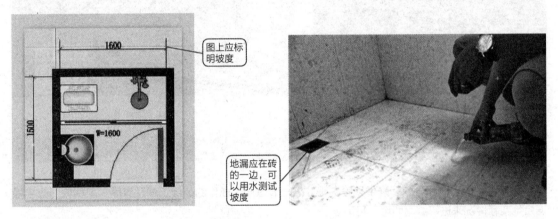

图上应标明坡度

地漏应在砖的一边，可以用水测试坡度

3. 过门石

如果卫生间的地面比客厅高，为了不使卫生间的水流到客厅，损坏客厅地面，这时候应该采用过门石过渡解决，如下左图所示。

4. 存水弯

洗手（菜）盆和洗涤槽的排水管应有存水弯（下右图应加存水弯），排水管与地面落水口应密封无渗漏。

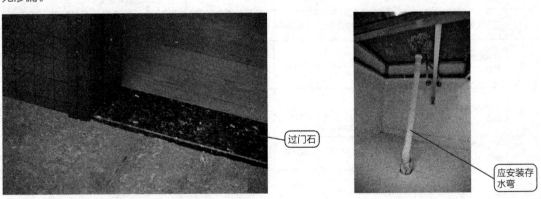

过门石

应安装存水弯

5. 热水器安装注意事项

电热水器一般需固定在承重墙上，如情况特殊，固定在非承重墙上要做固定支架，如下左图所示。

6. 座便器的安装

座便器的底座应与地面平齐，并用油石灰或硅胶连接密封。座便器应用膨胀螺丝固定，不得用水泥砂浆固封，如下右图所示。

支架

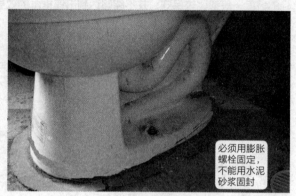

必须用膨胀螺栓固定，不能用水泥砂浆固封

13.8 装修工程自助预算表

前面讲解了各种部分的装修事项等说明，这一节是一个成型的装修工程预算表，表格内的数字根据各地实际情况来进行编写即可，见下表。

表 装修工程预算表（节选）

序	工程名称	单 位	工程量	单 价	单价组成			合 价	备 注
					主 材	人工费	辅料费		
一	顶面工程								
1	客厅、餐厅及通道顶面乳胶漆	m²	0.00	16.00	4.00	10.00	2.00	0.00	环保乳胶漆，乐山刚玉腻子，清扫基层，刮腻子，找平，打磨，手刷底漆一遍，面漆两遍
2	次卫生间顶面铝扣板	m²	0.00	80.00	60.00	15.00	5.00	0.00	轻钢龙骨、方型铝扣板、铝质阴角线
3	厨房顶面铝扣板	m²	0.00	80.00	60.00	15.00	5.00	0.00	轻钢龙骨、方型铝扣板、铝质阴角线
4	花园阳台顶面乳胶漆	m²	0.00	16.00	4.00	10.00	2.00	0.00	环保乳胶漆，乐山刚玉腻子，清扫基层，刮腻子，找平，打磨，手刷底漆一遍，面漆两遍
5	生活阳台顶面乳胶漆	m²	0.00	16.00	4.00	10.00	2.00	0.00	环保乳胶漆，乐山刚玉腻子，清扫基层，刮腻子，找平，打磨，手刷底漆一遍，面漆两遍
6	主卫生间顶面铝扣板	m²	0.00	80.00	60.00	15.00	5.00	0.00	轻钢龙骨、方型铝扣板、铝质阴角线

序	工程名称	单位	工程量	单价	单价组成			合价	备注
					主材	人工费	辅料费		
7	主卧室顶面乳胶漆	m²	0.00	16.00	4.00	10.00	2.00	0.00	环保乳胶漆，乐山刚玉腻子，清扫基层，刮腻子，找平，打磨，手刷底漆一遍，面漆两遍
8	次卧室顶面乳胶漆	m²	0.00	16.00	4.00	10.00	2.00	0.00	环保乳胶漆，乐山刚玉腻子，清扫基层，刮腻子，找平，打磨，手刷底漆一遍，面漆两遍
9	书房顶面乳胶漆	m²	0.00	16.00	4.00	10.00	2.00	0.00	环保乳胶漆，乐山刚玉腻子，清扫基层，刮腻子，找平，打磨，手刷底漆一遍，面漆两遍
10	衣帽间顶面乳胶漆	m²	0.00	16.00	4.00	10.00	2.00	0.00	环保乳胶漆，乐山刚玉腻子，清扫基层，刮腻子，找平，打磨，手刷底漆一遍，面漆两遍
二	墙面工程								
1	客厅、餐厅及通道墙面乳胶漆	m²	0.00	16.00	4.00	10.00	2.00	0.00	环保乳胶漆，乐山刚玉腻子，清扫基层，刮腻子，找平，打磨，手刷底漆一遍，面漆两遍
2	主卧室墙面乳胶漆	m²	0.00	16.00	4.00	10.00	2.00	0.00	环保乳胶漆，乐山刚玉腻子，清扫基层，刮腻子，找平，打磨，手刷底漆一遍，面漆两遍
3	次卧室墙面乳胶漆	m²	0.00	16.00	4.00	10.00	2.00	0.00	环保乳胶漆，乐山刚玉腻子，清扫基层，刮腻子，找平，打磨，手刷底漆一遍，面漆两遍
4	书房墙面乳胶漆	m²	0.00	16.00	4.00	10.00	2.00	0.00	环保乳胶漆，乐山刚玉腻子，清扫基层，刮腻子，找平，打磨，手刷底漆一遍，面漆两遍
5	衣帽间墙面乳胶漆	m²	0.00	16.00	4.00	10.00	2.00	0.00	环保乳胶漆，乐山刚玉腻子，清扫基层，刮腻子，找平，打磨，手刷底漆一遍，面漆两遍
6	厨房墙面瓷砖粘贴	m²	0.00	35.00	0.00	25.00	10.00	0.00	峨嵋水泥325#、中砂、人工
7	生活阳台墙面瓷砖粘贴	m²	0.00	35.00	0.00	25.00	10.00	0.00	峨嵋水泥325#、中砂、人工
8	入户花园阳台墙面瓷砖粘贴	m²	0.00	35.00	0.00	25.00	10.00	0.00	峨嵋水泥325#、中砂、人工
9	主卫生间墙面瓷砖粘贴	m²	0.00	35.00	0.00	25.00	10.00	0.00	峨嵋水泥325#、中砂、人工
10	次卫生间墙面瓷砖粘贴	m²	0.00	35.00	0.00	25.00	10.00	0.00	峨嵋水泥325#、中砂、人工

更多资料见光盘相关文件。

PART 04

装潢设计实战篇

　　本篇通过3个大型案例来讲解室内设计时需要注意到要点和注意事项。

　　本篇包括3章（第14～16章），首先通过东南亚风格的室内设计讲解平面图的绘制疑难点。

　　然后通过大学生宿舍给排水图讲解住宅类室内给排水图的绘制要点和方法。

　　最后通过一个多层别墅来讲解室内设计中的照明线路的布置方法和设计要点。

东南亚风格的装饰手法是近年来兴起的设计理念，它强调以休闲、轻松和舒适为主。之所以风靡世界是因为来自热带雨林的自然之美和浓郁的民族特色，装饰上用夸张艳丽的色彩冲破视觉的沉闷，回归自然的斑斓色彩也是东南亚家居的特色。

Chapter

14

东南亚风格别墅底层装潢设计平面图

14.1 东南亚装修风格简介

东南亚风格是东南亚民族岛屿特色和精致文化品位相结合的设计风格。适宜于喜欢静谧、雅致、注重文化特色的人士。

14.1.1 东南亚室内装饰风格特点

东南亚装修风格主要有以下特点。

- 配色和装饰上接近自然，有一种土制的质朴感。
- 取材上以实木为主，主要以柚木（颜色为褐色以及深褐色）为主，搭配藤制家具以及布衣装饰，常用的饰品及特点有泰国豹枕、砂岩、黄铜、青铜、木梁以及窗落等。
- 在线条表达方面比较接近于现代风格，以直线为主，主要区别是在软装配饰品及材料上，现代风格的家具往往都是金属制品，机器制品等，而东南亚风格的材料主要是实木和藤制。在软装配饰品上，现代风格的窗帘比较直观，而东南亚风格大房间多采用深色配浅色饰品，以及炫彩窗帘和泰国豹枕；小房间则多采用浅色搭配炫彩软装饰品。
- 东南亚风格的规整度相较于欧式风格更强一些，居室宜选择有充足的光照度。
- 采用较多的阔叶植物，如果有条件的情况下可以采用水池莲花的搭配，接近自然。

东南亚装饰风格的整体特点如下左图和下右图所示。

14.1.2 东南亚风格的装潢设计要点

东南亚风格大多就地取材，并结合宗教特色，广泛地运用木材和其他天然原材料，如实木、棉麻、藤条、竹子、石材等。

各种各样色彩艳丽的布艺装饰是东南亚家具的最佳搭挡，用布艺装饰适当点缀，既能避免家具的单调气息又能活跃气氛。其材质一般会用棉麻与绸纱粗细搭配，可以解决面料为相同颜色时的单调局面。

布艺色调搭配上强调冷暖色的配合，暖色以红、紫为主，冷色以棕、灰为主。布艺图案以热带风情为主，常以莲花、芭蕉叶、椰树等变形抽象图案为题材，具有鲜明的异国风情。窗帘的面料一般选择质感强烈体积厚重的面料，利用悬垂褶皱手法装饰环境可以活跃柔化空间线条的作用，如下左图所示。而床帷则使用轻质面料，给人朦胧飘逸和神秘的感受，让空间环境充满想象，如下右图所示。

14.1.3 东南亚风格的家具及摆设

　　东南亚风格不论是布艺装饰和空间色彩还是家具造型都突现妩媚和娇艳。以床为例，木制床架采用大量的曲线和雕花纹饰装饰，软装饰以做工精美的布艺制品为主。一般床都有床架，为的是方便悬挂各种布艺帷帐，床帏既可以防止蚊蝇的骚扰还能增加神秘感。在床榻旁边往往都设有造型新颖雕刻精美的床头灯方便照明。

　　东南亚风格的家具特点如下。

1. 取材天然，原汁原味

　　东南亚风情家具崇尚自然、原汁原味，以水草、海藻、木皮、麻绳、椰子壳等粗糙、原始的纯天然材质为主，带有热带丛林的味道。在色泽上保持自然材质的原色调，大多为褐色等深色系，在视觉上给人以泥土与质朴的气息；在工艺上注重手工工艺，以纯手工编织或打磨为主，完全不带一丝工业化的痕迹，纯朴的味道尤其浓厚。

2. 设计简约，中西结合

　　东南亚家具在设计上采用中西结合，通过不同的材料和色调搭配，令东南亚家具设计在保留自身的特色之余，也融入了中国特色。大部分的东南亚家具采用两种以上不同材料混合编织而成。藤条与木片、藤条与竹条，材料之间的宽、窄、深、浅，形成有趣的对比。下左图所示是东南亚风格藤椅，下右图所示是东南亚风格客厅家具摆设。

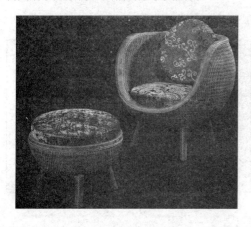

14.2 设置绘图环境

工欲善其事，必先利其器。在开始绘图之前首先应对要用到的图层、标注样式和多线样式进行设置。

14.2.1 图层设置

在绘制工程图时，一般图面比较繁杂，为了方便修改及查找，在绘制图形之前一般会建立很多图层，图层的数量及属性按照绘图的内容建立，在这一章需要建立13个图层，具体创建步骤如下。

STEP 01 在命令行输入La调用"图层"命令，在弹出的"图层特性管理器"选项板中连续单击"新建图层"按钮，创建10个新图层，如下图所示。

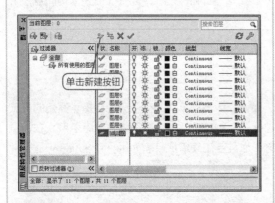

STEP 02 单击"图层10"，将图层的名字改为"辅助线"，如下图所示。

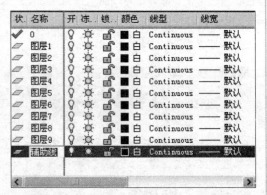

STEP 03 单击"辅助线"图层"颜色"列的"■白"，在弹出的"选择颜色"对话框中选择红色，如下图所示。

STEP 04 单击确定后，"辅助线"层的颜色变为"红色"，如下图所示。

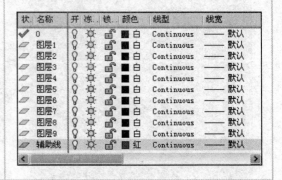

STEP 05 单击"辅助线"图层"线型"列的 Continuous，在弹出的"选择线型"对话框中单击"加载"按钮，弹出"加载或重载线型"对话框，选择CENTER线型，如下图所示。

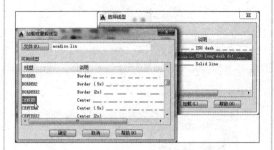

STEP 06 单击"确定"按钮后CENTER线型将出现在"选择线型"对话框中，如下图所示。

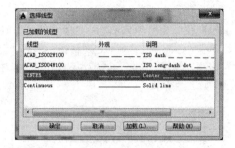

STEP 07 选中CENTER线型，然后单击确定按钮，这时"辅助线"图层的线型自动加载为CENTER线型，如下图所示。

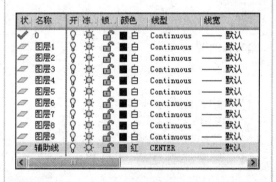

STEP 08 单击"辅助线"图层"线宽"列的"——默认"按钮，在弹出的"线宽"对话框中选择0.15mm线宽，如下图所示。

STEP 09 单击"确定"后，"辅助线"层的线宽自动变为0.15mm，如下图所示。

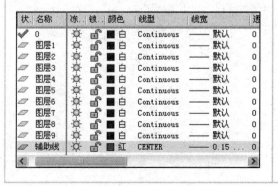

STEP 10 使用同样的方法修改其他图层，结果如下图所示，设置完成后，单击按钮✖，将"图层特性管理器"关闭即可。

14.2.2 标注样式设置

标注样式通常有行业规定，在建筑图形中，要根据不同比例的图形设置不同比例的标注，一般整体标注的比例较大，内部由于要标注得较为精细，比例较小，具体操作步骤如下。

STEP 01 在命令行输入d调用"标注样式"命令，弹出"标注样式管理器"对话框，单击"新建"按钮，新建一个名为"标注-100"的标注样式，如下图所示。

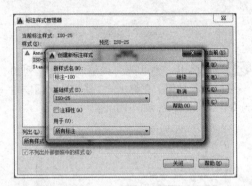

STEP 03 单击"线"选项卡，将"尺寸线"选择框中的"超出标记"值改为1，如下图所示。

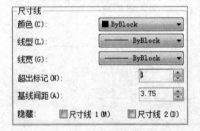

STEP 05 单击"主单位"选项卡，将"线性标注"选择框中的"精度"值改为0，如下图所示。

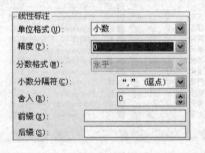

STEP 02 单击"继续"按钮进入"修改标注样式：标注-100"对话框，在"符号和箭头"选项卡中将箭头形式改为"建筑标记"，如下图所示。

STEP 04 单击"调整"选项卡，将"标注特征比例"选择框中的"使用全局比例"值改为100，如下图所示。

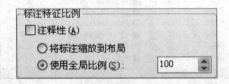

STEP 06 单击"确定"按钮，返回到"标注样式管理器"界面后，选中"标注-100"单击"置为当前"按钮，然后单击"关闭"按钮关闭对话框，如下图所示。

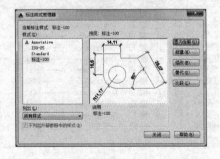

14.2.3 多线样式设置

多线是绘制墙体的不二选择，不同的墙体，所需的多线样式也不相同，因此，在绘制墙体之前，首先应对所需的多线样式进行设置。

STEP 01 在工具条上选择"格式>多线样式"菜单命令，打开多线样式对话框，然后单击"新建"按钮，新建一个名为"墙线"的多线样式，如下图所示。

STEP 02 单击"继续"按钮，打开"新建多线样式：墙线"对话框，将多线设置为直线封口，如下图所示。其他设置不变，单击"确定"按钮关闭"新建多线样式：墙线"对话框，重新回到"多线样式"对话框后，选中"墙线"样式，然后单击"置为当前"按钮，将"墙线"多线样式"置为当前"后，单击"确定"按钮，关闭"多线样式"对话框。

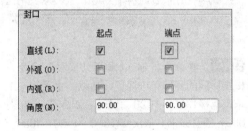

14.3 绘制原建筑平面图

建筑平面图需要到现场进行测量，根据实际测量的数据进行绘制。绘制内容包括房屋的平面形状、大小、墙、柱子的位置和尺寸，以及门窗的类型和位置，下水道的位置等。

14.3.1 绘制轴网

在绘制建筑平面图之前，我们要先画轴网。

轴网是由建筑轴线组成的网，是人为在建筑图纸中为了标示构件的详细尺寸，按照一般的习惯标准虚设的，习惯上标注在对称界面或截面构件的中心线上。

轴网分直线轴网、斜交轴网和弧线轴网。

STEP 01 单击"默认"选项卡"图层"面板中的"图层"下拉列表，选择"辅助线"图层，将它设为当前层，如下图所示。

提示 tips 如果绘制的辅助线显示不是点画线，说明"线型比例"不合适，修改线型比例的方法是：选中绘制的直线，然后在命令行输入pr调用特性命令，在弹出的"特性"选项板的常规选项下将线型比例改为合适的比例即可，上图中的线型比例为50。

STEP 02 在命令行输入L调用"直线"命令，在绘图区域中间绘制一条长13600mm的竖直直线和一条长度为9800mm的水平直线，命令行提示及操作如下：

```
命令: LINE
指定第一个点:     （任意单击一点）
指定下一点或 [放弃(U)]: @9800, 0↙
指定下一点或 [放弃(U)]:
命令: LINE
指定第一个点: fro↙
基点:           （捕捉水平直线的左端点）
<偏移>: @1000, −1000↙
指定下一点或 [放弃(U)]: @0, 12380↙
指定下一点或 [放弃(U)]:
```

结果如下图所示。

STEP 03 在命令行输入o调用"偏移"命令，根据房间的开间和进深偏移轴线，水平线向上依次偏移1380、1020、1280、2190、3620、890，竖直线向右依次偏移300、1480、3020、1450、1850，完成后的效果如右图所示。

提示 tips 每次偏移都是以上次偏移后的结果为偏移对象进行偏移。

14.3.2 绘制外墙墙线

外墙线条就是放在房屋外墙起到装饰作用的线条，同时也起到对外墙的保护作用。有EPS线条和传统的GRC线条两种。

STEP 01 将"墙线"层设置为当前层，然后在命令行输入ML调用"多线"，接下来在命令行对多线的"比例"及"对正"方式进行设置，承重墙体厚度为240mm，命令行提示及操作如下：

STEP 02 选择工具条"修改>对象>多线"菜单命令，打开多线编辑工具，选择"角点结合"，如下图所示。

```
命令: ML
当前设置: 对正 = 上, 比例 = 20.00, 样式
= STANDARD
指定起点或 [对正(J)/比例(S)/样式(ST)]: s↙
输入多线比例 <20.00>: 240 ↙
当前设置: 对正 = 上, 比例 = 240.00, 样
式 = STANDARD
指定起点或 [对正(J)/比例(S)/样式(ST)]: j↙
输入对正类型 [上(T)/无(Z)/下(B)] <上>: z↙
当前设置: 对正 = 无, 比例 = 240.00, 样
式 = STANDARD
指定起点或 [对正(J)/比例(S)/样式(ST)]:
(开始绘制墙线)
```

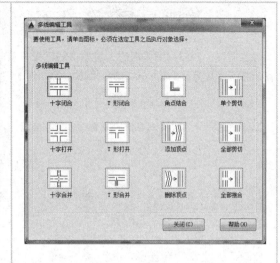

设置好之后按照轴线网绘制的墙体，结果如下图所示。

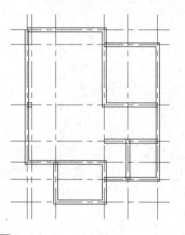

STEP 03 对相交的角点进行编辑，结果如下图所示。

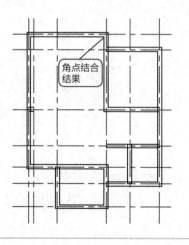

角点结合结果

提示 tips 在使用"T型打开"编辑多线时，先选择的多线将是被截断的对象，后选的是被打开的对象，例如下图中A处，应该先选择被截断的水平多线，再选择被打开的竖直多线。

STEP 04 重复步骤2，选择"T型打开"选项，对T型相交的多线墙体进行编辑，结果如下图所示。

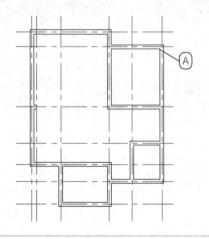

A

14.3.3 绘制门洞与过梁

当墙体上开设门窗洞口时，且墙体洞口大于300mm时，为了支撑洞口上部砌体所带来的各种荷载，并将这些荷载传给门窗等洞口两边的墙，常在门窗洞口上设置横梁，该梁称为过梁。

STEP 01 绘制门窗洞的方法：在命令行输入o调用"偏移"命令，AutoCAD命令行提示及操作如下：

```
命令: OFFSET  当前设置: 删除源=否
图层=源  OFFSETGAPTYPE=0
    指定偏移距离或 [通过(T)/删除(E)/图层
(L)] <通过>: L↙
    输入偏移对象的图层选项 [当前(C)/源(S)]
<源>: c↙      (将偏移后的对象放到当前层)
    指定偏移距离或 [通过(T)/删除(E)/图层
(L)] <通过>: 1100 ↙
    选择要偏移的对象，或 [退出(E)/放弃(U)]
<退出>:       (选择最左边的竖直直线)
    指定要偏移的那一侧上的点，或 [退出(E)/
多个(M)/放弃(U)] <退出>:
                (在选择直线右侧单击)
    选择要偏移的对象，或 [退出(E)/放弃(U)]
<退出>:       (按空格键结束命令)
    命令: OFFSET
    当前设置: 删除源=否  图层=当前  OFFSET
GAPTYPE=0
    指定偏移距离或 [通过(T)/删除(E)/图层
(L)] <900.0000>: 2600 ↙
    选择要偏移的对象，或 [退出(E)/放弃(U)]
<退出>:       (选择上步偏移后的直线)
    指定要偏移的那一侧上的点，或 [退出(E)/
多个(M)/放弃(U)] <退出>: (在右侧单击)
    选择要偏移的对象，或 [退出(E)/放弃(U)]
<退出>:       (按空格键结束命令)
```

结果如右图所示。

STEP 02 在命令行输入tr调用"修剪"命令，修剪出门窗洞，如下图所示。

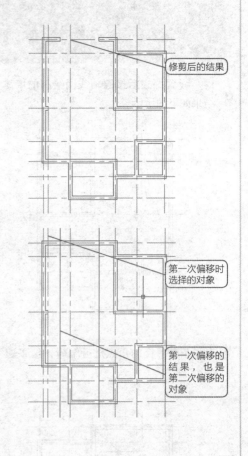

修剪后的结果

第一次偏移时选择的对象

第一次偏移的结果，也是第二次偏移的对象

STEP 03 重复上两步，绘制其他门洞和窗洞，结果如右图所示。

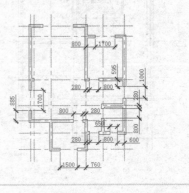

STEP 04 单击"默认"选项卡"图层"面板中的"图层"下拉列表，单击"辅助线"图层前的"💡"，将辅助线图层关闭，结果如下图所示。

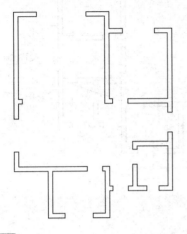

STEP 06 单击"默认"选项卡"特性"面板中的"线型"下拉列表，单击"其他"按钮，如下图所示。

STEP 05 绘制过梁：在命令行输入L，调用直线命令，捕捉墙线上的端点绘制过梁，如下图所示。

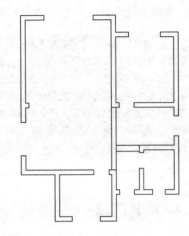

STEP 07 在弹出的"线型管理器"对话框中单击"加载"按钮，弹出"加载或重载线型"对话框，选择"ACAD_ISO003W100"线型，单击"确定"按钮，将选中的线型加载到"线型管理器"中，然后单击"确定"按钮关闭"线型管理器"。如下图所示。

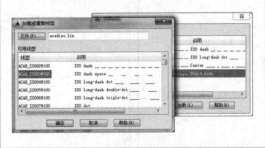

STEP 08 选中第4步中绘制的过梁，然后单击"默认"选项卡"特性"面板中的"线型"下拉列表，选择ACAD_ISO003W100，将其加载给过梁，结果如右图所示。

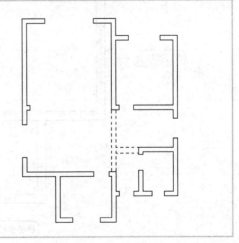

STEP 09 设置"标高"图层为当前层，调用标注"插入块"命令（i），插入随书自带光盘的"标高符号"属性块，放置到过梁内，标出梁的高度，如右图所示。

提示 tips 如果加载后，过梁显示不是点画线，说明"线型比例"不合适，参考前面修改线型比例的方法对线型比例进行修改，右图中的线型比例为10。把"过梁"放置到墙线层首先因为它属于墙线；其次当需要看其他图层的图形时，只需要将墙线层关闭即可关闭看见和看不见的所有墙线，层次分明。

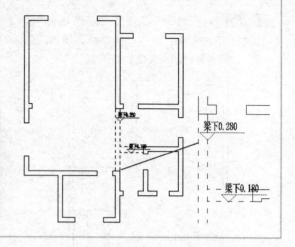

14.3.4 绘制门窗

　　这里的门窗包括单开门、推拉窗和固定窗，单开门的绘制方法是先绘制一个800mm的单开门，然后做成图块，分别插入到相应的门洞；推拉窗先绘制窗线，然后绘制推拉块，最后将绘制的推拉块按相应比例插入到相应的窗洞中，固定窗绘制比较简单，直接用直线命令将窗洞的端点连接起来，然后将窗洞之间的连线向内偏移一定的距离即可，如下图所示。

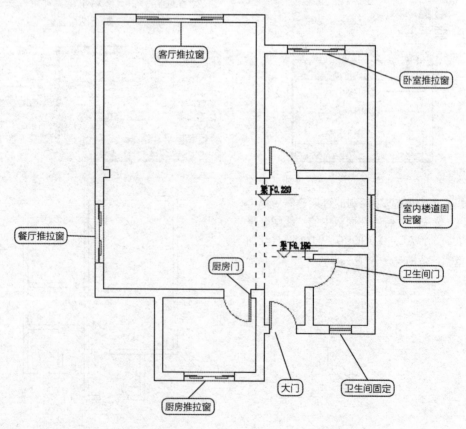

STEP 01 将"门窗"图层设置为当前图层，按照第6章绘制"单开门"的方法，绘制一个由800mm×40mm矩形和半径为800mm的弧组成的单开门，如下图所示。

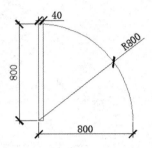

STEP 03 在命令行输入i调用"插入"命令，将"单开门"块插入卫生间的门洞内，设置旋转角度为270°，如下图所示。

STEP 05 重复步骤3，将单开门图块插入到卧室、大门和厨房的门洞，如下图所示。

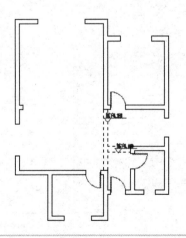

STEP 02 在命令行输入b，调用"创建块"命令，以上步绘制的单开门为对象，命名为"单开门"，并拾取矩形的左下端点为基点创建块，如下图所示，设置完成后单击"确定"按钮。

STEP 04 将图块插入门洞时注意插入点为墙垛线的中点，如下图所示。

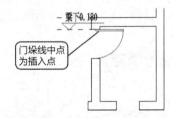

STEP 06 在命令行输入L调用"直线"命令，捕捉墙体的端点、中点在窗洞及推拉门的门洞绘制窗线、门线及推拉线槽，如下图所示。

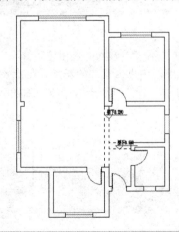

STEP 07 在命令行输入o，调用偏移命令，将厕所和室内楼梯窗洞的两条连线分别向内侧偏移100，结果如下图所示。

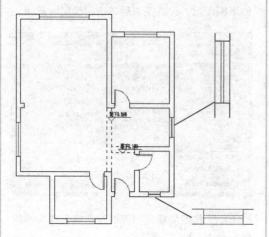

STEP 09 在命令行输入b调用"图块"命令，将上步绘制的两个矩形做成"推拉块"图块，并拾取上面矩形的左下端点为基点。图块完成后，在命令行输入i，调用"插入"命令，在弹出的"插入"对话框中将比例设置为2.6，如下图所示的设置。

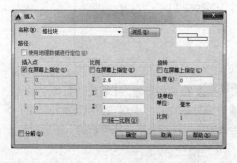

STEP 11 在命令行输入mi调用"镜像"命令，以窗线槽的中点为镜像的基点，将上步插入的"推拉块"镜像到另一边，结果如右图所示。

卧室窗和餐厅窗的推拉图块的比例为1.7，且餐厅窗插入时需要将推拉图块旋转90°，厨房推拉图块的比例为1.5。

STEP 08 在命令行输入rec调用"矩形"命令，绘制两个250mm×40mm的矩形，如下图所示。

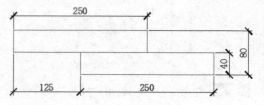

STEP 10 单击确定后将推拉图块插入到客厅的窗洞处，如下图所示。

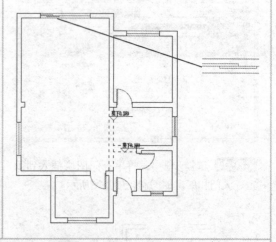

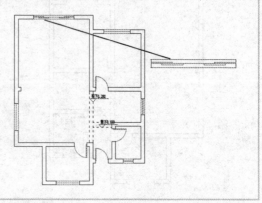

STEP 12 重复步骤9~11，将"推拉块"插入到卧室和厨房的窗洞处，结果如右图所示。

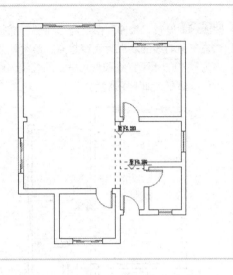

14.3.5 绘制楼梯

楼梯是由楼梯段、平台和栏板等组成，楼梯平面图是各层楼梯的水平剖面图，本栋别墅室内中采用的是折线形楼梯，室外是直线形楼梯，如下图所示。

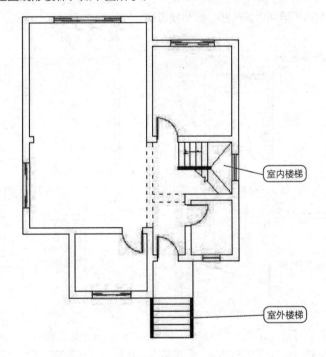

室内楼梯

室外楼梯

1. 绘制大门阶梯

按照顺序，这一节先来讲解如何绘制大门阶梯，步骤如下。

STEP 01 设置"楼梯"图层为当前层，捕捉入口左下角墙线的端点为直线起点，绘制一条长度为1530的水平直线和与其垂直的直线，作为大门阶梯石，如下图所示。

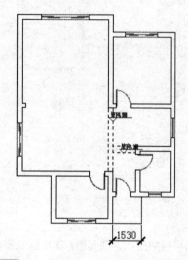

STEP 02 在命令行输入rec调用"矩形"命令，同样捕捉左下墙角，绘制一个100×1500的矩形，作为楼梯的扶手，如下图所示。

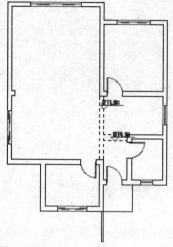

STEP 03 在命令行输入o调用"偏移"命令，将上一步绘制的矩形向内偏移30，绘制楼梯扶手平面，如下图所示。

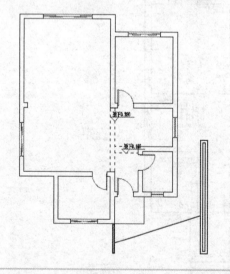

STEP 04 在命令行输入co调用"复制"命令，捕捉扶手的右上角点，将其复制到阶梯石的右侧，如下图所示。

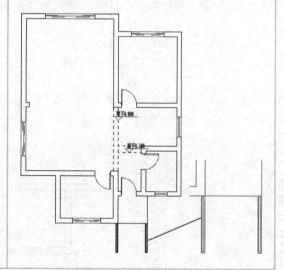

STEP 05 在命令行输入ar调用阵列命令，将第一步绘制水的平阶梯石作为阵列对象，当命令行提示输入阵列类型时，输入r（矩形阵列），然后在弹出的"阵列创建"面板上进行如下图所示的设置，最后单击"关闭阵列"按钮。阵列后得到全部楼梯台阶线。

STEP 06 最后在命令行输入tr调用"修剪"命令，将多余的线全部分修剪掉，结果如下图所示。

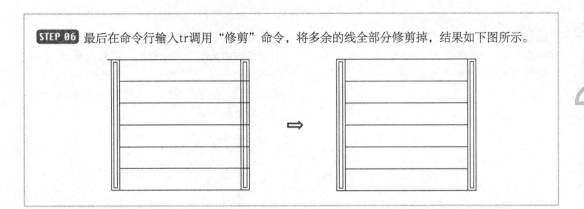

2. 绘制室内楼梯

门外阶梯绘制完成后，这一节来说明室内楼梯的绘制方法，步骤如下。

STEP 01 在命令行输入L调用"直线"命令，捕捉楼道口窗户的中点，绘制一条2100的水平直线。水平直线绘制结束后，再次调用直线命令，捕捉下侧墙角端点，绘制一条垂直线与刚绘制的水平线相交，作为楼梯线，如下图所示。

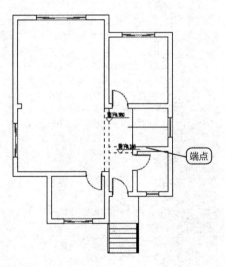

端点

STEP 02 在命令行输入o调用"偏移"命令，将楼梯线向左偏移一次225，向右偏移四次225，如下图所示。

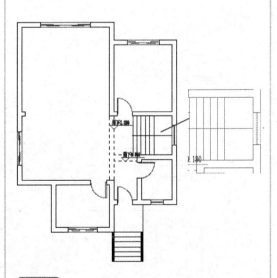

STEP 03 在命令行输入rec调用"矩形"命令，在空白处绘制一个1285×100的矩形，作为扶手，如下图所示。

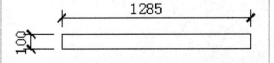

1285

100

STEP 04 在命令行输入o调用"偏移"命令，将上步绘制的矩形向内偏移30，如下图所示。

30

STEP 05 在命令行输入m调用"移动"命令，捕捉第3步绘制的矩形左侧宽的中点，将其移动到第1步绘制的水平线的端点处，如下图所示。

STEP 06 在命令行输入tr调用"修剪"命令，将矩形内多余的线段修剪掉，修剪完成后，在不退出命令的情况下输入r，按空格键后选择第一步绘制的水平直线，然后按空格键将其删除，结果如下图所示。

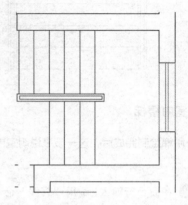

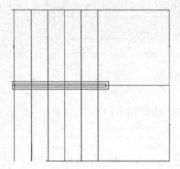

STEP 07 在命令行输入L调用"直线"命令，捕捉扶手右侧的的两个角点，绘制两条斜线连接到楼梯平台的两个阴角点处，如下图所示。

STEP 08 在命令行输入PL调用多段线命令，在下侧楼梯绘制一条折线，命令行提示及操作如下：

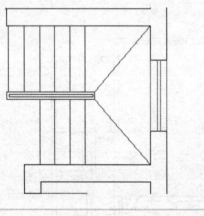

```
命令: PLINE
指定起点:  (捕捉扶手矩形长度边的中点)
当前线宽为 0.0000
指定下一个点或 [圆弧(A)/半宽(H)/长度
(L)/放弃(U)/宽度(W)]: @450<-45 ↙
　指定下一点或 [圆弧(A)/闭合(C)/半宽(H)/
长度(L)/放弃(U)/宽度(W)]: @110,0 ↙
　指定下一点或 [圆弧(A)/闭合(C)/半宽(H)/
长度(L)/放弃(U)/宽度(W)]: @175<250 ↙
　指定下一点或 [圆弧(A)/闭合(C)/半宽(H)/
长度(L)/放弃(U)/宽度(W)]: @110<15 ↙
　指定下一点或 [圆弧(A)/闭合(C)/半宽(H)/
长度(L)/放弃(U)/宽度(W)]: <-45 ↙
　角度替代: 315
　指定下一点或 [圆弧(A)/闭合(C)/半宽(H)/
长度(L)/放弃(U)/宽度(W)]:
　（沿指定角度绘制直线，直线长度超过墙线
即可）
　指定下一点或 [圆弧(A)/闭合(C)/半宽(H)/
长度(L)/放弃(U)/宽度(W)]:
```

结果如左图所示。

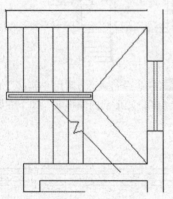

STEP 09 在命令行输入tr调用修剪命令，将与折线相交的楼梯和超过墙线的折线修剪掉，并将没有和折线相交的楼梯删除掉，结果如下图所示。

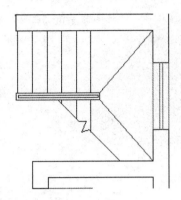

STEP 11 单击"继续"按钮，在弹出的"修改多重引线样式：楼梯指引线"对话框中，单击"引线格式"选项卡，选择箭头样式为"死心闭合"，大小为"150"，其他设置不变，如下图所示。

STEP 10 在命令行输入mls调用"多重引线样式管理器"，单击"新建"按钮，新建一个名为"楼梯指引线"的多重引线样式，如下图所示。

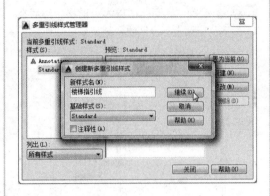

STEP 12 单击"内容"选项卡，将多重引线样式设置为"多行文字"，文字高度设置为150，其他设置不变，如下图所示。修改完成后单击"确定"按钮，回到"多重引线样式管理器"界面后，单击"置为当前"按钮，然后关闭对话框。

STEP 13 在命令行输入mld调用"多重引线样"命令，在楼梯合适的位置指定文字的角点，并输入文字"上"，单击"关闭文字编辑器"后绘制楼梯指引线，如右图所示。

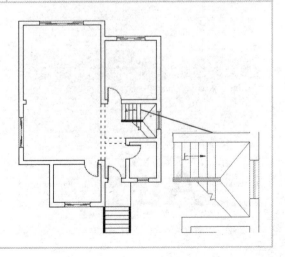

14.3.6 添加标高与标注

给图形添加标高和标注，使得图形更加清晰明了，让施工人员施工时一目了然。

STEP 01 设置"标高"图层为当前层，然后在命令行输入i插入标高图块，结果如下图所示。

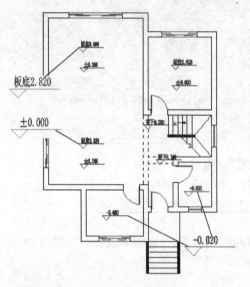

板底2.820

±0.000

STEP 02 使用"矩形"命令和"直线"命令，绘制卧室窗的高度注释框，如下图所示。

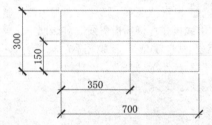

STEP 03 在命令行输入dt调用"单行文字"命令，设置文字高度为90，旋转角度为0，在矩形框内注明窗高度，如下图所示。

离地	1200
窗高	1300

STEP 04 在命令行输入co调用复制命令，将窗高度注释框复制到其他窗处，其他窗户的离地和高度都不变，将卫生间的离地改为1800，高度改为800，结果如下图所示。

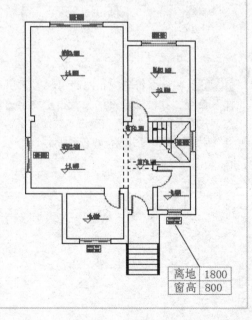

离地	1800
窗高	800

提示 tips

在输入单行文字的过程中，当命令行出现"指定文字的起点或[对正(J)/样式(S)]："时，用户若输入字母J，按空格键则可指定文字的对齐方式，此时命令行提示如下：

输入选项 [对齐(A)/布满(F)/居中(C)/中间(M)/右对齐(R)/左上(TL)/中上(TC)/右上(TR)/左中(ML)/正中(MC)/右中(MR)/左下(BL)/中下(BC)/右下(BR)]：

各对正方式中基点的位置如下图所示。

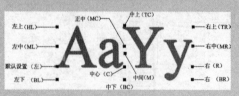

STEP 05 设置"文字"图层为当前层，在命令行输入t调用多行文字命令，拖动鼠标指定文字输入范围，在弹出的"文字编辑器"选项卡中进行如下图所示的设置，其他设置不变。在指定的输入范围输入"原始平面图"，结果如下图所示。

STEP 06 设置"标注"图层为当前层，在命令行输入dil用"线性"标注命令，标注出门洞、窗洞等尺寸，完成结果如下图所示。

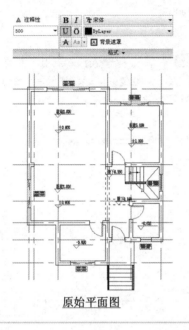

原始平面图

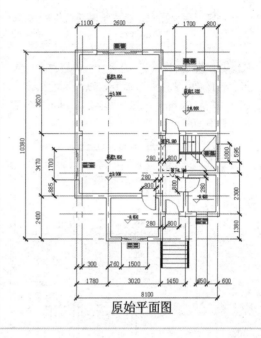

原始平面图

14.4 绘制室内平面布置图

　　室内平面布置图主要用来说明房间内各种家具、家电、陈设及各种绿化、水体等物体的大小形状和相互关系，在布置前先将绘制的原始平面图复制一份，并删除辅助线、标高、标注、文字说明、过梁等，如右图所示，然后在此基础上添加室内家具等陈设。

14.4.1 绘制客厅平面布置图

这套户型的客厅与餐厅在同一个空间里，为了区分空间互不干扰，我们在两个区域之间设计装饰隔断，所以以绘制客厅平面布置之前先绘制装饰隔断。

1. 绘制装饰隔断

绘制客厅平面图时，首先绘制装饰性的隔断部分，步骤如下。

STEP 01 设置"家具"图层为当前层，在命令行输入L调用"直线"命令，以墙垛的角点为起点绘制2300mm、500mm、2480mm三条线段，如下图所示。

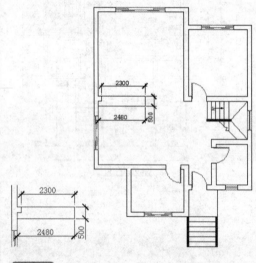

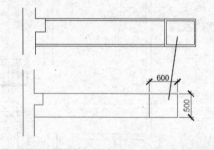

STEP 02 在命令行输入rec调用"矩形"命令，在上一步绘制的图形右侧绘制一个600×500的矩形，如下图所示。

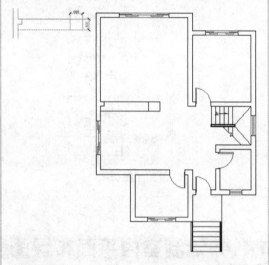

STEP 03 在命令行输入o，调用"偏移"命令，将绘制的两条水平直线和矩形均向内偏移30，结果如下图所示。

STEP 04 设置"填充"图层为当前层，在命令行输入h，调用"图案填充"命令，将左侧图形填充图案为"GRAVEL"，并设比例为10，如下图所示。

提示 tips 利用填充命令时，既可以直接使用系统提供的选项卡进行相应的编辑修改，也可以通过对话框来完成相应的修改。

STEP 05 设置完毕后选择需要填充的区域进行填充，结果如下图所示。

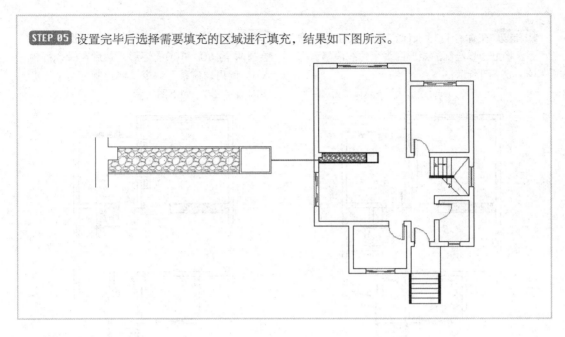

2. 绘制客厅和视听柜

前面讲解了装饰隔断的绘制，这一部分来说明客厅和视听柜的绘制方法，步骤如下。

STEP 01 重新将"家具"图层设置为当前层，在命令行输入L，调用"直线"命令，捕捉墙线的端点为起点，向左绘制一条长度为120mm的水平直线，再向上绘制一条同墙宽的垂直线段，作为电视墙紫檀面板的平面轮廓，如下图所示。

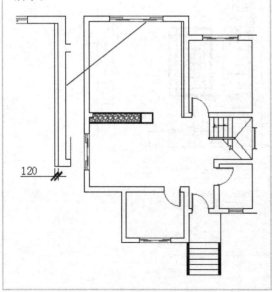

STEP 02 在命令行输入rec，调用"矩形"命令，距上侧墙体1000mm绘制一个450×2500的矩形，如下图所示。

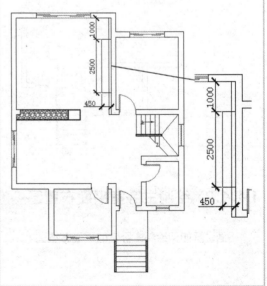

STEP 03 在命令行输入tr，调用"修剪"命令，将上一步绘制的矩形内多余的线段修剪完善，如下图所示。

STEP 04 在命令行输入rec，调用矩形命令，绘制两个450×600的矩形，然后在命令行输入o，调用"偏移"命令，将绘制的两个矩形向内偏移150，如下图所示。

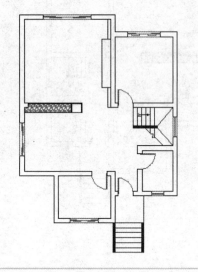

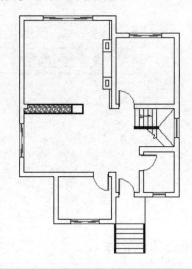

STEP 05 在命令行输入i，调用"插入块"命令，打开随书附带光盘的块文件，将"客厅家具"和"液晶电视"图块插入到到客厅适当的位置，如下图所示。

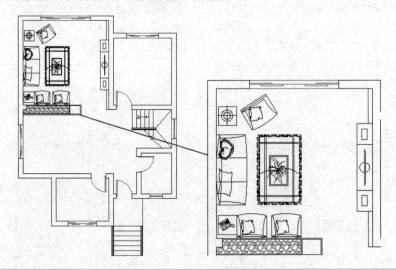

14.4.2 绘制主卧室平面布置图

下面讲解如何绘制主卧室的平面布置图。

1. 绘制电视柜平面

这一节首先来说明电视柜平面图的绘制方法，步骤如下。

STEP 01 在命令行输入rec，调用"矩形"命令，在距离窗口墙体600的位置绘制一个1450×450的矩形，命令行提示及操作如下：

> 命令：RECTANG
> 　　指定第一个角点或 [倒角(C)/标高(E)/圆角(F)/厚度(T)/宽度(W)]: fro 基点:
> 　　（输入"fro"设置新的基点，并捕捉A点作为基点，找基点和设置偏移量是这个矩形绘制的关键）
> 　　<偏移>: @0,−600 ↙　　（输入偏移量）
> 　　指定另一个角点或 [面积(A)/尺寸(D)/旋转(R)]: @450,−1450 ↙

结果如下图所示。

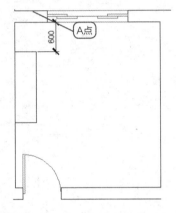

STEP 02 在命令行输入o，调用"偏移"命令，将上一步绘制的矩形向内偏移30，如下图所示。

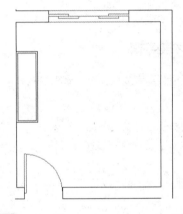

STEP 03 捕捉大矩形左侧边的中点绘制一条长度为550mm的水平直线，然后将其向上下各偏移600，如下图所示。

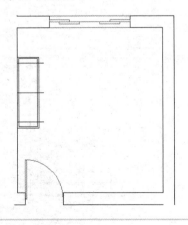

STEP 04 在命令行输入arc，调用圆弧命令，然后捕捉图中的交点和端点，绘制一条圆弧，如下图所示。

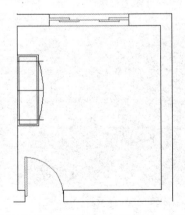

STEP 05 在命令行输入o，调用"偏移"命令，将上一步绘制的圆弧偏向左偏移30，如下图所示。

STEP 06 在命令行输入tr，调用"修剪"命令，将多余的线段修剪完善，最后如下图所示。

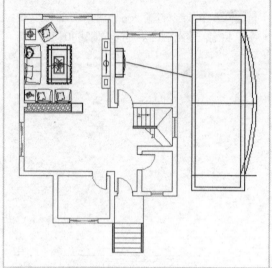

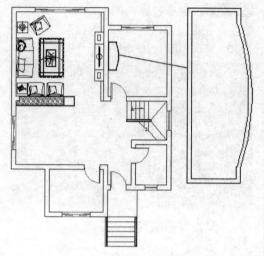

2. 绘制衣柜平面

电视柜绘制完成后，这一节来说明衣柜平面图的绘制方法，步骤如下。

STEP 01 调用"矩形"命令，在卧室的右下角贴合两侧墙面绘制一个1800×600的矩形。然后在调用偏移命令，将绘制的矩形向内侧偏移25，结果如右图所示。

STEP 02 在命令行输入ml，调用"多线"命令，捕捉内部矩形宽的中点向另一边绘制一条多线，命令行提示及操作如下：

```
命令: MLINE
当前设置: 对正 = 无，比例 = 240.00，样
式 = 墙线
指定起点或 [对正(J)/比例(S)/样式(ST)]: s↙
输入多线比例 <240.00>: 30↙
当前设置: 对正=无，比例=30.00，样式=墙线
指定起点或 [对正(J)/比例(S)/样式(ST)]: ↙
(捕捉内侧矩形边的中点)
指定下一点:          (捕捉另一侧边的中点)
指定下一点或 [放弃(U)]:
                    (按空格键结束命令)
```

结果如右图所示。

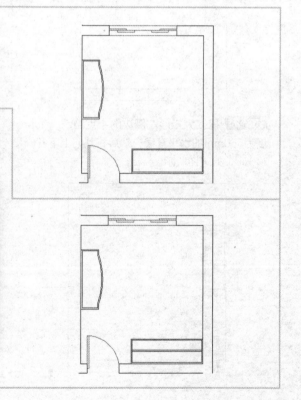

STEP 03 在命令行输入rec，调用"矩形"命令，绘制一个30×480的矩形，命令行提示及操作如下：

```
命令: RECTANG
指定第一个角点或 [倒角(C)/标高(E)/圆角
(F)/厚度(T)/宽度(W)]: fro 基点:
                    (捕捉内侧矩形端点A)
<偏移>: @80,-35
指定另一个角点或 [面积(A)/尺寸(D)/旋转
(R)]: @30,-480
```

结果如下图所示。

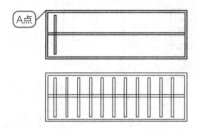

STEP 05 在命令行输入ro调用"旋转"命令，以"衣架"与多线的交点为基点，将其中几个衣架旋转10°~20°，结果如下图所示。

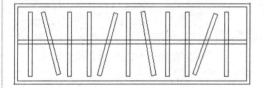

提示 tips 输入旋转角度时注意，输入正角度时，图形绕基点逆时针旋转，输入负角度时，图形绕基点顺时针旋转。
系统变量"ANGDIR"是用于设置旋转的正角度方向的变量，当值为0时，正方向为逆时针旋转，当值为1时，正方向为顺时针旋转。

STEP 04 在命令行输入ar，调用矩形命令，选择上步绘制的矩形为阵列对象，当提示选择阵列类型时，选择矩形阵列，在弹出的"阵列创建"选项卡中进行如下图所示的设置，设置完成后单击"关闭阵列"按钮，结果如下图所示。

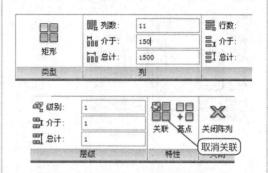

STEP 06 在命令行输入i，调用"插入块"命令，在适当位置插入随书附带光盘的"卧室卧具"和"液晶电视"，其中插入"液晶电视"块时设置比例不变，角度旋转180°，至此主卧室平面布置图绘制完成了，如下图所示。

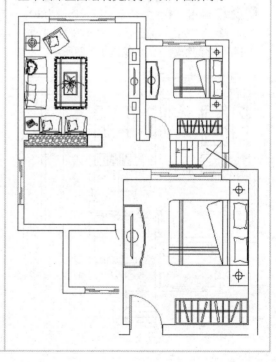

345

14.4.3 绘制餐厅平面布置图

　　餐厅平面布置图主要分两部分，玄关平面图和餐桌家具平面布置图，我们对玄关平面图进行绘制，餐桌及家具平面图直接插入随书附带的图块即可。

STEP 01 调用"矩形"命令，以入口左侧墙的墙角为端点，绘制一个1300×300的矩形。然后再以刚绘制的矩形的左上角为端点，在其内部绘制一个300×160的小矩形，如下图所示。

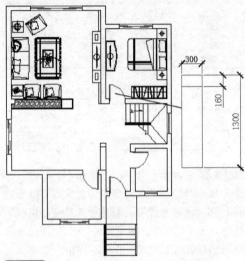

STEP 02 使用"偏移"命令，将小矩形向内偏移30。然后调用"复制"命令，将两个小矩形复制到大矩形的底部，如下图所示。

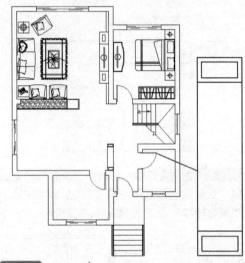

STEP 03 调用"多线"命令，设置比例为30，对正方式为"无"，捕捉上部小矩形底边的中点，在小矩形之间绘制一条多线，如下图所示。

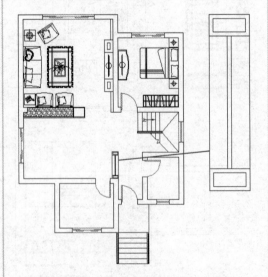

STEP 04 调用"矩形"命令，在餐厅的窗户正下方中间位置绘制一个1200×200的矮柜，如下图所示。

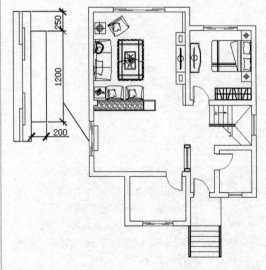

STEP 05 在命令行输入i，调用"插入"命令，插入随书附带光盘里的"餐厅饭桌"图块，至此餐厅平面布置图就绘制好了，如右图所示。

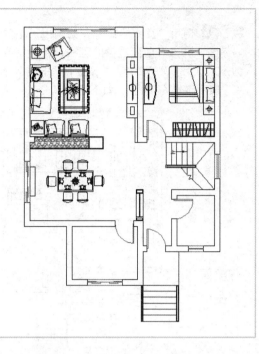

14.4.4 绘制厨卫平面布置图

厨房平面布置图主要有灶台轮廓、地柜、吊柜、灶具和洗碗池等，其中，灶台轮廓、地柜和吊柜需要绘制，灶具和洗碗池直接插入随书附带的图块即可。

卫生间设备主要有淋浴设备、马桶和洗手池，其中，淋浴设备需要绘制，马桶和洗手池直接插入随书附带的图块即可。

1. 绘制厨房地柜和吊柜的平面

厨卫平面布置图包括厨房地柜、吊柜等图形，还包括卫浴等设备平面图。下面首先来说明地柜和吊柜的绘制方法，步骤如下。

STEP 01 在命令行输入PL，调用"多段线"命令，绘制厨房的灶台轮廓，如下图所示。

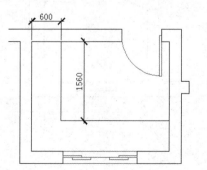

STEP 02 调用"矩形"命令，捕捉厨房左边上部的阴角点绘制以个2160×350的矩形吊柜，如下图所示。

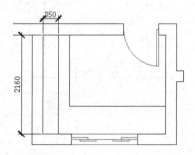

STEP 03 调用"直线"命令，绘制出吊柜的对角线，并参考前面过梁的画法，将线型改为ACAD_ISO00W100，并设置合适的线型比例，表示储藏吊柜图例，如下图所示。

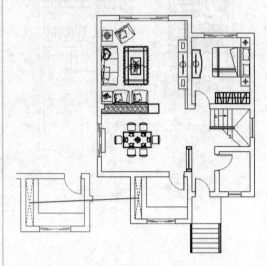

STEP 04 调用"插入"命令，在适当的位置插入随书附带光盘的"水槽"和"煤气灶"及"冰箱"图块，厨房的平面图设置就完成了，如下图所示。

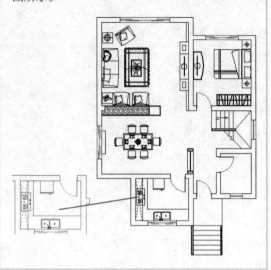

2. 绘制卫浴设备

前面说明了厨房地柜和吊柜的绘制方法，这一节来讲解卫浴设备的绘制，步骤如下。

STEP 01 调用"矩形"命令，在卫生间墙角处绘制一个850mm的正方形，作为淋浴设备的外轮廓，如下图所示。

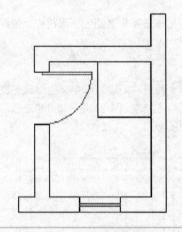

STEP 02 在命令行输入cha调用"倒角"命令，对上一步绘制的正方形进行倒角，设置两个倒角距离都为425，结果如下图所示。

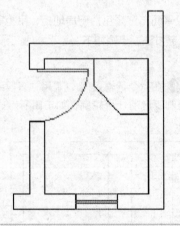

STEP 03 调用"偏移"命令，将倒角后的矩形向内偏移40，如下图所示。

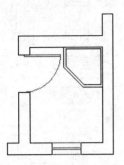

STEP 05 在命令行输入c，调用"圆"命令，在直线上适当的位置绘制一个半径为20的圆作为出水口，如下图所示。

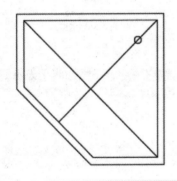

STEP 04 调用"直线"命令，将浴缸的对角线连接起来，如下图所示。

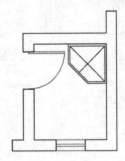

STEP 06 调用"插入"命令，在卫生间适当的位置插入随书光盘附带的"马桶"和"洗脸池"图例，如下图所示。

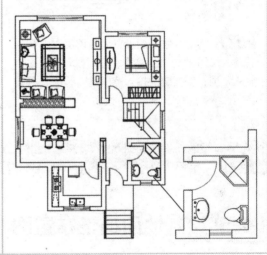

14.4.5 植物配置和注释

室内装饰设计完成后，即可给房间增加植物、鱼缸等盆景装饰类的物品配置，使其看上去更美观。

STEP 01 设置"绿化"图层为当前层，调用"插入"命令，选择随书附带光盘内的"盆栽1""盆栽2"和"小草"图块插入至平面图的合适位置内，其中"小草"图块插入至客厅与餐厅之间的隔断内，如下图所示。

STEP 02 将"标注"层设置为当前层，参照14.3.5节中"多重引线样式"设置，新建一个名为"装饰指引线"的多重引线样式，将箭头改为"点"，大小改为150，文字高度设置为300，其他设置不变。设置完成后将"装饰指引线"置为当前，然后在命令行输入mld调用"多重引线"命令，标注出各个装饰材料名称，结果如下图所示。

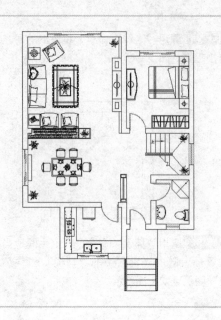

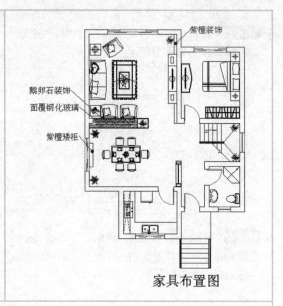

家具布置图

STEP 03 将"文字"层设置为当前层，在命令行输入t调用多行文字命令，拖动鼠标指定文字输入范围，在指定的输入范围输入"家具布置图"，结果如右图所示。

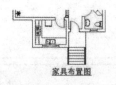

家具布置图

提示
tips

在实际的装潢过程中，家具平面布置图应该标注出各家具的大小尺寸和位置，由于篇幅原因，并且标注本身比较简单，从绘图角度考虑难度不大，因此，在此省略家具平面布置图的尺寸标注。

14.5 绘制地面铺设布置图

首先将室内平面布置图复制一份，然后删除内部图例，再对图形进行整理，使各个区域封闭，以便于填充图案。在填充之前首先使用"单行文字"命令，标明各地面使用的材料及规格，然后再进行填充，如右图所示。

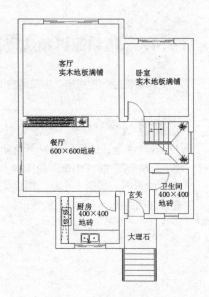

STEP 01 设置"填充"图层为当前层，在命令行输入h调用填充命令，选择填充类型为DOLMIT，设置比例为20，角度为90，如下图所示。

STEP 02 在视图中单击客厅和卧室区域，按Enter键完成填充，填充效果如下图所示。

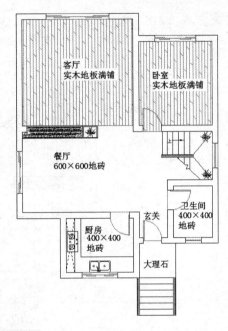

STEP 03 重复步骤1，对餐厅、厨房、卫生间等进行填充，各房间的填充图案、比例及角度如下表所示。

STEP 04 填充结果如下图所示。

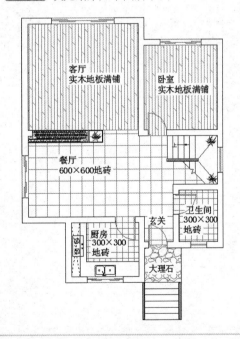

表 填充图案比例及角度

填充区域	填充图案	比例	角度
客厅和卧室	DOLMIT	20	90
餐厅	ANSI37	150	45
厨房和卫生间	ANSI37	75	45
进门露台	GRAVEL	25	0

提示 tips

绘制地面装修图时，都是通过不同的填充图案来表明相应的地面材质。不同的填充图案、填充比例和角度有时候可以表明不一样的材质。如果想使用系统中没有的材质图案，用户可以自行添加，这里不再赘述。

STEP 05 将"标注"层设置为当前层。在命令行输入mld调用"多重引线"命令，使用"装饰指引线"多重引线样式标注出其他墙面装饰材料名称，结果如下图所示。

STEP 06 将"文字"层设置为当前层，在命令行输入t调用多行文字命令，拖动鼠标指定文字输入范围，在指定的输入范围输入"铺设材料布置图"，结果如下图所示。

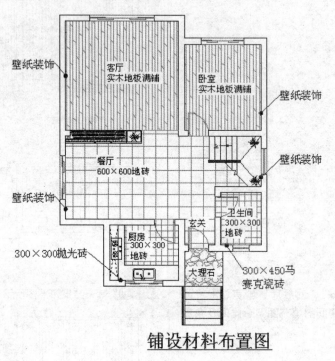

铺设材料布置图

完整的给排水系统由三部分组成：一是控制水流量的设备，如水龙头、闸门，洗涤或排泄器具；二是管道；三是一系列的水处理构筑物。所以，给排水工程图可以分为三种：室内给排水工程图、室外管道及附属设备图、水处理工艺设备图。

Chapter

15

大学生宿舍给排水系统设计图

15.1 给排水工程简介

给排水工程包括给水工程和排水工程，大致包括室外给水工程、室外排水工程、室内给水工程和室内排水工程。

15.1.1 建筑给水分类与组成

给水工程包括水源取水、水质净化、净水输送、配水使用等。一般是自室外给水管引入至室内各配水点的管道及其附件，其流程为进户管→水表→干管→支管→用水设备。

1. 给水系统的分类

建筑给水系统是一个冷水供应系统，按用途基本上可分为四类。

生活给水系统：供家庭、公共建筑和企业建筑内的饮用、烹调、盥洗、洗涤、沐浴等生活上的用水。要求水质必须符合国家规定的饮用水质标准，如下左图所示。

生产给水系统：主要用于生产设备的冷却、原料洗涤、锅炉用水等。生产用水对水质、水量、水压以及安全方面的要求由于工艺不同，差异很大，如下右图所示。

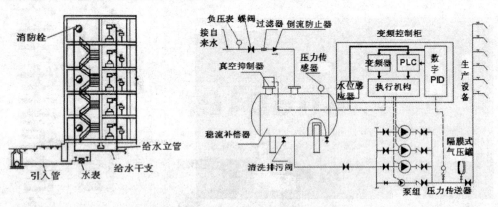

消防给水系统：供层数较多的民用建筑、大型公共建筑及某些生产车间的消防设备用水。消防用水对水质要求不高，但必须按建筑防火规范保证有足够的水量与水压，如下左图所示。

建筑中水系统：一般建筑内冲厕、清扫用水，其水源为建筑或设备内的排水，经处理后达到中水水质标准而在此循环利用的水。其水质低于饮用水、高于污水，如下右图所示。

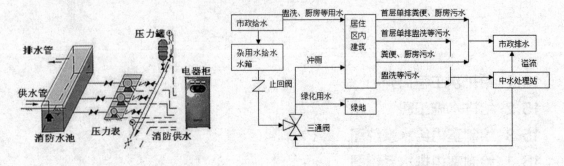

2. 给水系统的组成

内部给水系统由引入管、水表节点、管道系统、给水附件、升压设备、储水设备和消防设备等组成。

引水管： 又名进户管，指连接给水管网和建筑内给水管网的管段。依据建筑物的要求进行引入，至少为一条。

水表节点： 水表节点是安装在引入管上的水表及其前后阀门、泄水装置等。

给水附件和用水设备： 用于保证建筑内用水和水质的配水龙头、仪表和阀门等。用水设备则是指生产用水设备或卫生洁具等。

升压设备： 当室外给水管网压力不足或室内对安全供水和水压稳定有较高要求时，需设置各种附属的设备。

消防设备： 按照建筑物的防火要求及规定需要设置消防给水时，一般设置消火栓及消防设备。

15.1.2 建筑排水系统

排水工程是将经过使用后的生活或生产污水、废水以及雨水通过卫生洁具、洗涤池等汇集到各自的管道排出至室外检查井的管道以及附件。排水系统流向为排水设备→支管→干管→户外排出管。

排水系统一般包括排水管、通气管、排水附件三个部分。

建筑室内排水按性质划分，分为生活污水和工业污水两种。

生活污水： 生活污水主要是指民用设施、公共设施产生的污水，如人们日常生活中产生的粪便污水和洗涤、盥洗等污水，生活污水排水系统如下左图所示。

工业污水： 工业生产会产生各种生产污水或废水，其中部分污水污染的相当严重，对这些污水的排放与再利用都需要进行特殊处理，如下右图所示。

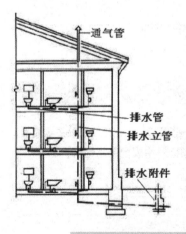
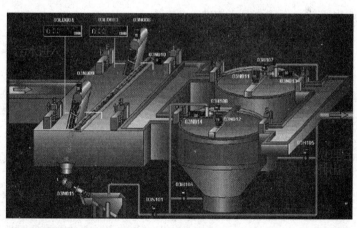

> 除了以上的两种分类外，还可以细分为以下几种：（1）冷却废水系统。空调设备、冷冻机等排出的废水，水质好于生活废水。（2）雨水系统。高层建筑屋面上的雨水及融化的雪水，由供水设备的管道系统从建筑内部排除的系统。（3）特种排水。厨房、餐厅排出的含有动植物油的含油废水、车库的洗车废水以及医院排水等，通常应先进行局部处理后才能排入室外的市政排水系统。

15.2 给排水施工图

给排水施工图一般是由基本图和详图组成，基本图包括管道设计平面布置图、剖面图、系统轴测图以及原理图、说明等；详图表明各局部的详细尺寸及施工要求。

给排水施工图按内容大致分为室内给水排水施工图、室外给水排水施工图和水处理设备构筑物工艺图。

15.2.1 室内给排水施工图包含的内容及绘图步骤

室内给水排水系统施工图包括以下内容。

（1）建筑平面图。

（2）卫生器具的平面位置：如大小便器，水槽等。

（3）各立管、干管及支管的平面布置以及立管的编号。

（4）阀门及管附件的平面布置，如截止阀、水龙头等。

（5）给水引入管、排水排出管的平面位置及其编号。

（6）必要的图例、标注等。

在绘制室内给水排水平面图时，要先绘制底层给水排水平面图，再绘制其余楼层给水排水平面图。具体绘图步骤如下。

（1）绘制建筑平面图，先绘制建筑平面图的定位轴线，再绘制墙体和门窗洞，最后安置其他构配件。

（2）绘制卫生器具平面图。

（3）绘制给排水管道平面图，先画主管，然后绘制给水引入管和排水排出管，并按照水流方向画出各主管、支管和管道附件。

（4）绘制管道所穿墙、梁断面、管道系统图上相应附件、器具等的图例。

（5）标注尺寸、管径、坡度标高、编号以及必要的文字说明等。

15.2.2 给排水符号和图例

在建筑给排水制图中，由于绘图比例较小，常用一些符号来表示一些管道、用水设备、卫生器具等。在绘制给排水工程图中，应在图样中附上所选用的图例，下表是"国标"中规定的常用图例画法。

表 给排水图常用图例

名　称	图　例	备　注
管道	—— ——	上图用字母表示管道类别 下图用线型表示管道类别
立管	◎	
立管编号	给① 排①	

名　称	图　例	备　注
交叉管	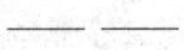	在下方和后面的管道应断开
三通连接		
四通连接		
流向		
坡度		
三通连接		上图表示管道向后转90° 下图表示管道向前转90°
存水弯	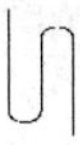	
检查口	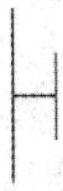	
清扫口	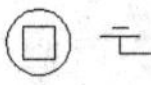	
人孔		
雨水斗		
地漏		
截止阀	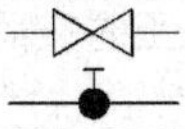	
止回阀		
升降式止回阀		
放水龙头	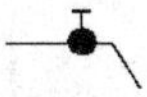	
室内消火栓	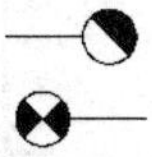	上图为单口，下图为双口
洗脸盆	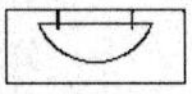	
洗涤盆	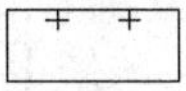	
水表井		

提示 tips 一般图纸上的图例，用户多看施工图纸的图例就明白了。就是用符号来表示一个具体的实物，本身没有太多的实际意义。

15.2.3 室内给水工程图

室内给水工程图一般分为以下两种：给水管道平面布置图、给水管道系统轴测图。

1. 给水管道平面布置图

给水管道平面布置图用来表示给水进户管的位置及与室外管网的连接关系，给水平管、立管、支管的平面位置和走向，管道上各种配件的位置，各种卫生器具和用水设备的位置、类型、数量等内容。

给水管道平面布置图包括以下几个方面。

（1）绘图比例

一般采用与建筑平面图相同的比例。较复杂的图如供水房间中的设备及管道，不能表达清楚，可采用较大的比例绘制。

（2）平面布置图的数量

多层建筑给水管道平面布置图原则上应分层绘制，对于卫生设备及管道布置完全相同的楼层，可以绘制一个平面布置图，但是底层平面布置图必须单独绘制，以反映室内外管道的连接情况。

室内给水平面布置图是在建筑平面图的基础上表达室内给水管道在房间内的布置和卫生设备的位置情况。建筑平面图只是一个辅助内容，因此，建筑平面图中的墙、柱等轮廓线、台阶、楼梯、门窗等内容都用细实线画出，其他一些细部可以省略不画，如下左图所示。

（3）卫生器具画法

在平面布置图中各种卫生器具如洗脸盆、大便器、小便器等都是工业定型产品，不必详细画出，可按《国标》规定的图例表示，图例外轮廓用细实线画出。施工时按照《给水排水国家标准图集》来安装。各种卫生器具都不标注外形尺寸，如因施工或安装需要，可标注其定位尺寸，如下右图所示。

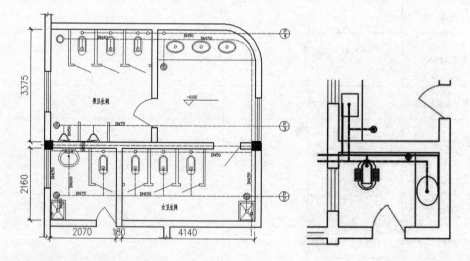

（4）管道画法

管道是管网平面布置图的主要内容，室内给水管道不论是否可见，都用粗实线表示。

给水立管是指竖向的给水干管。注意，在空间竖向转折的各种管道不能算为立管。立管在平面图中用小圆圈表示。当房屋穿过二层及二层以上的立管数量多于1根时，应在管道类别编号之后用阿拉伯数字进行编号。

为了使平面布置图与系统轴测图相互对照索引，便于读图，各种管道必须按系统分别予以标志和编号。给水管以每一引入管为一系统，如果给水管道系统的进口多于一个时，应用阿拉伯数字编号，用细实线画一个圆圈，用指引线与每一引入管相连，圆圈上半部注写该管道系统的类别，用汉语拼音的首个字母表示，给水系统用"J"表示，圆圈下半部用阿拉伯数字注写该系统的序号。

给水管道一般是螺纹连接，均采用连接配件，另有安装详图，平面布置上不需特别标明。

（5）尺寸标注

各层平面布置图均应标注墙、柱的定位轴线标号，并在底层平面布置图上标注轴线间的尺寸和标注各楼层、地面的标高。各段管道的管径、坡度、标高及管段的长度在平面图中一般不进行标注。

（6）图例与说明

为方便施工人员正确阅读图纸，避免错误和混淆，平面布置图中无论是否用标准图例，仍应附上各种管道及附件、卫生器具、配水设备、阀门、仪表等的图例。

平面布置图中除了用图形、尺寸表达设备、器具的形状、大小外，对施工要求、有关材料等情况，也必须用文字加以说明，一般包括如下内容。

- 标准管路单元的用水户数，水箱的标准图集。
- 城市管网供水与水箱区域的划分与层数。
- 各种管道的材料与连接方法，防腐和防冻措施。
- 套用标准图集的名称与图号。
- 采用设备的型号与名称、有关土建施工图的图号。
- 安装质量的验收标准。
- 其他施工要求。

2. 给水管道系统轴测图

系统轴测图是用轴测投影的方法，根据各层平面图中卫生设备、管道及竖向标高绘制而成的，分别表示给排水管道系统的上、下层之间，前后、左右之间的空间关系。在系统轴测图中除注有各管径尺寸及立管编号外，还注有管道的标高和坡度。

看给水管道系统轴测图时，应从引入管开始，沿水流方向经过干管、立管、支管到用水设备，如右图所示。

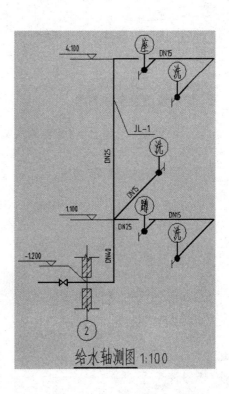

给水轴测图 1:100

15.2.4 排水工程

生活排水系统一般包括排水管、通气管、排水附件三个部分。其中排水管包括排水横管、排水立管、连接管、排水出管。通气管是顶层检查口以上延伸出屋面的立管管段，顶端设通气阀。它的作用是排出污水产生的有害气体，防止管内产生负压。排水附件包括存水弯、地漏、检查口等。

室内排水工程图一般分为两种：排水管道平面布置图和排水管道系统轴测图。

1. 排水管道平面布置图

排水管道平面布置图是用来表示室内排水管道、排水附件及卫生器具的平面布置，各种卫生器具的类型、数量，各种排水管道的位置和连接情况，排水附件如地漏的位置等内容。

排水管道平面布置图的图示方法与给水管道平面布置主要有以下不同点。

- 排水管道平面布置图中，排水管道用粗虚线表示，并画至卫生器具的排水泄水口出，在底层平面布置图中还应画出排出管和室外检查井。
- 为使排水平面图与排水系统图相互对照，排水管道也需按系统给予标志和编号。排水管以检查井承接的第一排出管为一系统。排水管在一个以上，需要加注标志和编号，如下图所示，粗虚线管道为排水系统，粗实线管道为进水系统。

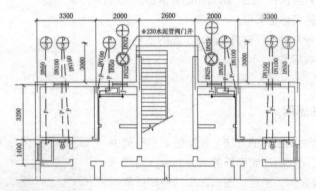

2. 排水管道系统轴测图

排水管道系统轴测图和进水管道系统轴测图的主要区别在识图方法上不同，排水系统轴测图是从上而下自排水设备开始，沿污水流向经横支管、立管、干管到总排出管，如右图所示。

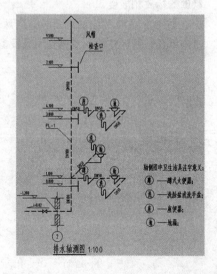

排水轴测图 1:100

15.3 绘制室内给水系统图

为了能够清楚地表达给水管道的空间位置和走向，各种配件如阀门、水龙头和截止阀等在管道上的位置、连接情况以及各管道的管径和标高等内容，需要绘制轴测图和平面图来表达给水管道在空间的延伸情况。

15.3.1 绘制宿舍给水轴测图给水管

给水轴测图主要表示给水管道的布置和连结情况。下面根据首层平面图绘制给水管道轴测图。

1. 设置给水轴测图环境

在绘制图形时首先要有合适的绘制环境，常见的包括图层设置、图线的粗细、线型等细节，这里进行简要说明，步骤如下。

STEP 01 打开随书配套光盘中的"宿舍图.dwg"文件，如下图所示。

STEP 02 在命令行输入La调用"图层"，在"图层特性管理器"选项板中新建"进水管道""符号"和"附件"图层，如下图所示。

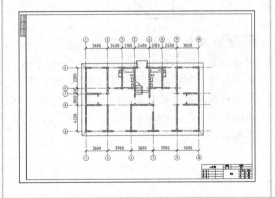

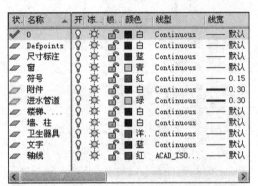

STEP 03 在命令行输入co调用"复制命令，选择平面图的整个图框，将它复制到旁边作为轴测图的图框，并将图形另存为"给水管道系统图"。选中"坐标系"，并使用夹点编辑将坐标原点拖动到轴测图框的合适位置，如右图所示。

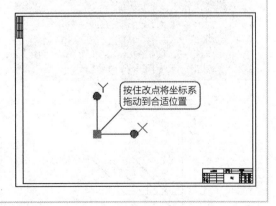

按住改点将坐标系拖动到合适位置

2. 绘制给水管道1

前面完成了环境的搭建，这里开始绘制给水管道，步骤如下。

STEP 01 将"给水管道"层设置为当前层，在命令行输入L调用直线命令，绘制进水管道。以坐标原点为端点先绘制一条长为14000的竖直线。然后在命令行输入o调用"偏移"命令，将刚绘制的直线向右偏置8400，结果如下图所示（为了便于区分，将左侧的直线定为给水管1，右侧的定为给水管2）。

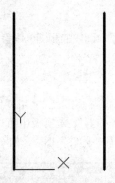

STEP 02 继续使用"直线"命令，继续绘制给水管路1，命令行提示及操作如下：

```
命令: _LINE
 指定第一点：（原点）
 指定下一点或 [放弃(U)]: @730,0↙
 指定下一点或 [放弃(U)]: @2600<45↙
 指定下一点或 [闭合(C)/放弃(U)]: @0,-250↙
 指定下一点或 [闭合(C)/放弃(U)]:
 （按空格键结束命令）
```

结果如下图所示。

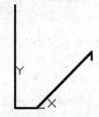

STEP 03 继续使用"直线"命令绘制管路，命令行提示及操作如下：

```
命令: LINE
 指定第一点：（原点）
 指定下一点或 [放弃(U)]: @0,-1200↙
 指定下一点或 [放弃(U)]: @2520<45↙
 指定下一点或 [闭合(C)/放弃(U)]: @0,-750↙
 指定下一点或 [闭合(C)/放弃(U)]:
@2450<45↙
 指定下一点或 [闭合(C)/放弃(U)]:
 命令:LINE 指定第一点: 730,0↙
 指定下一点或 [放弃(U)]: @2100,0↙
 指定下一点或 [放弃(U)]: @2680<45↙
 指定下一点或 [闭合(C)/放弃(U)]: @0,-250↙
 指定下一点或 [闭合(C)/放弃(U)]:
```

结果如下图所示。

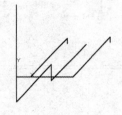

STEP 04 在命令行输入co调用"复制"命令，将接水龙头的水管（竖直线短线）进行复制。选择对象，根据命令行的提示在绘图窗口中指定竖直线的上端点为基点，然后在指定第二个点时在命令行中输入@600<225，复制结果如下图所示。

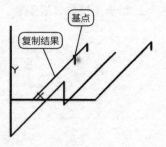

STEP 05 继续使用复制命令，选择另一条线段上的竖直线，根据命令行的提示指定基点，然后在指定第二点时在命令行中输入@700<225、@1550<225、@2550<225，复制的效果如下图所示。

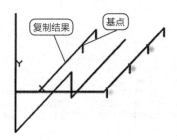

STEP 07 调用"打断"命令（break），对给水管1进行打断，命令行提示及操作如下：

命令: BREAK
选择对象: （水平线）
指定第二个打断点 或 [第一点(F)]: f↙
指定第一个打断点: fro ↙
基点: （坐标原点）
<偏移>: @125,0↙
指定第二个打断点: @200,0↙

结果如下图所示。

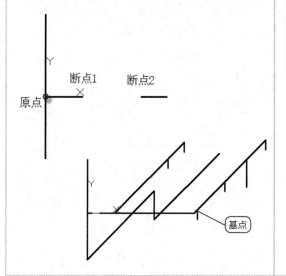

STEP 06 选中给水管1所复制的竖直线，此时线上出现3个蓝色夹点。单击最下面的夹点，此时夹点颜色变成红色，然后竖直向下拖动鼠标并在命令行中输入470，此时直线加长了470，结果如下图所示。

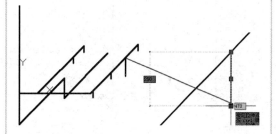

STEP 08 继续使用"打断"命令，命令行提示及操作如下：

命令:BREAK
选择对象: （水平线）
指定第二个打断点 或 [第一点(F)]: f↙
指定第一个打断点: fro ↙
基点: （坐标原点）
<偏移>: @425,0↙
指定第二个打断点: @200,0↙
命令: BREAK
选择对象: （右侧斜线段）
指定第二个打断点 或 [第一点(F)]: f↙
指定第一个打断点: fro ↙
基点: （该线段的垂直线的下端点）
<偏移>: @1850<45↙
指定第二个打断点: @250<45 ↙

结果如下图所示。

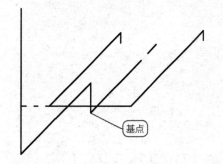

STEP 09 在命令行输入L调用直线命令，绘制一条长为325的水平直线，如下左图所示。

STEP 10 在命令输入ar调用阵列命令，选择上步绘制的直线为阵列对象，并选择"矩形阵列"，在弹出的"阵列创建"选项板上进行设置，如下图所示。设置完毕后单击"关闭阵列"按钮，结果如左图所示。

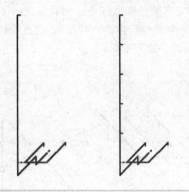

类型	列		行 ▾	
矩形	列数： 1	行数： 5		
	介于： 487.5	介于： -2800		
	总计： 487.5	总计： -11200		

3. 绘制给水管道2

这里继续绘制其他位置的给水管道，步骤如下。

STEP 01 调用"直线"命令，绘制给水管道2，命令行提示及操作如下：

```
命令: LINE
指定第一点:   (给水管道2的下端点)
指定下一点或 [放弃(U)]: @-2830,0↙
指定下一点或 [放弃(U)]: @2680<45↙
指定下一点或 [闭合(C)/放弃(U)]: @0,-250↙
指定下一点或 [闭合(C)/放弃(U)]:
(按空格键结束命令)
命令: LINE
指定第一点: fro↙
基点:   (给水管道2的下端点)
<偏移>:  @-730,0
指定下一点或 [放弃(U)]: @2600<45↙
指定下一点或 [放弃(U)]: @0,-250↙
指定下一点或 [闭合(C)/放弃(U)]:
(按空格键结束命令)
命令: LINE
指定第一点:   (给水管道2的下端点)
指定下一点或 [放弃(U)]: @0,-1200↙
指定下一点或 [放弃(U)]: @2520<45↙
指定下一点或 [闭合(C)/放弃(U)]: @0,-750↙
指定下一点或 [闭合(C)/放弃(U)]:
@2430<45↙
指定下一点或 [闭合(C)/放弃(U)]:
```

结果如右图所示。

STEP 02 在命令行输入co调用"复制"命令，将选择给水管2的接水龙头的水管（竖直线）为复制对象，根据命令行的提示指定基点。在绘图窗口中指定竖直线的上端点，然后在指定第二个点时在命令行中输入@700<225、@1550<225、@2550<225。然后用同样的方法选择另一条竖直线进行复制，在命令行中输入@600<225，复制结果如下图所示。

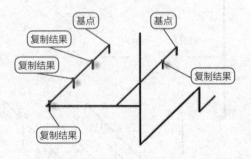

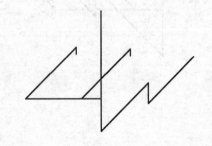

STEP 03 参照给水管1绘制的步骤6，将给水管2的竖直管向下拉伸470，结果如下图所示。

STEP 04 调用"打断"命令，对水平直线进行打断，命令行提示及操作如下：

```
命令：BREAK
选择对象：  （水平线）
指定第二个打断点 或 [第一点(F)]: f✓
指定第一个打断点: fro✓
基点：（以竖直线的下端点为基点）
<偏移>: @-125,0 ✓
指定第二个打断点: @-200,0 ✓
（按空格键结束命令）
```

结果如下图所示。

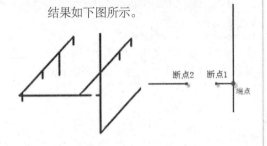

STEP 05 继续使用"打断"命令对给水管路进行打断，命令行提示及操作如下：

```
命令：BREAK
选择对象：  （水平线）
指定第二个打断点 或 [第一点(F)]: f✓
指定第一个打断点: fro✓
基点：（端点）
<偏移>: @-75,0 ✓
指定第二个打断点: @-200,0 ✓
命令: BREAK
选择对象：  （右侧斜线）
指定第二个打断点 或 [第一点(F)]: f✓
指定第一个打断点: fro✓
基点：（垂直线的下端点）
<偏移>: @1950<45 ✓
指定第二个打断点: @250<45 ✓
```

结果如右图左所示。

STEP 06 在命令行输入co调用"复制"命令，将"绘制给水管道1"中步骤10绘制的几条水平线复制到给水管2的竖直水管上，结果如下右图所示。

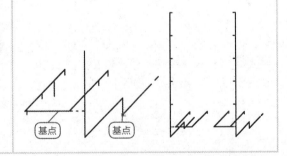

提示 tips 当连续使用同一个命令时，既可以直接输入简写命令，也可以直接按Enter键重复上一个命令的操作。

4. 给给水管道添加符号

管道绘制完成后，即可以添加相应的管道符号，以便于后期的施工人员对照施工，步骤如下。

STEP 01 将"符号"层设置为当前层，然后在命令行输入c调用"圆"命令，在绘图区任意指定一点作为圆心，绘制一个半径为500的圆，结果如下图所示。

STEP 02 在命令行输入L调用"直线"命令，绘制上步绘制的圆的直径，结果如下图所示。

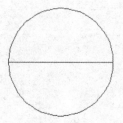

STEP 03 在命令行输入dt调用"单行文字"命令，设置文字高度为350，在上半圆上输入管道类型为J，下半圆输入编号1，结果如下图所示。

STEP 04 将以上所绘制好的管道编号放置到相应的位置，如下图所示。

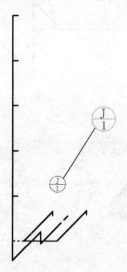

STEP 05 复制管道编号到给水管2的相应位置，然后修改编号，结果如右图所示。

提示 tips 如果管道特别多，也可以将绘制的管道符号做成带属性的图块，然后插入到相应的管道位置。

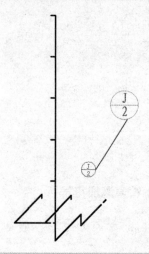

15.3.2 绘制附件

绘制完给水轴测图管路之后，接下来来绘制附件。

1. 绘制水龙头

主体绘制完成后，下面来绘制水龙头等附件，步骤如下。

STEP 01 将"附件"层设置为当前层，调用"直线"命令，在绘图窗口中绘制一条长为50的竖直线和长为250的水平线，如下图所示。

STEP 02 继续使用"直线"命令，以上步所绘制的水平线的中点为起点，绘制长为125的竖直线和长为75的水平线，结果如下图所示。

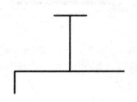

STEP 03 在命令行输入do调用"圆环"命令，命令行提示及操作如下：

```
命令：DONUT
指定圆环的内径 <0.5000>: 0 ↙
指定圆环的外径 <1.0000>: 50 ↙
指定圆环的中心点或 <退出>:
（捕捉交点作为圆环的圆心）
```

结果如下图所示。

作为图块的拾取点

STEP 04 在命令行输入b调用"创建块"命令，在"块定义"对话框中，输入名称为"水龙头-1"，选择绘制好的水龙头。选择"删除"选项，单击"拾取点"按钮拾取上图中的端点为插入点，然后单击"确定"按钮即可完成块的创建，如下图所示。

STEP 05 继续使用"直线"命令绘制"水龙头-2"，绘制两条垂直的直线，尺寸如右图所示，绘制完成后重复步骤4，将绘制的"水龙头-2"做成图块。

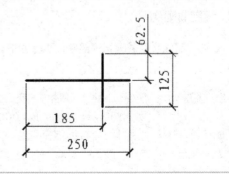

367

2. 绘制角阀

这一部分绘制角阀等部件，步骤如下。

STEP 01 调用"直线"命令，绘制两条长为75、175的竖直线和一条长为250的水平线，如下图所示。

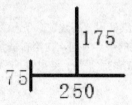

STEP 02 调用"圆环"命令，设置圆环内径为0，外径为50，捕捉线的交点作为圆环的圆心，如下图所示。

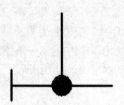

STEP 03 调用"创建块"命令，将绘制的图形创建成块，名称为"角阀"并以水平线的右端点为拾取点。

3. 绘制截止阀

这一部分绘制截止阀等部件，步骤如下。

STEP 01 调用"直线"命令，绘制一条长为80的竖直线，然后调用"偏移命令"，将刚绘制的直线向右侧偏移200，结果如下图所示。

STEP 02 再次调用直线，将两条竖直线的端点进行连接，结果如下图所示。

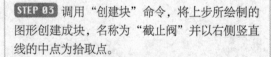

STEP 03 调用"创建块"命令，将上步所绘制的图形创建成块，名称为"截止阀"并以右侧竖直线的中点为拾取点。

4. 绘制截闸阀

这一部分绘制截闸阀等部件，步骤如下。

STEP 01 调用"直线"命令，在图中的空白处，绘制一个闸阀，如右图所示。绘制完成后将其组成块，名称为"闸阀-1"。捕捉短线的中点作为插入点。

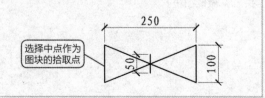

选择中点作为图块的拾取点

STEP 02 先调用"多段线"命令（pl），命令行提示及操作如下：

> 命令：PLINE
> 指定起点：
> （任意单击一点作为多段线的起点）
> 　指定下一点或 [圆弧(A)/闭合(C)/半宽(H)/长度(L)/放弃(U)/宽度(W)]: @125,0✓
> 　指定下一点或 [圆弧(A)/闭合(C)/半宽(H)/长度(L)/放弃(U)/宽度(W)]: @185<75✓
> 　指定下一点或 [圆弧(A)/闭合(C)/半宽(H)/长度(L)/放弃(U)/宽度(W)]: @125,0✓
> 　指定下一点或 [圆弧(A)/闭合(C)/半宽(H)/长度(L)/放弃(U)/宽度(W)]: c✓

结果如下图所示。

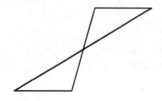

STEP 03 调用"直线"命令，在图形中间交点的位置绘制一条50mm的水平短线，如下图所示。

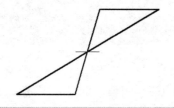

STEP 04 调用"创建块"命令，将绘制的图形创建成块，名称为"闸阀-2"，并拾取图形上端水平线边的中点为插入点。

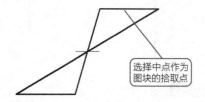

选择中点作为图块的拾取点

5. 绘制水表

这一部分绘制水表等部件，步骤如下。

STEP 01 在命令行输入rec调用矩形命令，绘制一个200mm×100mm的矩形，如下图所示。

STEP 02 在命令行输入pl调用多段线命令，命令行提示及操作如下：

> 命令：PLINE
> 指定起点：（ 矩形左侧边的中点 ）
> 当前线宽为 0.0000
> 指定下一个点或 [圆弧(A)/半宽(H)/长度(L)/放弃(U)/宽度(W)]: w✓
> 　指定起点宽度 <0.0000>: 100✓
> 　指定端点宽度 <100.0000>: 0✓
> 　指定下一个点或 [圆弧(A)/半宽(H)/长度(L)/放弃(U)/宽度(W)]: （ 矩形右侧边的中点 ）
> 　指定下一点或 [圆弧(A)/闭合(C)/半宽(H)/长度(L)/放弃(U)/宽度(W)]: ★取消★

结果如左图所示。

STEP 03 最后将整个图形创建成块，名称为"水表"并拾取矩形左侧边的中点为插入点，结果如右图所示。

选择中点作为图块的拾取点

6.绘制墙体符号

这一部分绘制墙体符号，步骤如下。

STEP 01 将"0"层设置为当前层，调用"直线"命令，绘制一条580的竖直线，如下左图所示。

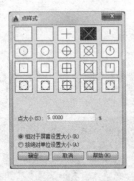

STEP 02 调用"复制"命令，命令行提示及操作如下：

```
命令: COPY
选择对象:（选择刚绘制的直线）
选择对象:（按空格键结束选择）
当前设置: 复制模式 = 多个
指定基点或 [位移(D)/模式(O)] <位移>:
指定第二个点或 [阵列(A)] <使用第一个点
作为位移>: @142,142↙
  指定第二个点或 [阵列(A)/退出(E)/放弃
(U)] <退出>: （按空格键结束命令）
```

结果如左图所示。

STEP 03 选择"格式 > 点样式"菜单命令，调用点样式命令，在弹出的"点样式"对话框中选择和设置"点样式"，如下图所示。

STEP 04 在命令行输入div调用"定数等分"命令，将绘制的两条线段分别进行6等分，然后调用"直线"命令将左右两条直线相对的节点连接起来，如下图所示。

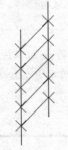

STEP 05 删除节点，如右图所示。调用"创建块"命令，将绘制好的图形创建成块，块名称为"墙体符号"，并拾取左边垂直线的第三个节点为插入点。

提示tips 等分点属于节点，因此，在捕捉等分点时，首先应将"对象捕捉模式"中的节点选中。

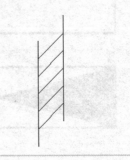

7. 绘制地面线

这里利用直线命令来绘制地线，步骤如下。

STEP 01 调用"直线"命令，绘制一条长500的水平线，并使用"定数等分"命令，将其6等分，如下图所示。

STEP 02 调用"直线"命令，将第一个节点作为第一点，然后输入@100<225绘制出一条斜线，如下图所示。

STEP 03 将绘制的斜线复制到其他节点上，并删除节点，结果如右图所示。调用"创建块"命令，将绘好的图形创建成块，名称为"地线"，拾取水平线的中点作为插入点。

8. 插入图块

很多重复的图形只需将其创建为图块即可方便调用，下面说明如何插入水龙头等部件，步骤如下。

STEP 01 将"附件"层设置为当前层，在命令行输入i调用"插入"命令，在弹出的"插入"对话框中，选择"水龙头-1"图块，比例和角度不变，如下图所示。

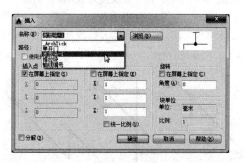

STEP 02 单击"确定"按钮，将"水龙头-1"图块插入到给水管道1相应的位置，如下图所示。

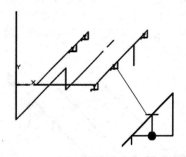

STEP 03 继续使用"插入"命令，在弹出的"插入"对话框中，选择"水龙头-1"图块，将X的比例改为-1，单击"确定"按钮后，将"水龙头-1"图块插入到给水管2的合适位置，完成后结果如右图所示。

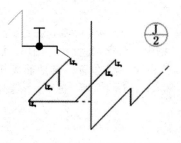

STEP 04 继续使用"插入"命令，在弹出的"插入"对话框中，选择"角阀"图块，将其插入到给水管道1的相应接口处，如下图所示。

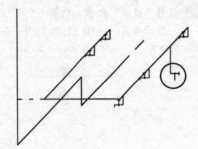

STEP 05 继续使用"插入"命令，在弹出的"插入"对话框中，选择"角阀"图块，将其插入到给水管道2的相应接口处，如下图所示。

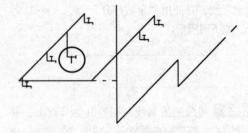

STEP 06 继续使用"插入"命令，选择"截止阀"图块、"水表"图块和"闸阀-2"图块，插入到给水管道1的断开处，如下图所示。

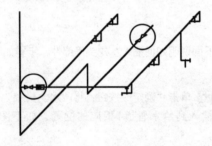

STEP 07 继续使用"插入"命令，选择"截止阀"图块、"水表"图块和"闸阀-2"图块，插入到给水管道2的断开处，如下图所示。

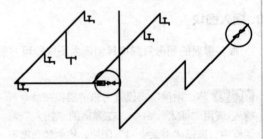

STEP 08 将"墙、柱"图层置为当前层，调用"插入"命令，在弹出的"插入"对话框中，选择"墙体符号"图块，将其插入到给水管道1的相应位置，如下图所示。

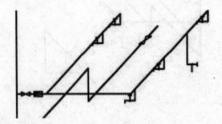

STEP 09 将"墙、柱"图层置为当前层，调用"插入"命令，在弹出的"插入"对话框中，选择"墙体符号"图块，将其插入到给水管道2的相应位置，如下图所示。

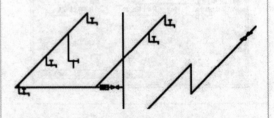

STEP 10 调用"插入块"命令，在弹出的"插入"对话框中，选择"地面线"图块，插入到给水管道1和2的相应位置，其地面线间距为2800，插入6个（地面线）符号，结果如下图所示。

提示 tips 在插入地线时，也可以先插入一个，然后用阵列命令绘制其他地线。

提示 tips 在插入水龙头时，也可以先插入一个，然后用复制命令，将插入的水龙头复制到其他相应的位置即可。

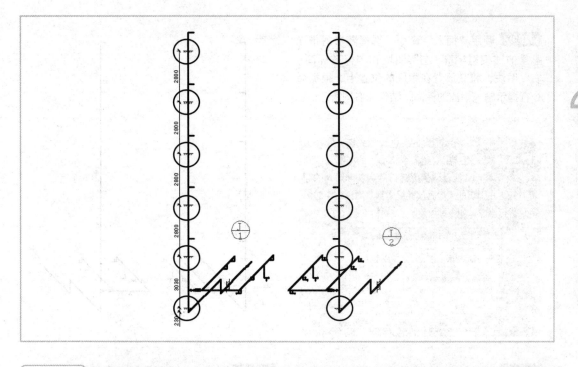

15.3.3 添加文字说明

管路和附件绘制完成后，接下来为给水轴测图添加文字说明。

STEP 01 将"文字"图层置为当前层，由于所用到的水管直径都不是一样的，所以要对每个水管进行标注，调用"单行文字"命令（dt），设置文字高度为250，旋转角度根据水管的位置来设定，结果如右图所示。

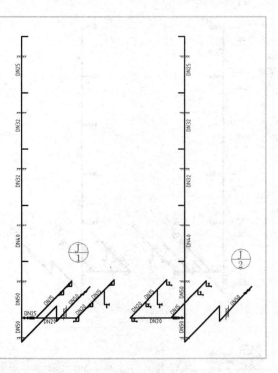

STEP 02 调用"插入"命令，选择随书附带光盘里的"相对标高-左"图块和"相对标高-右"图块，将其放置在相应的位置上，根据命令行提示输入相应的标高，结果如右图所示。

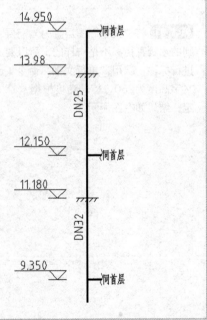

提示 tips

在插入标高时，也可以先插入一个，然后用复制命令将插入的标高复制到其他合适的位置，然后双击插入的标高符号，在弹出的"增强属性编辑器"对话框中对标高值进行修改，如下图所示。

STEP 03 将"符号"图层置为当前层，然后在命令行输入spl调用"样条曲线"命令，在给水管1放置右侧和给水管2放置左侧绘制省略符号，如下图所示。

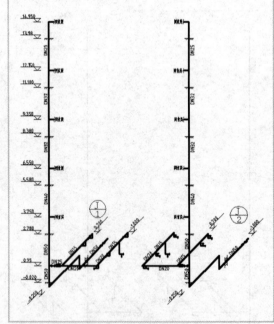

STEP 04 将"文字"图层置为当前层，在命令行输入dt调用"单行文字"命令，设置文字高度为250，在上步绘制的"省略符号"旁输入"同首层"，如下图所示。

提示 tips

样条曲线的大小和具体位置不做特殊要求，只要感觉合适就可以。

15.3.4 绘制宿舍给水平面图

回到宿舍平面图的绘图区域，给水管道平面布置图用来表示给水进户管的位置及与室外管网的连接关系，给水平管、立管、支管的平面位置和走向，管道上各种配件的位置，各种卫生器具和用水设备的位置、类型、数量等内容。

STEP 01 将"附件"图层置为当前层，调用"圆"命令，绘制一个半径为50的圆，如下左图所示。

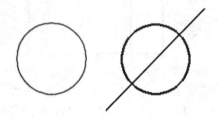

STEP 02 在命令行输入xl调用"构造线"命令，命令行提示及操作如下：

命令: XLINE
指定点或 [水平(H)/垂直(V)/角度(A)/二等分(B)/偏移(O)]: a↙
输入构造线的角度 (0) 或 [参照(R)]: 45↙
指定通过点： （指定圆心）
指定通过点： （按空格键结束命令）

结果如左图所示。

STEP 03 在命令行输入o调用"偏移"命令，将构造线上下偏移20，如下图所示。

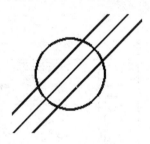

STEP 04 在命令行输入tr调用"修剪"命令，对绘制的图形进行修剪，并将多余线条删除，结果如下图所示。

STEP 05 调用"创建块"命令，在"块定义"对话框中，输入名称为"地漏"，在图中选择圆心为拾取点，选择"删除"选项，最后单击"确定"按钮，完成块的创建。

STEP 06 将"进水管道"图层置为当前层，调用"直线"命令，绘制水管，如右图所示。

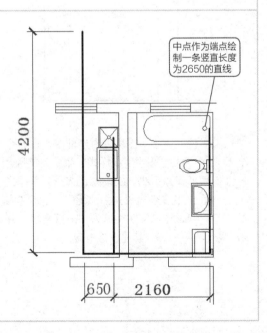

中点作为端点绘制一条竖直长度为2650的直线

STEP 07 调用"插入"命令，选择"地漏"图块，将其放置到图中相应的位置。

STEP 08 调用"圆"命令，绘制半径为25的进水立管，并将与直线相交的部分删除，如右图所示。

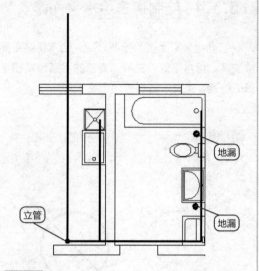

STEP 09 将"附件"图层置为当前层，调用"插入块"命令，选择"水龙头-2"图块，将其插入图中相应的位置，如下图所示。

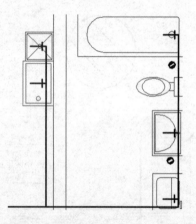

STEP 10 调用"插入"命令，将"截止阀""水表-1"和"闸阀-1"图块插入到平面图中，"闸阀-1"插入时将角度设置为90°，插入图块后调用"修剪"命令将多余的线条修剪掉，结果如下图所示。

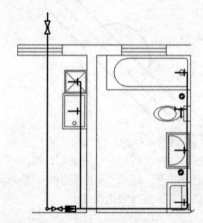

STEP 11 将"文字"图层置为当前层，在命令行输入mls调用"多重引线样式"命令。参照上一章有关"多重引线"的设置，选择"引线格式"选项卡，将头符号设置为"无"。单击"内容"选项卡，选择文字类型为"多行文字"并将高度设置为350，其他设置不变。

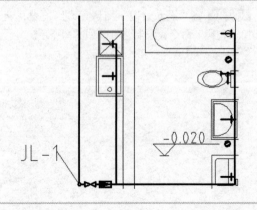

STEP 12 在命令行输入mld调用"多重引线"命令，对立水管进行标注，如右图所示。

STEP 13 调用"插入块"命令，选择"相对标高-右"图块，将其放置在相应的位置，并输入相应的值。

STEP 14 将上一小节的水管管道编号复制到管道线上部。

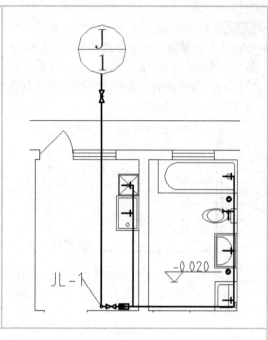

STEP 15 进水管道1、2布置相同，调用"镜像"命令（mi），将进水管道1所绘制的管道、附件以及插入的块等以楼道中心为镜像线进行镜像，镜像后双击"JL-1"，将它改为"JL-2"，将进水管也改为2，结果如右图所示。

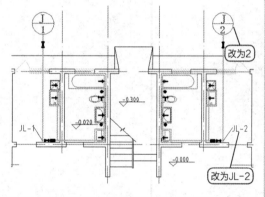

15.4 绘制室内排水系统图

　　室内排水系统主要将废水及时排出，和给水系统一样复杂，下面以排水轴测图和平面图来表达排水系统中的管道布置和连结情况。

15.4.1 绘制宿舍排水轴测图

　　排水轴测图主要表示排水管道在空间三个方向上的布置和连结情况。下面主要介绍排水轴测图的绘制方法。

STEP 01 打开随书配套光盘中的"宿舍图.dwg"文件，在此基础上绘制排水系统图，复制图框，在图框中绘制排水轴测图，选择坐标系将它移至相应的位置，并将图形另存为"排水管道系统图"，如下图所示。

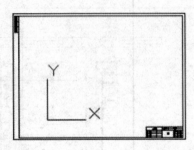

STEP 03 将"排水管道"图层置为当前层，调用直线命令，绘制一条长为18170的竖直线，结果如下图所示。

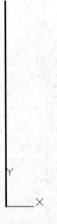

STEP 05 在命令行输入o调用偏移命令，将上步所绘制好的直线向右偏移2100，结果如下左图所示。

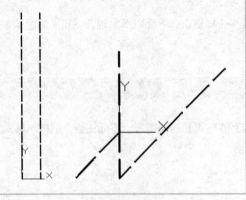

STEP 02 在命令行输入la调用"图层特性管理器"，在"图层特性管理器"中新建"排水管道"和"附件"图层，如下图所示。

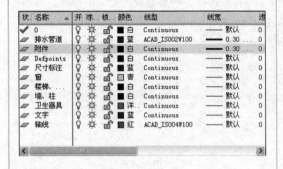

STEP 04 选中竖直线右击，在命令行输入pr，在弹出的"特性"选项板中将线性比例设置为50，退出"特性"选项板后结果如下图所示。

STEP 06 调用直线命令，在排水管1上绘制直线，命令行提示及操作如下：

```
命令:LINE
指定第一点: 1240<225 ↙   （坐标原点）
指定下一点或 [放弃(U)]:
指定下一点或 [放弃(U)]: @0,−900 ↙
指定下一点或 [闭合(C)/放弃(U)]:
@3030<45 ↙
指定下一点或 [闭合(C)/放弃(U)]:
（按Enter键）
```

结果如左图所示。

STEP 07 继续调用直线命令，在排水管2上绘制直线，命令行提示及操作如下：

```
命令: LINE
指定第一点: 550,-1550↙
指定下一点或 [放弃(U)]:
（排水管道2 的下端点）
指定下一点或 [放弃(U)]: @0,-900↙
指定下一点或 [闭合(C)/放弃(U)]:
@1750<45↙
指定下一点或 [闭合(C)/放弃(U)]:
（按Enter键）
```

结果如下图所示。

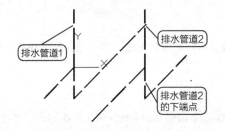

排水管道1　排水管道2　排水管道2的下端点

STEP 09 继续调用直线命令，在等分点上绘制其他接口的水管，长度均为150，绘制完成后将等分点删除，结果如下图所示。

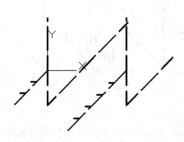

STEP 08 在命令行输入div调用"定数等分命令，将排水管1的支管进行3等分，将排水管2的支管进行5等分，如下图所示。

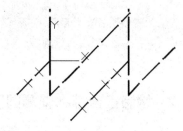

提示 tips　为了便于区分，将过原点的直线定为排水管1，偏移后的直线定为排水管2。

STEP 10 在命令行输入me调用"定距等分"命令，选择排水管1的竖直线下端，根据命令行的提示，指定线段长度为2800，如下图所示。

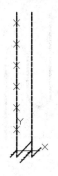

STEP 11 调用直线命令，以上步所创建的点为起点，绘制长度为300，与竖直线的夹角为45的直线，最后删除点，结果如右图所示。

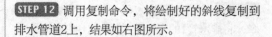

STEP 12 调用复制命令，将绘制好的斜线复制到排水管道2上，结果如右图所示。

提示
tips

1. 在使用定距等分时，总是把不能等分的部分留到最后，因此，选择的位置不同，等分的效果也不相同。

2. 也可以先绘制一条斜线，然后通过矩形阵列得到其他斜线。

15.4.2 绘制宿舍排水轴测图附件

下面来绘制排水轴测图的附件，其中一部分附件将详细介绍绘制方法，另一部分用图块直接插入即可。具体操作步骤如下。

STEP 01 将"附件"图层置为当前层， 在命令行输入pl调用多段线命令，绘制存水弯，结果如下图所示。

STEP 02 调用复制命令，将上步绘制的存水弯复制到相应的地方，结果如下图所示。

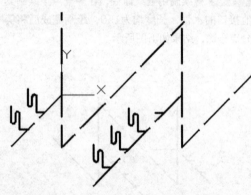

STEP 03 在命令行输入c调用"圆"命令，绘制半径为100的圆，如下图所示。

STEP 04 调用直线命令，绘制长度分别为200和40的直线，其中长度为200的水平线穿过圆心，结果如下图所示。

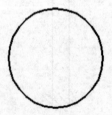

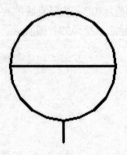

STEP 05 在命令行输入tr调用修剪命令，将圆的上部修剪掉，结果如下图所示。

STEP 06 将绘制好的无缝地漏做成图块，在命令行输入i调用"插入"命令，将无缝地漏插入到图中的存水弯上，结果如下图所示。

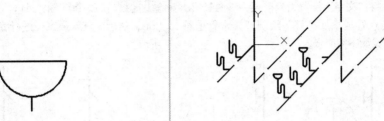

STEP 07 继续使用插入命令，在"插入"对话框中选择"存水弯-2"图块，将其放置在图中相应的位置，结果如右图所示。

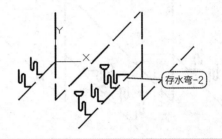

STEP 08 继续使用"插入"命令，将"清扫口"图块、"检查口"图块和"通气帽"图块插入到图中相应的位置，结果如下图所示。

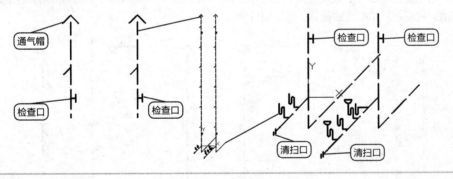

STEP 09 将"墙、柱"层置为当前层，将15.3.2节绘制的"墙体符号"和"地面线"复制到排水管相对应的位置，结果如下图所示。

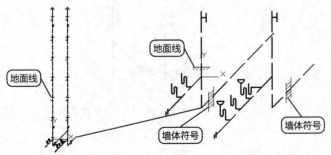

15.4.3 添加文字说明

管路和附件绘制完成后接下来给排水轴测图添加文字说明。

STEP 01 将"文字"层置为当前层，参照15.3.1节"给给水管道添加符号"绘制"排水管道符号"，结果如下图所示。

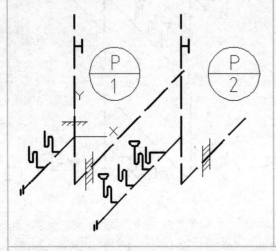

STEP 02 在命令行输入dt，设置文字高度为250，然后对其管道直径进行编写，结果如下图所示。

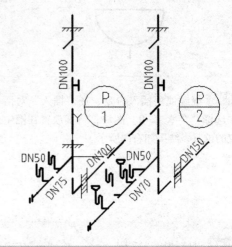

STEP 03 调用"插入"命令，依次插入"相对标高-左"图块和"相对标高-右"，根据命令行提示输入标高值，放置在图中相应的位置，如下图所示。

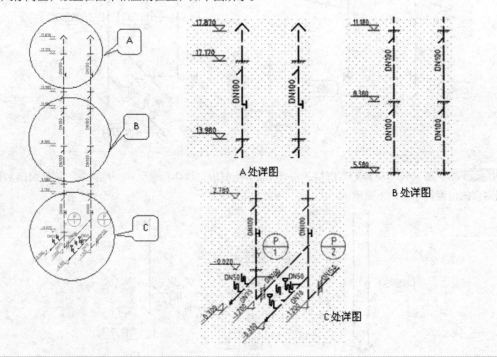

A处详图

B处详图

C处详图

STEP 04 参照15.3.3节给排水管道添加省略符号和文字。排水管道3和4的管道布置和管道1和2的相同。利用"复制"命令将管道1和2的轴测图进行复制，至此排水管道的轴测图绘制完成，结果如下图所示。

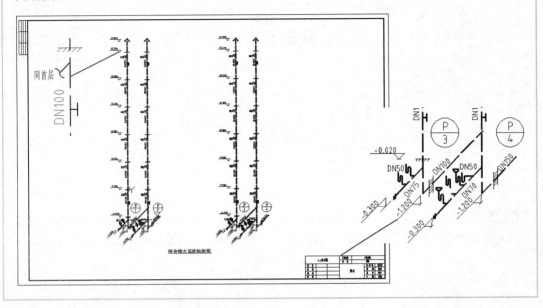

15.4.4 绘制宿舍排水平面图

　　排水管道平面布置图是用来表示室内排水管道、排水附件及卫生器具的平面布置，各种卫生器具的类型、数量、各种排水管道的位置和连接情况，排水附件的位置等内容。

　　本例平面图的室内家具设施基本齐全，主要是添加一些简单的进水设备和排水管道布置。

STEP 01 将"附件"图层置为当前层，参照15.3.4节关于地漏的绘制方法，绘制一个相同大小的地漏，如下图所示。	**STEP 02** 将绘制好的地漏复制到图中其他相应的位置中，如下图所示。

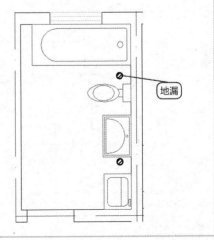

STEP 03 将"排水管道"置为当前层,绘制两个直径为100的排水立管,如下图所示。

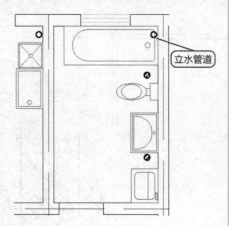

立水管道

STEP 04 调用直线命令,在图中绘制排水管道,如下图所示。

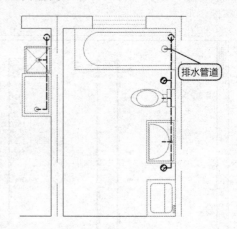

排水管道

STEP 05 将"文字"层置为当前层,参照15.3.4节运用多重引线对立水管道进行标注,如下图所示。

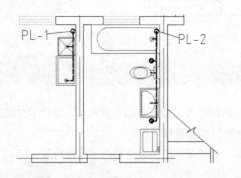

PL-1 PL-2

STEP 06 将排水系统轴测图中的管道编号复制到平面图中,放置在相应的位置,结果如下图所示。

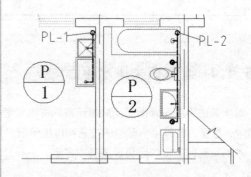

PL-1 PL-2

STEP 07 排水管道3和4的布置情况相同,在命令行输入mi调用镜像命令,将管道1和2以楼道中心线为镜像线进行镜像。至此排水平面图绘制完成。如下图所示。

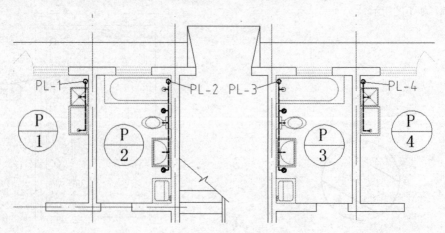

PL-1 PL-2 PL-3 PL-4

家庭照明线路的设计应该根据房屋的结构以及设备的摆设位置综合进行考虑，在设计中不仅要考虑光源、开关元器件的要求、线路的布置，还要明确各设备之间的互相干扰和设备的使用情况。本章以"梦里水乡别墅二层照明线路布置图"为例，详细介绍一下设计中对照明的要求，灯具的要求，以及元器件的画法和线路布置的画法。

Chapter

16

别墅二层照明线路布置图

16.1 室内照明设计

　　室内照明设计的目的就是在充分利用自然光的基础上，运用现代人工照明的手段为人们的工作、生活、娱乐等创造一个优美舒适的灯光环境。

16.1.1 室内照明设计的基本流程

　　室内照明设计的基本流程如下图所示。

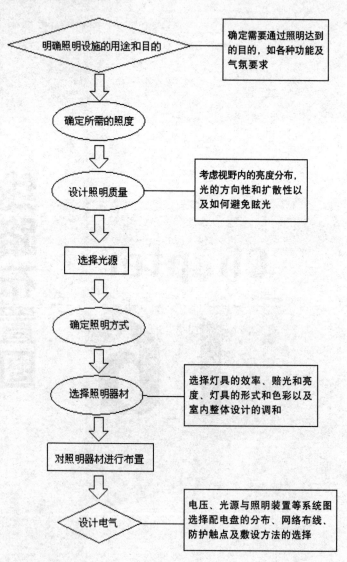

16.1.2 室内照明设计的基本原则

室内照明设计应遵循以下4原则：使用原则、安全原则、美观原则和经济原则。

使用原则： 它是设计的出发点和基本条件。根据使用对象对照度、灯具、光色等方面的需求，选择合适的光源、灯具及布置方式，在照度上要保证规定的最低值，在灯具的形式与光色的变换上，要符合室内设计的要求。

安全原则： 在设计中要严格遵循相关规范设计的要求，在选择建筑电器设备及电器材料时，应慎重选用一些信誉好、质量有保证的厂家或品牌，同时还应充分考虑环境条件（如温度、湿度、有害气体、辐射、蒸汽等）对电器的损坏。

美观原则： 灯光照明还有装饰空间、烘托气氛、美化环境的功能。照明设计要尽可能地配合室内设计，满足室内装饰的要求。

经济原则： 主要包括节能和节约。照明设计应从实际出发尽可能多地减少一些不必要的设施。

16.1.3 室内照明的方式及应用

室内照明方式主要有直接照明、间接照明和混合照明。3种照明的特点及应用如下表所示。

表 室内照明的方式、特点及应用

室内照明种类	方式	特点	应用	图例
直接照明	光线通过灯具射出，其中90%～100%的光通量到达假定的工作面上，这种照明方式为直接照明	这种照明方式具有强烈的明暗对比，并能造成有趣生动的光影效果，可突出工作面在整个环境中的主导地位，但是由于亮度较高，应防止眩光的产生	常用在工厂、普通办公室等	0～10% 100～90%
间接照明	间接照明方式是由光源被遮蔽而产生的间接光进行照明，其中90%～100%的光通量通过天棚或墙面反射作用于工作面，10%以下的光线直接照射工作面	这种照明方式单独使用时，需注意不透明灯罩下部的浓重阴影。通常和其他照明方式配合使用才能取得特殊的艺术效果	常用于商场、服饰店、会议室等场所，一般作为环境照明使用或提高景观亮度	90～100% 10～0%
混合照明	由直接照明和间接照明混合组成	兼具直接照明和间接照明的特点，使用范围更广	常用于办公写字楼、工厂、宾馆、饭店、学校、城市绿化工程照明、地下停车场照明等用电量较大的场所	40～60% 60～40%

提示 除了上面这些照明外，还有半直接照明、半间接照明、漫射照明等。

16.1.4 室内设计主要光源特征及用途

室内设计中主要光源特征及用途如下表所示。

表 室内照明的方式、特点及应用

灯 名	种 类	效率（lm/W）	亮度	寿命（小时）	特 征	主要用途
白炽灯	普通型（扩散性）	10~15	低	1000	适用于表现光泽和阴影。暖光色适用于气氛照明	住宅、商店的一般照明
	透明型	10~15	低	非常高	1000	闪耀效果，光泽和阴影的表现效果好。暖光色，气氛照明用	花吊灯，有光泽陈列品的照明
	球型（扩散性）	10~15	低	高	1000	明亮的效果，看上去具有辉煌温暖的气氛照明	住宅、商店的吸引效果
	反射型	10~15	低	非常高	1000	控制配光非常好，点光、光泽、阴影和材质的表现力非常强	显示灯、商店、气氛照明
卤钨灯	一般照明用（直管）	约20	比较低	非常高	2000	形状小、瓦数大，易于控制配光	适用于投光灯，作为体育馆的体育照明等
	微型卤钨灯	10~15	比较低	非常高	1500~2000	形状小，易于控制配光	适用于射光和点光等的店铺照明
荧光灯		30~90	高	稍低	10000	效率高，显色性好，露出的亮度低，眩光小。因为可得到扩散光，所以不易产生阴影，可做成各种光色和显色性的灯具。灯的尺寸大，因此灯具大。不能做大瓦数的灯	最适用于一般房间、办公室、商店等的一般照明
汞 灯	透明型	35~55	高	非常高	12000	显色性不好，易控制配光，形状小，可得大光通量	用投光器的重点照明（最好同其他暖色系的光源混合）
	荧光型	40~60	高	一般	12000	涂红色荧光粉，可使颜色稍微变好，如果再参加蓝色荧光粉能得到一般室内照明足够用的显色性，瓦数种类较多	工厂、体育馆、室外照明、道路照明、银行、大厅、商店、商业街等，大瓦数用于高顶棚、小瓦数用于低顶棚
金属卤化物	透明型	70~90	高	非常高	6000~9000	控制配光非常容易，大体同荧光性的光色相同	体育馆、广场、投光照明
	扩散型	70~90	高	高	6000~9000	在显色性好的灯中效率最大，与某些色有差别	体育设施、高顶棚的办公室、商店、工厂
高压钠灯	透明型	90~130	非常高	非常高	12000	在普通照明所使用的光源中，有最大的效率，适用于节能	体育馆、投光照明、道路照明
	扩散型	90~125	非常高	高	12000	在普通照明所使用的光源中，有最大的效率，适用于节能	高顶棚的工厂照明、道路照明

16.1.5 常用灯具的安装尺寸和安装形式

常用地灯、吊灯、台灯、壁灯等尺寸如下图所示。

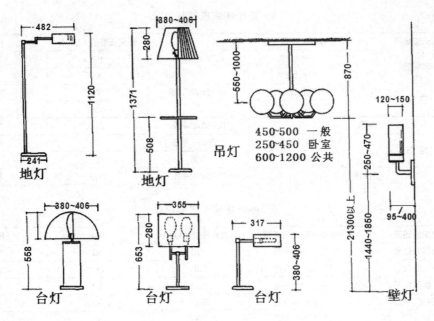

各种灯具在室内设计中的安装形式如下图所示。

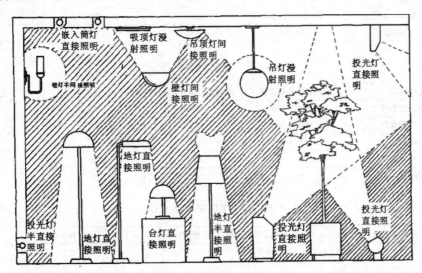

16.1.6 **常见场所的照明标准值**

　　居住场所、公共建筑、工业建筑等照明系统的所用亮度、显色指数、眩光值等已经基本标准化，具体见下面列表。

> **提示**
> Lx：照度值的单位，指被照明表面单位面积内接受到的光通量（指人眼所能感觉到的辐射功率，它等于单位时间内某一波段的辐射能量和该波段的相对视见率的乘积）。
> Ra：显色指数，光源对国际照明委员会规定的八种标准颜色样品特殊显色指数的平均值。
> UGR：眩光值，度量室内视觉环境中的照明装置发出的光对人眼造成不舒适感主观反应的心理参量，其量值可按规定计算条件用CIE统一眩光值公式计算。

表 居住建筑照明标准值

房间或场所	参考平面及其高度		照度标准值（Lx）	Ra
起居室	一般活动区	0.75m水平面	100	80
	书写、阅读		300	
卧室	一般活动区	0.75m水平面	75	80
	床头、阅读		150	
餐厅		0.75m餐桌面	150	80
厨房	一般活动区	0.75m水平面	100	80
	操作台	台面	150	
卫生间		0.75m水平面	100	80

表 办公建筑照明标准值

房间或场所	参考平面及其高度	照度标准值（Lx）	Ra	UGR
普通办公室	0.75m水平面	300	80	19
高档办公室	0.75m水平面	500	80	19
会议室	0.75m水平面	300	80	19
接待室、前台	0.75m水平面	300	80	—
营业厅	0.75m水平面	300	80	22
设计室	实际工作面	500	80	19
文件整理、复印、发行室	0.75m水平面	300	80	—
资料、档案室	0.75m水平面	200	80	—

表 商业建筑照明标准值

房间或场所	参考平面及其高度	照度标准值（Lx）	Ra	UGR
一般商店营业厅	0.75m水平面	300	80	22
高档商店营业厅	0.75m水平面	500	80	22
一般超市营业厅	0.75m水平面	300	80	22
高档超市营业厅	0.75m水平面	500	80	22
收款台	台面	500	80	—

表 宾馆建筑照明标准值

房间或场所		参考平面及其高度	照度标准值（Lx）	Ra	UGR
客房	一般活动区	0.75m水平面	75	80	—
	床头		150		—
	写字台	台面	300		—
	卫生间	0.75m水平面	150		—
中餐厅		0.75m餐桌面	200	80	22
西餐厅、酒吧、咖啡厅		0.75m水平面	100	80	
多功能厅		0.75m水平面	300	80	22
门厅、总服务台		地面	300		—
休息厅		地面	200		22
客房层走廊		地面	50		—
厨房		台面	200		
洗衣房		0.75m水平面	200		—

表 学校建筑照明标准值

房间或场所	参考平面及其高度	照度标准值（Lx）	Ra	UGR
教室	课桌面	300	80	19
实验室	实验桌面	300	80	19
美术教室	桌面	500	80	19
多媒体教室	0.75m水平面	300	80	19
教室黑板	黑板面	500	80	—

表 公用场所建筑照明标准值

房间或场所		参考平面及其高度	照度标准值（Lx）	Ra	UGR
门厅	普通	地面	100	60	—
	高档		200	80	—
走廊、流动区	普通	地面	50	60	—
	高档		100	80	—
楼梯、平台	普通	地面	30	60	—
	高档		75	80	—
自动扶梯		地面	150	60	—
厕所、盥洗室、浴室	普通	75	75	60	—
	高档		150	80	—
电梯前厅	普通	地面	75	60	—
	高档		150	80	—
休息室		地面	100	80	22
储藏室、仓库		地面	100	60	—

16.2 照明系统布置图

　　一般情况下一个完整的照明系统图由配电系统图、插座布置、灯具和开关布置图等部分组成，本节主要介绍布置图中一些元件（插座、灯具、开关等）的绘制以及用其布置的别墅二层照明线路。

16.2.1 配电系统图的绘制并添加设计说明

　　配电系统图中每条线路的图形基本都是相同的，只是文字标注不一样。绘制时只需要绘制一条线路图形，然后使用复制命令并修改文字即可完成配电系统图的绘制。图形绘制结束后有很多地方往往在图形上很难直接表达出来。因此需要添加说明文字来对图纸进行说明。

STEP 01 打开随书光盘的"插座布置图.dwg"文件，如右图所示。

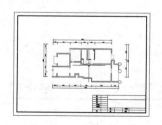

STEP 02 输入la调用"图层特性管理器"选项板，新建"配电系统线路""文字""插座"和"插座线路"4个图层，最后将"配电系统线路"图层置为当前层。如下图所示。

状	名称	锁	颜色	线型	线宽	透明
⊘	0	🔓	■白	Continuous	—— 默认	0
✔	配电系统线路	🔓	■白	Continuous	—— 0.30...	0
⊘	文字	🔓	■白	Continuous	—— 默认	0
⊘	插座	🔓	■白	Continuous	—— 默认	0
⊘	插座线路	🔓	■白	Continuous	—— 0.30...	0
⊘	Defpoints	🔓	■白	Continuous	—— 默认	0
⊘	标注	🔓	■170	Continuous	—— 默认	0
⊘	门窗	🔓	□青	Continuous	—— 默认	0
⊘	墙线	🔓	■白	Continuous	—— 默认	0
⊘	室内布置	🔓	■251	Continuous	—— 默认	0

STEP 04 继续使用"直线"命令，绘制闸刀，直线长度为150mm，其中点在较短直线的右端点处，如下图所示。

STEP 06 继续使用旋转命令，命令行提示及操作如下：

```
命令: ROTATE
UCS 当前的正角方向: ANGDIR=逆时针
ANGBASE=0
选择对象: 找到1个  （旋转刚旋转过的短线）
选择对象:
指定基点:          （捕捉交点作为基点）
指定旋转角度，或[复制(C)/参照(R)] <45>: c↵
指定旋转角度，或[复制(C)/参照(R)] <45>: 90↵
```

结果如下图所示。

STEP 08 将"文字"图层置为当前层，在命令行输入t调用"多行文字"命令，选用宋体字，设置文字高度为250，在直线上输入注释，结果如下图所示。

DZ47-60/30 25A 总进线

STEP 03 调用"直线"命令，在图框外的绘图区的同一水平线上绘制两条长度分别为760mm和2500mm的直线，其间距为550mm，如下图所示。

STEP 05 在命令行输入ro调用"旋转"命令，将上步所绘制的线以交点为基点旋转45°，如下图所示。

STEP 07 继续使用"直线"命令，绘制一条长600与水平直线夹角为205°的直线，如下图所示。

STEP 09 将"配电系统线路"图层置为当前层，再次调用"直线"命令，绘制一条竖直线长为3000mm，其中点在较长水平线的右端点处，如下图所示。

DZ47-60/30 25A 总进线

STEP 10 重复步骤2~7，在距离竖直线顶端300处绘制一条760mm、9000mm线路，其间距为550mm，并加入注释，结果下图所示。

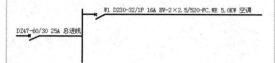

STEP 11 在命令行输入ar调用"阵列"命令，选择矩形阵列，设置打开的"阵列创建"面版，数据如下图所示。

	列数	1		行数	5
	介于	21029.442		介于	-600
	总计	21029.442		总计	-2400
	列			行 ▾	

STEP 12 阵列完成后，双击文字，对文字进行修改，结果如下图所示。

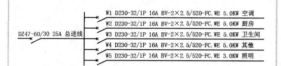

STEP 13 将"文字"层设置为当前层，在命令行输入t调用"多行文字"命令，文字高度为300，在空白处输入设计说明，结果如下图所示。

> 说明：
> 1.强电部分需要设置四个回路，其中，照明一路，普通插座一路，厨房和卫生间各一路。
> 2.照明及普通插座线路配2.5mm塑铜线，空调及厨房、卫生间配4mm塑铜线，且均穿硬质PVC管暗埋。
> 3.图中插座高度除注明外，其他均距地300mm，开关距地1300mm。
> 4.其余要求见"设计说明"。

STEP 14 将绘制好的配电系统图及设计说明移动到插座布置图框内，效果如下图所示。

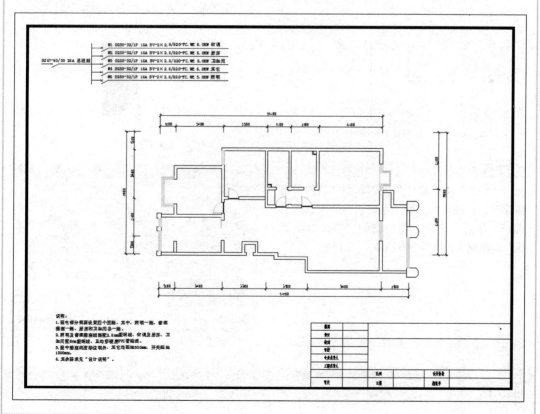

16.2.2 绘制插座布置图

在插座布置图中，主要包括插座和线路，本节主要介绍几个常用插座的绘制方法及线路连接。

1. 绘制插座

一般室内所用到的插座有"暗装电源插座"和"防水电源插座"，卫生间和厨房一般用的都是暗装防水插座。

STEP 01 将"插座"图层置为前层，调用"圆"命令，在图块外空白处绘制一个半径为65的圆，如下图所示。

STEP 02 调用"直线"命令，捕捉圆的象限点绘制三条直线，直线长度和位置如下图所示。

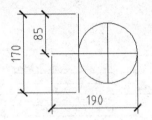

STEP 03 在命令行输入tr调用修剪命令，对图形进行修剪，结果如下图所示。

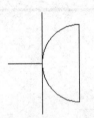

STEP 04 在命令行输入h，调用图案填充命令，在"图案填充创建"选项卡中选择SOLID图案，在圆弧内部单击，填充效果如下图所示。

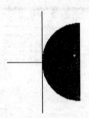

STEP 05 在命令行输入b调用"创建块"命令。在"块定义"对话框中输入名称为"暗装电源插座"，拾取水平直线的左端点为基点，最后选择"删除"选项，将绘制的"暗装电源插座"创建成块，设置如右图所示。

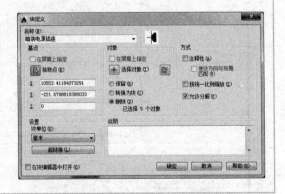

提示 所绘制直线的端点和圆的象限点重合，所以在绘图之前先设置对象捕捉，在对象模式中勾选"象限点"。

STEP 06 在命令行输入i，调用"插入"命令，插入刚创建的"暗装电源插座"图块。然后调用"直线"命令，在插入的块中进行修改，命令行提示及操作如下：

```
命令:1LINE 指定第一点:fro
基点：（捕捉图中的A点）
<偏移>: @-15,25 ↙
指定下一点或 [放弃(U)]: @35,0 ↙
指定下一点或 [放弃(U)]: @0,-180 ↙
指定下一点或 [闭合(C)/放弃(U)]: @-35,0 ↙
指定下一点或 [闭合(C)/放弃(U)]:
（回车或空格键结束命令）
```

结果如下图所示。

STEP 07 按照上面创建块的操作方法，将刚绘制的图形定义成块，名称为"暗装防水电源插座"。

STEP 08 再次插入"暗装电源插座"块，并使用"单行文字"命令，设置文字高度为100，然后输入K，结果如下图所示。

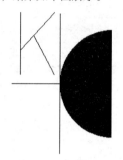

STEP 09 按照上面创建块的操作方法，将刚绘制的图形定义成块，名称为"暗装空调电源插座"。

2. 插入插座和绘制线路

利用插入命令将"插座"图块插入到图形的相应位置。在绘制线路时，可以用直线命令，也可以用多段线命令，这里用多段线命令进行绘制，步骤如下。

STEP 01 调用"插入"命令，将"暗装电源插座"插入图中相应的位置，有的地方需要旋转，在插入时要设置角度（插入一个后可以利用复制命令进行复制），结果如下图所示。

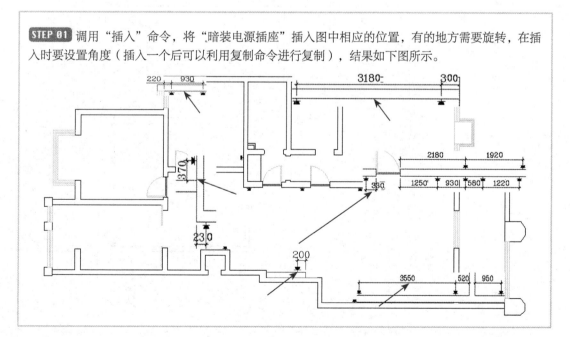

STEP 02 调用"插入"命令,插入块"暗装防水电源插座"。结合复制命令,将其插入图中相应的位置,有的地方需要旋转,在插入时要设置角度,结果如下图所示。

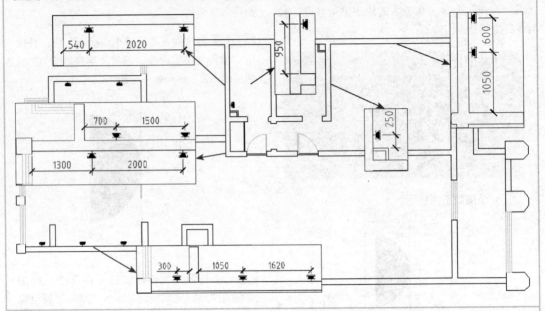

STEP 03 按照上面的方法在相应的位置插入块"暗装空调电源插座",结果如下图所示。

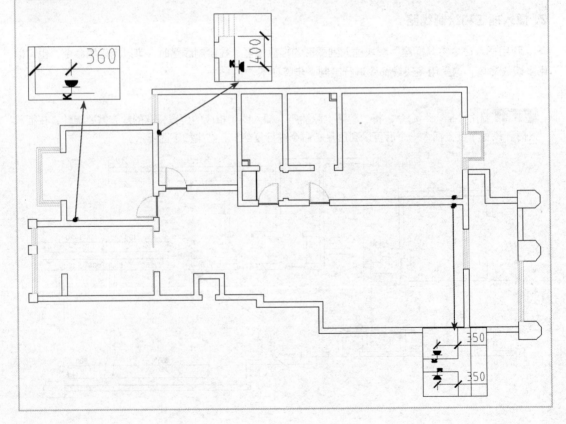

STEP 04 在命令行输入pl调用"多段线"命令，按照设计说明绘制插座线路，如下图所示。

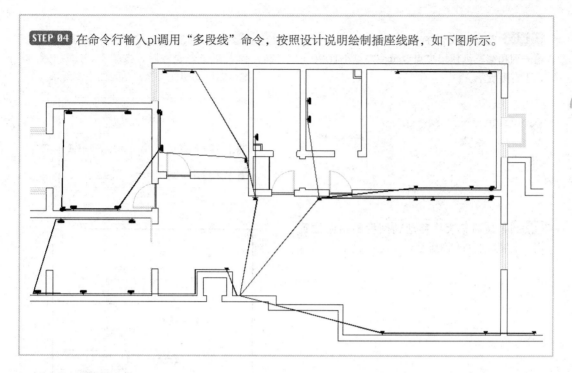

3. 图例列表说明

为了便于识图，需要对图中的开关加以列表说明，在绘制表格之前，需要先设置表格样式，具体操作如下。

STEP 01 在命令行输入ts，调用"表格样式"命令，把标题的字体设置为250，如下左图所示，对齐方式为"正中"，如下右图所示。

STEP 02 数据的字体设置为150，对齐方式为"正中"，如下图所示。

STEP 03 单击"注释"面板上的"表格"按钮"⊞ 表格"，在弹出的"插入表格"对话框中进行设置，具体设置如右图所示。

STEP 04 设置完成后在空白处插入表格，并把第一列和第三列使用夹点编辑往左缩小1000，如下右图所示。

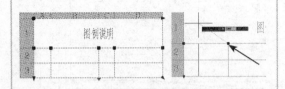

STEP 05 双击表格，输入文字并配对相应图例，输入完一个表格后，按"↑、↓、←、→"键可以自动切换表格，结果如下图所示。

STEP 06 最后把表格移动到图框的相应位置内，最终效果如右图所示。

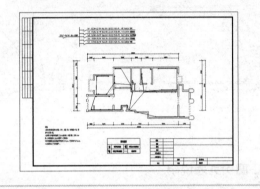

16.2.3 灯具和开关布置图的绘制

灯具布置图中，不同的灯具所起的作用是不一样的，比如，一般在厨房或卫生间里需要安装防水防尘灯，餐厅一般安装餐厅灯等。本节主要介绍一些常用灯具和开关的绘制方法及其布置图。

1. 常用灯具的绘制

室内所用到的灯具一般有吸顶灯、防水防尘灯、餐厅灯和浴霸等。以下主要介绍它们的绘制方法。

STEP 01 打开随书光盘的"照明布置图.dwg"文件，调出"图层"命令（la），新建"灯具""开关"和"照明线路"3个图层，设置线宽和颜色如下图所示。将"灯具"图层置为当前层。

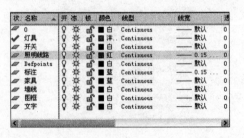

STEP 02 调用"圆"命令，在空白处绘制两个直径分别为245和335的同心圆，如下图所示。

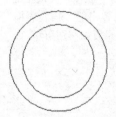

STEP 03 调用"直线"命令，绘制一条长为500，以圆心为中点与水平夹角为45°的直线，命令行提示及操作如下：

```
命令: LINE
指定第一个点: fro    （输入fro设置新基点）
基点:              （捕捉圆心作为基点）
<偏移>: @250<45 ↙
指定下一点或 [放弃(U)]: @500<225 ↙
指定下一点或 [放弃(U)]:
```

结果如下图所示。

STEP 05 调用"创建块"命令，在"块定义"对话框中输入名称为"吸顶灯"并拾取圆心作为基点，选择"删除"选项，单击"确定"按钮，将上步所绘制的灯具创建成块，便于后面插入。块定义设置如下图所示。

STEP 07 按照步骤3~4的操作方法，绘制两条长度为300的垂直直线交于圆心，结果如下图所示。

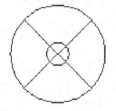

STEP 04 在命令行输入mi调用"镜像"命令，启用正交模式，以直线的中点为基线第一点垂直作一条基线，镜像出一条与之垂直的直线，如下图所示。

STEP 06 调用"圆"命令，绘制两个直径分别为70和300的同心圆，如下图所示。

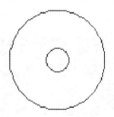

STEP 08 调用"图案填充"命令（h），在"图案选项卡"中选择SOLID图案，单击小圆内部，填充效果如下图所示。

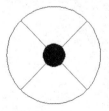

STEP 09 按照步骤5的操作方法将以上所绘制的图形创建成块，名称为"防水防尘灯"，并拾取圆心作为基点。

STEP 10 在命令行输入rec，调用"矩形"命令，绘制一个160×160的矩形，如下图所示。

STEP 12 调用"直线"命令，以圆心为中点绘制两条长度为135的相互垂直的直线，如下图所示。

STEP 14 按照步骤5的操作方法将以上所绘制的图形创建成块。名称为"浴霸"并拾取4个正方形的交点处为基点。

STEP 16 使用"直线"命令，以圆心为起点绘制一个水平线，长度为375，如下图所示。

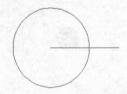

STEP 11 调用"圆"命令，在矩形内部绘制一个半径为45的圆，命令行提示及操作如下：

```
命令:CIRCLE
    指定圆的圆心或 [三点(3P)/两点(2P)/切点、切点、半径(T)]: fro ✓
    基点:         （矩形的左下角点）
    <偏移>: @80,80 ✓
    指定圆的半径或 [直径(D)] <70.0000>: 45 ✓
```

结果如下图所示。

STEP 13 调用"阵列"命令，选择矩形阵列，阵列设置如下左图所示，阵列结果如下右图所示。

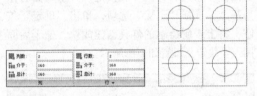

STEP 15 继续调用"圆"命令，绘制一个直径为420的圆，如下图所示。

STEP 17 以水平线的右端点为圆心绘制一个直径为150的圆，结果如下图所示。

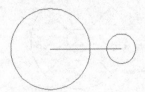

STEP 18 继续使用"直线"命令,绘制两条相互垂直长度为210的线,其中点的交点在小圆的圆心上,结果如下图所示。

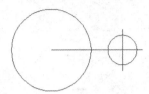

STEP 20 按照步骤5的操作方法将以上所绘制的图形创建成块,名称为"普通花灯"并拾取大圆的圆心为基点,如下图所示。

STEP 22 重复步骤3~4,绘制两条相交于圆心,长为95,与X轴的夹角分别为45°和135°的直线,结果如下图所示。

STEP 24 按照步骤5的操作方法将以上所绘制的图形创建成块,名称设为"射灯"并拾取圆心作为基点。

STEP 25 参照步骤2~4的方法,绘制一个直径为120的圆和两条相交于圆心长度为200的直线,该夹角与X轴成45°和135°,如下图所示。

STEP 19 调用"阵列"命令,当命令行提示选择阵列类型时,选择"极轴(即环形阵列)",将上面绘制的图形进行环形阵列,阵列参数设置如下左图所示,结果如下右图所示。

STEP 21 调用"圆"命令,绘制一个直径为95的圆,如下图所示。

STEP 23 使用"直线"命令,绘制两条相互垂直的线,长度为180,其中点的交点在圆心处,如下图所示。

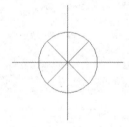

STEP 26 调用"圆"命令,以右上部直线与圆的交点为圆心绘制一个直径为50的圆,如下图所示。

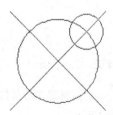

STEP 27 调用"修剪"命令（tr），对图形进行修剪，结果如下图所示。

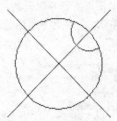

STEP 29 调用"图案填充"命令（h），在"图案选项卡"中选择SOLID图案，单击四个阵列的圆弧，填充效果如下图所示。

STEP 31 在命令行输入a调用"圆弧"命令，命令行提示及操作如下：

命令: ARC
指定圆弧的起点或 [圆心(C)]:
（图中空白处任意一点）
指定圆弧的第二个点或 [圆心(C)/端点(E)]: c ✓
指定圆弧的圆心: @0,65 ✓
指定圆弧的端点或 [角度(A)/弦长(L)]: a ✓
指定包含角: 180 ✓

结果如下图所示。

STEP 28 调用"阵列"命令，将小圆的剩余部分进行环形阵列，结果如下图所示。

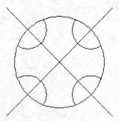

STEP 30 按照步骤5的操作方法将以上所绘制的图形创建成块，取名为"牛眼灯"并拾取大圆的圆心作为基点。

提示 tips 绘制圆时，将"对象捕捉"和"对象捕捉追踪"打开，通过"对象捕捉"和"对象捕捉追踪"捕捉正方形的中心。

STEP 32 使用"直线"命令，分别以圆弧的上端点和圆心绘制两条水平线，长度为125，然后绘制一条以圆心为中点，长度为200的竖直线，如下图所示。

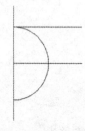

STEP 33 按照步骤5的操作方法将以上所绘制的图形创建成块。取名为"镜前灯"并拾取圆心作为基点。

2. 绘制常用开关

室内所用到的灯具都是由开关控制的，常用的开关有单联单控、单联双控、双联单控等开关，下面介绍它们的绘制方法。

STEP 01 将"开关"图层置为当前层，调用"圆"命令，绘制一个直径为90的圆，如下左图所示。

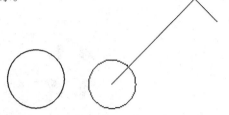

STEP 02 调用"直线"命令，在圆上绘制线条，命令行提示及操作如下：

```
命令: LINE
指定第一点：（圆心）
指定下一点或 [放弃(U)]: @225<45 ↙
指定下一点或 [放弃(U)]: @60<315 ↙
指定下一点或 [闭合(C)/放弃(U)]:
```

结果如左图所示。

STEP 03 调用"图案填充"命令，选择SOLID图案，单击圆内部将其填充，如下图所示。

STEP 04 按照前面创建块的操作方法将以上所绘制的图形创建成块。取名为"单联单控开关"并拾取圆心作为基点，并选择"保留"选项。在命令行输入dt调用"单行文字"命令，文字高度设置为100，将文字放置到"保留"下来的图形旁边，如下图所示。

STEP 05 按照步骤4的操作方法，将添加文字后的图形创建成块，取名为"双联单控开关"，拾取圆心作为基点，并选择"保留"选项。

STEP 06 双击上步"保留"下来的图形文字并更改，结果如下图所示。

STEP 07 按照步骤4的操作方法，将绘制的图形创建成块，取名为"防潮防溅单联单控开关"，拾取圆心作为基点，并选择"保留"选项。

STEP 09 按照步骤4的操作方法，将绘制的图形创建成块，取名为"单联双控开关"，拾取圆心作为基点，并选择"删除"选项。

STEP 08 将"保留"下来的图形文字删除，然后在命令行输入ro调用"旋转"命令，将开关上的两条直线进行旋转，命令行提示及操作如下：

```
命令: ROTATE
UCS 当前的正角方向：ANGDIR=逆时针
ANGBASE=0
选择对象：找到2个 （选择两条直线）
指定基点：（捕捉圆心）
指定旋转角度，或[复制(C)/参照(R)] <180>:C ↙
旋转一组选定对象。
指定旋转角度，或[复制(C)/参照(R)] <180>: 180 ↙
```

结果如下图所示。

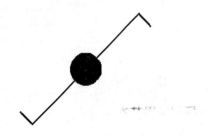

3. 插入灯具图块

　　所有图块绘制完毕后，接下来我们就把它们插入到"照明布置图"相应的位置，下面是我们所有绘制好的图块以及相应的位置字母代号，对应给出的位置图（图中带A、B、C……标号的位置）把图块对号入座。

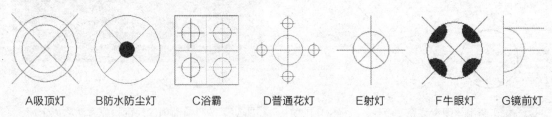

A吸顶灯　　B防水防尘灯　　C浴霸　　D普通花灯　　E射灯　　F牛眼灯　　G镜前灯

STEP 01 将"灯具"置为当前层，调用"插入"命令，将所有图块插入到图中相应的位置，结果如下图所示。

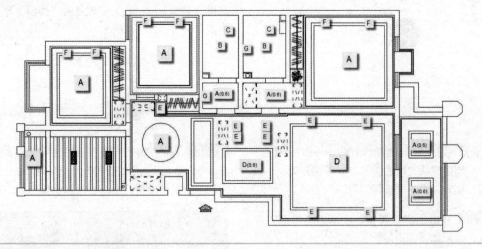

STEP 02 A（0.6）和D（0.6）为缩小比例的图例，在"插入块"对话框里的"比例"设置中，修改"x"和"y"项为0.6即可。

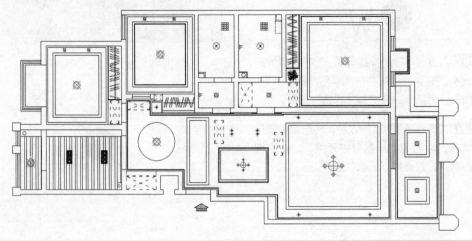

4. 插入开关图块

上一节我们将灯具图块插入到了图形中，这一节我们用同样的方法将开关图块插入到"照明布置图"中。

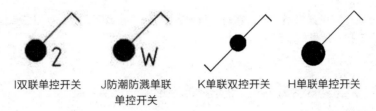

I双联单控开关　　J防潮防溅单联　　K单联双控开关　　H单联单控开关
　　　　　　　　　　单控开关

STEP 01 将"开关"置为当前层，调用"插入块"命令，在图中插入所有对应的开关，角度根据插入图中的位置不同而不同，比例不变，位置如下图（带I、J、K、H的位置）所示。

STEP 02 将图标换成图块后结果如下图所示。

5. 绘制照明线

灯具和开关图块插入完毕后，接着我们来绘制灯具和开关之间的连线。

STEP 01 将"照明线"设置为当前层，在命令行输入a调用"圆弧"命令，利用三点圆弧将图中的灯具和开关进行连接，结果如下图所示。

提示 tips 圆弧的第二点不做特殊要求，只要感觉合适即可。

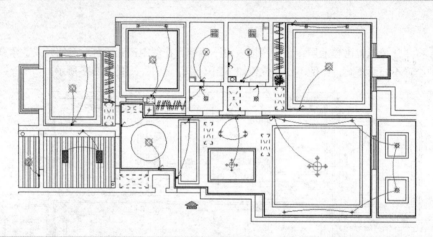

STEP 02 在命令行输入o调用"偏移"命令，选择图中1~5号矩形向内偏移30，将6号的圆向外偏移30，用于绘制成石膏线，选择的图形和位置如下图所示。

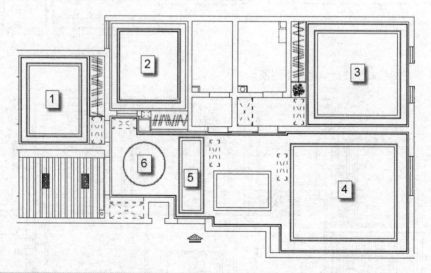

STEP 03 选择上步偏移后的矩形和圆，在命令行输入pr，调用"特性"选项板，在弹出的选项板中，将颜色改为红色，将线型改为ACAD_ISO03W100，将线型比例改为5，设置如下左图所示，结果如下右图所示。

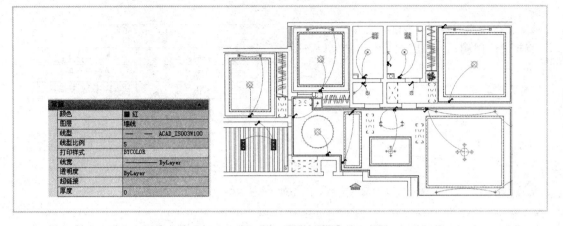

6. 文本注释

所有图形绘制完毕后，最后我们来给图形添加文本注释。

STEP 01 将"文字"图层置为当前层，在命令行输入t，调用"多行文字"命令，设置文字高度为300，在图框的左下角输入照明设计说明，如下图所示。

设计说明：
1. 首层卧室与餐厅不设置吊顶，客厅四周设局部石膏板吊顶，暗藏线灯做成灯池，走廊设石膏板吊顶，四周安装石膏角线。
2. 厨房与卫生间安装有槽白色（不能用花色）铝合金条板，板宽在150以内。
3. 卧室与餐厅使用宽为60石膏角线，客厅使用硬碰作坊，不能使用角线。
4. 厨房选用四个12V-20W石英灯杯，用变压器2个设于灯杯旁吊顶内。
5. 卫生间选用方形节能双H型日光灯，埋入式安装。
6. 南北阳台均使用大芯板制作窗帘盒。

STEP 02 在命令行输入ts，调用"表格样式"命令，把标题字体设置为400，数据字体设置为300，对齐方式均为正中，如下图所示。

STEP 03 单击"注释"面板上的"表格"按钮"■表格"，在弹出的"插入表格"对话框中进行设置，具体设置如下左图所示。设置完成后在空白处插入表格，并使用夹点编辑把第一列向左缩进650，第二列缩进500，第三列缩进1150，结果如下右图所示。

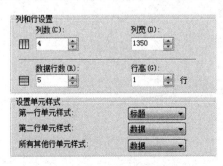
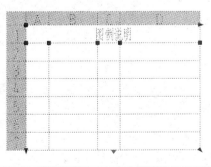

STEP 04 双击表格，在表格中输入文字，然后将相应的图例插入相应的位置，结果如右图所示。

图例说明			
⊕	射灯	⌁	单联单控开关
⊢	镜前灯	⌁	单联双控开关
⊗	牛眼灯	⌁	防潮防溅单联单控开关
⊕	普通花灯	⌁	双联单控开关
▦	浴霸	⊗	防水防尘登
⊗	吸顶灯	▮	音响

STEP 05 至此灯具和开关布置图绘制完成，结果如下图所示。

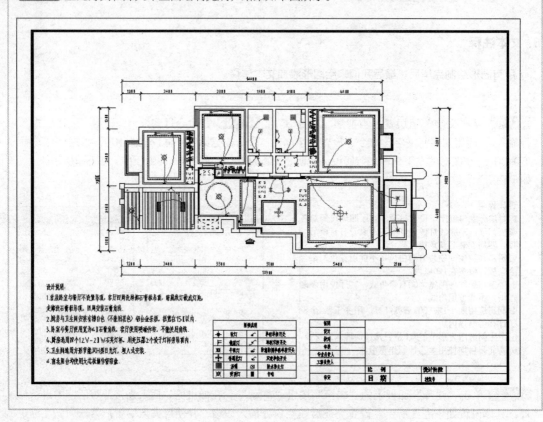

设计说明：
1.首层跃层与餐厅不设置吊顶，客厅四周均用细石膏板吊顶，靠墙做灯槽式灯池，走廊贴石膏板吊顶，凹凸安装石膏线条。
2.厨房与卫生间贴有播白色（不选用花色）铝合金条板，挂置在15厘以内。
3.卧室与餐厅使用宽为4厘石膏角线，客厅使用吸顶灯布。
4.厨房选用即个12V~21W石英灯，用夹压器2个设于灯杯旁吊顶内。
5.卫生间选用方形节能双H型日光灯，埋入式安装。
6.底北阳台均使用大芯板制作窗帘盒。

图例说明			
⊕	射灯	⌁	单联单控开关
⊢	镜前灯	⌁	单联双控开关
⊗	牛眼灯	⌁	防潮防溅单联单控开关
⊕	普通花灯	⌁	双联单控开关
▦	浴霸	⊗	防水防尘灯
⊗	吸顶灯	▮	音响

制图	
设计	
审核	
专业负责人	
工程负责人	
比例	设计协控
审定	日期	图纸号